JN023711

万人の基礎物理学
第4版

巨海 玄道・野田 常雄・上床 美也
酒井　健・中西 剛司・中村 理央
共　著

学術図書出版社

諸言

　本書が刊行されてすでに 7 年が経過した．その間，大小合わせて 3 回の改定を行って，今回の第 3 版は「例題」の過不足，難易度調整を行った．これは主に野田，中村，巨海の 3 人が担当した．昨今大学生の基礎学力の低下が顕著になっていると指摘されている．またそれに伴い理科離れも看過できないような状況となっている．科学技術創造立国を国是としているわが国にとってこのような状態は好ましいものではない．これまでこのような視点に立って多くの教科書が出版されてきた．しかしながら，そのほとんどは理工系の学生を対象にしたものであった．しかし理科離れにせよ学力低下にせよそれは文系を含めたすべての学生に対して起こっていることである．また 18 歳人口の減少により大学を志望する高校生と大学入学定員はほとんど同じ時代—大学全入時代—を迎えようとしている．さらに大人の科学の基礎知識の調査で我が国は調査先進国中最低にランクされている．このようなことを鑑みると文系の学生や高校時代物理を履修してこなかった学生，および大学全入時代を視野に入れた総括的かつ基礎的なこれまでと異なる視点に立った物理の教科書が必要になる．また専門外の人および一般社会人でも読んでわかる，おもしろい万人を対象にした科学リテラシーを目指した物理の本も今後必要になってくると思われる．そのような視点から執筆した教科書が本書である．分担者と担当執筆箇所は今回の改定を含めてそれぞれ以下のようになっている．

第 1 章	はじめに	巨海玄道
第 2 章	数学的予備	野田常雄
第 3 章	力学	酒井 健，巨海玄道，中村理央，野田常雄
第 4 章	温度，圧力と体積	上床美也，中村理央
第 5 章	波動入門	中西剛司，野田常雄
第 6 章	電磁気学	野田常雄，巨海玄道，上床美也
第 7 章	補足	野田常雄，巨海玄道

　本書の特徴の 1 つは第 2 章である．通常初年次教育の物理学書ではこのような章はベクトルと微分方程式を扱うのだが全入時代と学力低下を視野に入れ，1 次関数とグラフから始まり対数関数，三角関数などを丁寧に解説した．微積分は最小限にとどめた．中・高時代の数学をよく理解していない学生によい解説になっていると思う．また，本書は章末にトピックスとして最近の話題を取り上げた．たとえば，第 3 章では宇宙の膨張とはやぶさについて，第 4 章では身

ii

近なものとして温室効果，圧力鍋や水と氷などである．研究の最先端を肌で感じてもらいたい．

　なお，本教科書の各セクションの難易度は必ずしも同じではない．そのため，各セクションを 3 つに分け，無印のセクションはぜひやってもらいたい箇所，「*」はやや程度は高いがなるべく履修させたほうが良いもの，「**」は時間の余裕があるときに講義してもらいたいもの，としている．これらをどのように区別して講義していくかは担当者の判断に委ねたいと思う．残念なことに本教科書は物理学のすべての分野を網羅したものではないが現代を生きていくための必要な知識は極力入れたつもりである．いずれの著者も多忙な時間を割いて執筆してもらったがまだ不十分な点が多いと思われるし，できたものが必ずしも上で述べた著者たちの意識を反映したものになってないかもしれない．今後，推敲を重ねてよいものに仕上げたいと思っている．

2019 年 7 月

著者一同

目　　次

第1章

はじめに

1.1 物理学とは・・・なぜ物理を学ぶか.

物理学はいわゆる自然科学といわれる大きな学問分野の中の主に生命科学などを除いた学問分野であると考えられる. ここで「考えられる」と言ったのはその境界がはっきりしていないという意味であり, 近年ますますその傾向が強くなった. 上で述べたことでも生命科学の中に物理学の手法や考え方はどんどん取り入れられている. 我が国が生んだ著名な物理学者朝永振一郎博士によると物理学の定義は「われわれを取り囲む自然界に生起するもろもろの現象—ただし主として無生物に関するもの—の奥に存在する法則を, 観察事実に拠り所を求めつつ追及すること」となっている [1]. 観察事実と言ったところが興味深い. これは古代のアリストテレスなどが提唱した自然哲学が思弁を基にしてできていたことと対立するものである. つまり物理学は「実験事実」が非常に大事であるということになる. どんな美しい理論でも実験と合わなければ物理学での価値はないということである.

物理学は大きく分けると, 力学, 電磁気学, 熱統計学, 波動, 現代物理学等となる. このうち波動は高校の教科書では力学と変わらないページ数が割かれているが大学での教科書ではほとんどそのようにはなっていない. 高校と大学の物理の学問に対する基本的姿勢の表れなのであろう. 力学や電磁気学はいわゆる「古典物理学」の代表的な分野である. 微分方程式で記述される典型的な物理学の体系と言える. ここで古典となづけられているが2つの分野で出てくる結論は我々の日常生活に密着したものであり, 現在でも有効である. すなわち文学で言う古典とはまた違った意味をもつ. これは量子力学に代表される現代物理学に対して用いられる表現であると考えた方がよい. 力学では地球上でものが落ちることを万有引力 (あるいは重力) の作用のもとでの等加速度運動として考える. ボールを数メートルの高さから落とした場合, 微分方程式を立てて推論した結果は見事に実験結果を予測する. ところが雨滴のようにある程度速くなってくると話は単純でなくなるがそれでも微分方程式は正しい答えを導き出してくれる.

このように物理学は根本的なところから出発し, 筋道を立てて考えていくと実生活で経験するようなことが結果として出てくる. そのような意味で物理学は根本原則あるいは普遍的な法則から多くの事実を導き出す演繹的な学問の典型であるということになる. 物理学を学習することにより, 筋道をたてて考える習慣が身につき, そしてそれが自然界の仕組みを理解する上

で大きく役に立つということになるのである．これが物理学を学ぶ大きなメリットの1つであろう．

1.2 専門教育と一般教育

　大学教育は1991年の大綱化により大きく変わってしまった．それまで存在していた教養部はほとんどの大学で廃止され，教養部に属する教員は各学部に分属したり，あるいは新しい学部に配置された．それにもかかわらず一般教育は存続したため，ある意味それまでとは変則的な組織が全学教育 (教養教育，基礎教育，一般教育などいろいろな呼び方がある) を担当することとなった．一般教育はその昔，"パンキョウ"と揶揄され，(一部の) 学生たちから嫌われていた．その理由はせっかく大学に入って自分の専門の勉強ができると思っていたのに高等学校と同じことを繰り返し，勉強させられるのは嫌だということである．当時は大学進学率が20％程度で高校でも成績上位の人が大学へ進学していた時代であった．現在の50％超の大学進学率を考えると，全学教育の存在価値は明らかに違ってきていることになる．

　古来一般教育は専門教育の基礎を担当すべきなのかあるいはそれと独立したものなのか多くの議論があった．たとえば工学部に所属した学生にとって国文学や哲学などの人文科学は入学したての1〜2年間で履修すべきものとされている．考えてみればこのような理工系の学生にとって源氏物語の原典に触れたり，デカルトやカントの哲学に触れるのは最初で最後の貴重な機会と思われるが現実はそうではなさそうである．現在の高度にシステム化された受験教育をくぐってきた学生にとって自分と関係なさそうな学問分野を学ぶことは苦痛であろう．オーム真理教の事件なども契機となって今大学では早めの専門教育 (いわゆる，early exposure) より余裕をもった基礎 (一般) 教育が望まれている．偏った理工系教育の結果としてこのような事件が起きたというならば，グローバルな人格形成を目的とした全学教育 (一般教育) の重要性はいくら誇張してもし過ぎることはないであろう．

　このことは文系学生にとっても同じである．たとえば九州大学は平成18年から文系学部生にも理系コアとして理系科目 (物理，化学や生物) の履修を義務づけている．ここでも理工系学生と同様，理系科目を学ぶのは最初で最後であろう．文系学部の学生にとっては微分方程式に代表される数学的手段を使った物理学より，高校とはまた違った"本来の"物理学の教授が望まれる．すなわち，自然を認識するための幅広い知識と上で述べた自然科学をベースとしたものの考え方—課題探究能力と問題解決能力—の訓練がそこでは主となってくる．いずれも単なる知識の集積ではいけない．言ってみれば"生きる力"を養う自然科学ということになろう．文系の学生の物理学に対するイメージは高校時代に作られるものであり，「物理は複雑な公式を暗記して，それをいろいろな場合に機械的に当てはめるだけの無味乾燥な学問分野であり，日常生活と全くかけ離れた学問である」という根強い学問観が養成される期間でもある．このような間違った学問観を大学で覆すのは大変難しいことであり，担当者の力量が問われるところでもある．平成23年夏，福岡の九州大学伊都キャンパスの近くにある元岡古墳群でさびに

覆われた古代の太刀が見つかった．それ自体は大したたことではなかったが X 線を使ってさびの中を調べたところ，「西暦 570 年正月 6 日」と銘記された最古の暦が発見され，大騒ぎとなった．X 線は物理学に起源をもつ放射線の一種である．考古学という一見物理学と無縁な学問分野であるがそれらが結合して得られた大きな成果の例であると言えよう．物理学の成果が分野を越えて応用された典型的な例であろう．このような事実を紹介し文理の学問が相互に関連しあっていることを考慮したダイナミックな講義もこれからは肝要であろう．

　ところが理工系学部の学生にとってはたとえば高校時代やってない微分方程式や行列などを使った物理学の問題解決法などは専門教育の基礎となるため，当然学ぶことが要求される．したがってそのような学生にとっては全学教育における物理学の学習は専門教育への大きな橋渡しとして存在することになる．ただ理工系と言っても幅が広く工学部もあれば，理学部，医学部，薬学部，農学部など多彩であり，学部のニーズも違うことからここでも多彩な全学教育における物理学の教育が要求されることとなる．現在はそのことを特化した教科書も多く出版されるようになっている．

　現在，以下の節で述べるが学力低下した学生に全学教育，専門教育はどんな意味があるのだろうか．ある偏差値の低い大学では大学初年次の学生に高校レベルどころか中学または小学高学年レベルの数学を教えているところもあるし，おそらくそのような大学は今後増えていくものと思われる．分数のできない大学生が多いことは昔から言われてきたが今後はさらにその下を行くような学生は多くなると予想される [2]．現在の大学はどこでも "多様性" を視野に入れた教育が強調されるが言葉だけで終わっており，具体性がない場合が大半である．これから始まる大学全入時代においては多様な入学生を前提としたきめ細かな初年次教育の構築がますます重要になってくる．

1.3　理科 (物理) 離れについて

　大学生の基礎学力の低下や若者の理科離れについて声高に叫ばれるようになって久しい．嘆く声がいたるところで聞こえる割にはこれといった解決策が浮かんでこないというのが現状であろう．理科離れの原因は多様であり特定することは難しいが根が深いことは紛れもないことであろう．ただ現在の社会では子供が自然と接する機会が少なくなってしまったことも事実である．高等学校では物理の時間に実験をするところはほとんどなく，受験のための演習が高学年になると多くなる．ちなみにある進学校では物理実験室は閉鎖して演習室になっているというところもある．物理は上で述べたように公式を暗記して当てはめていくだけの科目と見なされている場合も多く，そのように教えられた高校生は大学に入って物理離れを起こすことは容易にわかることである．ただし物理 (理科) 離れは理系学生ばかりでなく全学生の 3 分の 2 にあたる文系学生でも起きていることに注意しなければならない．そのような大学生にとっては物理とは全く机上の学問となり，1.1 で述べた朝永先生の物理の定義からは大きくはずれた物理を学んでいることになろう．

しかし受験の物理と大学の物理は基本原理においては同じでなければならない．つまり“ニュートン力学の 3 法則”は大学で習おうと高校で習おうと基本的に同じだからである．ただ前者では主に微分方程式を使ってより広く表現するだけのことである．ただ微分方程式の場合，数学的にしっかりした基盤をもっていることが大事である．はじめは誰もすぐに理解できないが演習や議論を通して粘り強く考えていくことで最終的な理解にたどり着くのであるがこの“粘り強く考える”習慣が残念ながら現在の若者には根づいていない．特に全入あるいはそれに近い大学の場合はこのようなことはまず期待できないとみた方がよい．システム化された受験教育で体力的にも精神的にも余力のない大学生にさらにそのような習慣を身につけさせるのは至難の業である．さらに理科離れは現代の若者の「学問離れ」という大きな鉱脈の 1 つの露頭に過ぎないとみた方がよいと言われている．それは他の分野，語学や社会科学等ほとんどの学問分野で起こっていることである．

1.4　現在の物理教育の概要と問題点

理科 (特に物理) 離れが進行する中で物理初年次教育のあるべき姿は何なのだろうか．この問いは大変な難問である．たとえば日本物理学会で刊行している“大学の物理教育”という雑誌には毎号各大学における独自の物理教育 (特に初年次) の多くの実践例や苦難の例が報告されている．上の問いに対していかに多くの人たちが関心をもち，解決に向けて小さな一歩ではあるが惜しみない努力をしていることがわかる．多くの記事はある意味で教育という多面体に大小の差はあれ光を投じているように思える．教育は十人十色の個性をもつ学生に個々に行われるべきものであろう．したがって物理の教授法も大学のレベル，学部や学科のニーズによって千差万別である．多くの実践例の中でどこに統一性があるのか，また果たして自分の大学にとって有効な実践例はどれかということを判別するのは難しい．また同じ大学・学科でも入学生は毎年変わっている．昨年度有効だった方法が今年度は全く功を奏さないことはよくあることである．このような混沌とした初年次教育の中で期待される物理初年次教育とは何だろうか．たとえば文系や高校時代物理をやってなくなおかつ偏差値があまり高くない大学での教育法について考えてみよう．昨今高校で物理の実験をするところは少ない．特に進学校はほとんどやっていない．このことは前節でも述べた．中学校の段階までは結構いろいろな実験を手掛けている．文系学生を対象にした講義では身近な材料を使って手作りの実験を学生参加のもとでやると学生は大喜びする．その喜び方も残念ながら大学のレベルまたは入試の偏差値による．偏差値が低く高校時代ほとんど勉強してなく正規の入試 (筆記試験) を受けてなく推薦や AO 入試で入ってきた学生にとって，演示実験は猫に小判であり，ただ退屈な時間をもてあますだけである．このような学生はしかし何事にも興味を示さず，引きこもりや無気力な学生となる確率が高い．

しかし多くの学生にとって物理とは日常生活を遠く離れた学問であり，受験の際の 1 科目としての存在でしかないといったところが本音であろう．そのような学生に参加型の演示実験は

斬新にみえるようである．目に見えた双方向性をもった演示実験をしながら単純な理論構成で講義を進め，本質へ迫るという方法は程度の差こそあれ有効である．実際それをやってみると学生の中にはもっと参加したいという人も多く興味を喚起しているようである．ただしこのような講義のためには用意周到な準備と手作りに頼らざるを得ない実験機器，そしてそれに費やす膨大な時間など現在の多忙を極める大学教員でどこまで可能かはやや疑問である．

　他方，学生実験との兼ね合いもある．学生実験はテーマの底に横たわる物理法則の理解を深めているかというと必ずしもそうではない．定められた時間でデータを出し，レポートにして提出し単位をもらうといったプロセスでどの程度理解が進んでいるかを知ることは大変難しいが教員が期待したものとはかけ離れていることは事実であろう [3]．ここでもやはり学生にとって，実験は単位をとるための「1 科目」にしか過ぎないのである．実験終了後半年してもう一度復習してみるとほとんど記憶に残っていなかったという話はよく聞くことである．実際にやっていることを有機的に結びつけて講義や演習に生かす (課題探究能力の 1 つ) といったことは偏差値の低い大学や全入に近い大学ではなかなか難しいことである．受験の際の 1 科目と大学に入って講義，実験，演習で同じことをやってもなかなかそれは結びつかないといった例は多い．このような「知識の局在化」は最近特に若者には顕著であるような気がする．

　結果として物理教育の改善に対する画期的な妙案は存在しない．ただ地道に対象となる学生を見据えながら，目線を合わせ，双方向性をもたせたり，五感を使うような講義・実験を試行錯誤で行い，結果を分析して成果を得ながら進めていくといった方法が古いようであるがいいのではないかと思う．

関 連 図 書

[1]　朝永振一郎，「物理学とはなんだろうか」(上)(岩波新書)

[2]　岡部恒治・戸瀬信之・西村和雄編，「分数のできない大学生」(東洋経済新報社)

[3]　巨海玄道・野田常雄，「大学全入時代の物理教育の試み」，大学の物理教育，17 (2011) 133

第 2 章

数学的予備

2.1 文字式の基礎

物理現象を扱う上で，どうしても避けることができないものが，数式である．その際，数値だけを計算するのではなく，様々な物理量を記号を用い表す．記号を用いる式とする理由は，次のようなものが挙げられる．

- 一般的な表現が可能となる
- 形式的に操作できる
- 共通点が見えやすくなる
- 拡張や統合が可能となる

記号として用いられる文字に明確な決まりはないが，一般的にラテン文字のうち英語で使用するものとギリシア文字を使用する[1]．なお，形のよく似た文字やギリシア文字の大文字のうちラテン文字の大文字と形が同じものについては，使用されることは少ない．表 2.1 にギリシア文字とその読みとよく使う意味[2]を挙げる．また，表 2.2 にラテン文字のよく使う意味についても挙げる．

記号の意味は必ずしも表 2.1 や表 2.2 のとおりでなくてもよい．必要に応じて定義することで，好きに使うことができる[3]．また，**数式の処理中においては，記号の意味は考える必要はない．記号の意味を考慮するタイミングは，式を立てるときと，処理の結果出てきた式を評価・計算するときだけである．**

記号には何かの数値が入っているものと考える．数値であったところを記号と置き換えた，と考えると理解が進みやすい．数値を入れるための枠，そのようなものが記号であり，それらを用いた式が文字式である．

2.2 方程式と関数のグラフ

2.2.1 方程式とは

数学における等式には，大きく分けて 2 種類あり，次のように分類できる．

---

[1] 漢字や "かな"，アラビア文字やキリル文字等は用いられない．認識できる人が限られるため．
[2] これ以外の意味に用いることも多い．
[3] 同一の式や直近の文章との間で重複しないように気をつけるべきではある．

大文字	小文字	読み	よく使う意味
(A)	α	アルファ	膨張率, 温度係数
(B)	β	ベータ	速度比
Γ	γ	ガンマ	減衰係数, 比熱比
Δ	δ	デルタ	誤差,(微小なもの)
(E)	ε, ϵ	イプシロン	誘電率, 放射率
(Z)	ζ	ゼータ (ツェータ)	粘性係数, 渦度
(H)	η	エータ	屈折率, 熱効率
Θ	θ, ϑ	シータ (テータ)	角度, 温度
(I)	(ι)	イオタ	軌道傾斜角
(K)	κ	カッパ	熱伝導率
Λ	λ	ラムダ	波長, 崩壊係数
(M)	μ	ミュー	精度, 透磁率,(マイクロ)
(N)	ν	ニュー	周波数
Ξ	ξ	グザイ (クサイ, クシー)	確率変数
(O)	(o)	オミクロン	(あまり使用しない)
Π	π, ϖ	パイ	円周率,(総乗 (大))
(P)	ρ, ϱ	ロー	密度, 抵抗率
Σ	σ, ς	シグマ	面密度, 伝導率,(総和 (大))
(T)	τ	タウ	時定数, 寿命
Υ	υ	ウプシロン	(あまり使用しない)
Φ	ϕ, φ	ファイ	角度, 波動関数, 磁束 (大)
(X)	χ	カイ (キー)	確率変数
Ψ	ψ	プサイ	波動関数, 角度
Ω	ω	オメガ	角速度, 立体角 (大)

表 2.1　ギリシア文字一覧. ギリシア文字のカッコ書きはあまり使われないもの, よく使う意味のカッコ書きは変数以外の意味であり, "(大)" は大文字の場合を指す. 読みは複数存在するものも多い.

大文字	小文字	よく使う意味
A	a	定数, 加速度, 長さ, 振幅, 質量数
B	b	定数, 長さ, 磁束密度 (大)
C	c	定数, 光速, 比熱, 熱容量 (大), 電気容量 (大), 積分定数 (大)
D	d	定数, 間隔, 差, 電束密度 (大),(微分)
E	e	エネルギー, ネイピア数, 素電荷, 電場 (大)
F	f	力, 周波数・振動数, 割合,(関数)
G	g	重力加速度, 万有引力定数 (大),(関数)
H	h	高さ, プランク定数, 磁場,(関数)
I	i	虚数単位, 単位ベクトル (x 方向), 電流, 慣性モーメント, 整数
J	j	虚数単位, 単位ベクトル (y 方向), 整数, 仕事当量 (大)
K	k	運動エネルギー, 定数 (ばね, ボルツマン, クーロンの法則), 整数
L	l	長さ, 直径, 角運動量, 整数, インダクタンス
M	m	質量, 磁気量, 等級, 整数
N	n	垂直抗力, トルク, 個数, 数密度, モル数, 中性子数, 自然数
O	o	(0 と紛らわしいため変数としては使わない)
P	p	圧力, 運動量, 確率, 仕事率, 任意の変数
Q	q	電荷, 熱量, 任意の変数
R	r	半径, 距離, 電気抵抗, 気体定数
S	s	面積, エントロピー, 長さ
T	t	時間, 温度, 張力 (大)
U	u	内部エネルギー, 速度
V	v	速度, 電位・電圧, 体積
W	w	仕事, 速度
X	x	x 座標, 未知数, リアクタンス
Y	y	y 座標, 未知数
Z	z	z 座標, 未知数, インピーダンス, 陽子数

表 2.2　ラテン文字一覧. よく使う意味のカッコ書きは変数以外の意味. "(大)" は大文字の場合を指す.

恒等式，公式 どのような値を代入しても，つねに両辺が等しい式[4]

方程式 ある特定の値を代入しなければ，等号が成立しない式

また，いくつかの言葉の定義をしておくと，方程式の「特定の」値のことを解や根 (こん)，求めるべき量を未知数と呼ぶ．未知数にはアルファベット後半の文字 x, y, z などを使用し，定数には a, b, c などの前半の文字を使うことが多い．

文字式は数値の代わりに文字を使ったものである．文字を使うことで，同じ式を何度も用いることができ，また，式を簡素化できる利点がある．数値を使った場合と比較して，演算順等に変更はない．慣例として，乗算時は "×" や "·" を省略して構わない．

恒等式の例としては，分配法則 $a \cdot (b+c) = a \cdot b + a \cdot c$ や交換法則 $a \cdot (b \cdot c) = (a \cdot b) \cdot c$ を挙げることができ，このような式はどのような値であっても等号が成立する．対して，方程式の例としては $2x + 3 = 0$ を挙げることができるが，この例では $x = -1.5$ 以外の値では等号が成り立たない．

2.2.2 1次方程式

最も簡単な方程式は，1次方程式

$$ax + b = 0 \tag{2.1}$$

である．このとき，a と b は定数であり，未知数は x となる．未知数が x であるので，この式を "x の1次方程式" と呼ぶこともある．

この方程式を解くには，まず，定数項 b を移項[5]し，

$$ax = -b \tag{2.2}$$

とする．次に，x の係数 a が 0 でなければ，両辺を a で割って，1次方程式の解の公式

$$x = -\frac{b}{a} \tag{2.3}$$

を得ることができる．

係数 a が 0 であるときは解を求めることはできない．その場合，b の値によって，$b = 0$ のとき解は無数にあり特定できず (不定)，$b \neq 0$ のときは解は存在しない (不能)．

例題 2-1

$12x + 34 = 567$ という方程式を解け．

解

まず，2 項目の 34 を右辺に移項すると，

$$12x = 567 - 34 = 533 \tag{2.4}$$

となる．次に，x の係数 12 で両辺を割ると，

$$x = \frac{533}{12} \tag{2.5}$$

となる．

---

[4] なお，物理学における「公式」は多くの場合方程式であることに注意が必要である．

[5] 移項: (2.1) の左辺から定数項 b を除去するには，両辺から b を引くとよい．そのとき，項が左辺から右辺に符号を変えて移動するので移項と呼ぶ．

2.2.3　連立 1 次方程式

2 つ以上の未知数が存在する場合，未知数の数だけの独立した方程式が必要となる．この複数の独立した方程式[6]を用い，未知数を求めることを，連立方程式を解く，と呼ぶ．

連立方程式の最も簡単な形は，6 つの定数 a,b,c,d,e,f と 2 つの未知数 x,y を含む

$$\begin{cases} ax + by = c & (2.6a) \\ dx + ey = f & (2.6b) \end{cases}$$

の形で表される 2 元連立 1 次方程式と呼ばれる．

連立方程式を解くには，未知数の数を減らし，(2.1) のような一次方程式に帰着させればよい．そのための方法として消去法 (代入法) と加減法がある．なお，以下の議論で，分数の分母は 0 にならないものとする．

（a）　消去法 (代入法) による連立 1 次方程式の解法

(2.6a) より，未知数 x の式にすると

$$x = \frac{c - by}{a} \tag{2.7}$$

となる．これを (2.6b) の x に代入すると

$$d\frac{c - by}{a} + ey = f \tag{2.8}$$

となり，この段階で未知数は y だけの式となる．両辺に a をかけてまとめると

$$cd - bdy + aey = af \tag{2.9}$$

$$(ae - bd)\,y = af - cd \tag{2.10}$$

$$y = \frac{af - cd}{ae - bd} \tag{2.11}$$

となり，y が求まる．これを (2.6b) に代入[7]すると

$$dx + e\frac{af - cd}{ae - bd} = f \tag{2.12}$$

$$x = \frac{ce - bf}{ae - bd} \tag{2.13}$$

となり，x も求めることができる．このように連立方程式を解く方法を消去法 (代入法) と呼ぶ．

（b）　加減法による連立 1 次方程式の解法

(2.6a) の d 倍から，(2.6b) の a 倍を引く[8]と，

$$(adx + bdy) - (adx + aey) = cd - af \tag{2.14}$$

$$(bd - ae)\,y = cd - af \tag{2.15}$$

$$y = \frac{cd - af}{bd - ae} \tag{2.16}$$

となり，未知数 x を含む項を消すことができる．これは (2.11) と等しくなり，(2.12) 以降の計算を同様に行うことができる．

このように，両方の式を加減し，未知数を減らす方法を加減法と呼ぶ．

---

[6] 移項や両辺を乗除しても，同じ方程式にならないもの．

[7] 代入する先はどちらでもよい．

[8] 等式の両辺に同じ値を乗じたり，等式の両辺を辺々加減しても，等式は等式のままである．

例題 2-2

次の連立 1 次方程式を解け.

$$\begin{cases} x + y = 3 & \text{(2.17a)} \\ 2x + 5y = 9 & \text{(2.17b)} \end{cases}$$

解

(2.17a) を y について解くと

$$y = 3 - x \tag{2.18}$$

となる. これを (2.17b) に代入してまとめると,

$$2x + 5(3 - x) = 9 \tag{2.19}$$

$$-3x = -6 \tag{2.20}$$

$$x = 2 \tag{2.21}$$

となる. これを (2.18) に代入すると

$$y = 1 \tag{2.22}$$

となる. よって $x = 2, y = 1$ となる.

2.2.4 2 次方程式

x の 2 次方程式

$$ax^2 + bx + c = 0 \tag{2.23}$$

の解法について考える. 未知数 x の最高次数[9]が 2 次のため, このような方程式を 2 次方程式と呼ぶ.

2 次方程式が因数分解でき, 1 次の式の積

$$(x - \alpha)(x - \beta) = 0 \tag{2.24}$$

の形になる場合,

$$x - \alpha = 0 \tag{2.25}$$

$$x - \beta = 0 \tag{2.26}$$

と分割で, 実解 (実根)$x = \alpha, \beta$ を得る[10]ことができる.

因数分解したときに 1 次の式の 2 乗

$$(x - \alpha)^2 = 0 \tag{2.27}$$

の形になるとき,

$$x - \alpha = 0 \tag{2.28}$$

$$x = \alpha \tag{2.29}$$

となり, 1 つの解を得る. この場合, この 2 次方程式は重解 (重根)[11]をもつという.

---

[9] x^2 の 2 が次数.

[10] 2 つの 0 でない数をかけ合せて 0 を作ることはできないため, どちらかが 0 であると考える.

[11] 重解についてはグラフと方程式の関係でイメージがつきやすい.

　一般的に，解くことができる 2 次方程式は，2 つの解をもつ．$x^2 = 4$ という単純な 2 次方程式を例にとると，とりうる x の値は $+2$ と -2 の両方が考えられる．しかし，$x^2 = 0$ のような 2 次方程式の場合は，解は $x = 0$ しか存在しない．そのため，1 つしか解のない場合，本来 2 つあるべき解が 1 つに重なったと考えることとする．3 次以上の場合でも，同様に次数の数だけの解を得ることが多いが，それ以下の場合には同様にどれかの解が重解になるとする．

　2 次方程式が因数分解できないときには，係数より解を導くことができる．(2.23) から，

$$0 = x^2 + \frac{b}{a}x + \frac{c}{a} \tag{2.30}$$

$$= x^2 + \frac{b}{a}x + \frac{c}{a} + \left(\frac{b}{2a}\right)^2 - \left(\frac{b}{2a}\right)^2 \tag{2.31}$$

$$= \left(x + \frac{b}{2a}\right)^2 - \left(\frac{b}{2a}\right)^2 + \frac{c}{a} \tag{2.32}$$

と書ける．x によらない項を移項すると，

$$\left(x + \frac{b}{2a}\right)^2 = \frac{b^2 - 4ac}{4a^2} \tag{2.33}$$

と書くことができる．このような形のことを完全平方式と呼ぶ．ここで，右辺の分子を $D = b^2 - 4ac$ とし，これを判別式と呼ぶ．判別式 D が 0 もしくは正であれば，その平方根 $\sqrt{D} = \sqrt{b^2 - 4ac}$ が実数として存在し，(2.33) は両辺の平方根をとって，

$$x + \frac{b}{2a} = \pm\frac{\sqrt{b^2 - 4ac}}{2a} \tag{2.34}$$

となり，2 次方程式の解の公式

$$x = \frac{-b \pm \sqrt{b^2 - 4ac}}{2a} \tag{2.35}$$

を得る．なお，判別式 D が 0 のとき，(2.35) の $\pm$ 以降が 0 となるため，重解となる．

　判別式 D が負のとき，実数として $\sqrt{D} = \sqrt{b^2 - 4ac}$ は存在しない．このときの解は，虚数 $i = \sqrt{-1}$ を含む複素数となり，虚解 (虚根) と呼ぶ．

　判別式 D と解と関係をまとめると，次のようになる．

1. $D > 0$: 解は異なる 2 つの実数，実解 (実根)
2. $D = 0$: 解は重複した実数，重解 (重根)
3. $D < 0$: 解は共役[12]な虚数，虚解 (虚根)

例題 2-3

　　次の 2 次方程式を解け．

$$x^2 - 3x = 0 \tag{2.36}$$

解

　　(2.36) の左辺を因数分解すると

$$x^2 - 3x = x(x - 3) \tag{2.37}$$

---

[12] 複素数 (例:$z = a + ib$) において虚部の符号を入れ替えたもの ($z^* = a - ib$). 純虚数では符号を入れ替えたもの ($ib \leftrightarrow -ib$).

となる. これがそれぞれ 0 のとき,

$$x = 0, 3 \tag{2.38}$$

と解が求まる.

2.2.5 関数

(a) 関数とは

2 つの変数 x, y があり, x の値を決めると対応する y の値が決まる式がある場合, y を x の関数と呼ぶ. 関数は一般的に恒等式である[13]. このとき,

$$y = f(x) \tag{2.39}$$

と書き, x を独立変数, y を従属変数, $f(x) = 0$ となる x の値をこの関数の零点と呼ぶ.

(2.23) の 2 次方程式を右辺と左辺に分断し, それぞれ y と等しいとすると,

$$\begin{cases} y = ax^2 + bx + c & \text{(2.40a)} \\ y = 0 & \text{(2.40b)} \end{cases}$$

の連立方程式とすることができる. この (2.40a) は, x をある値に決めると y の値が決まる関数となる.

関数 $f(x)$ の中身がわかるときには,

$$f(x) = ax^2 + bx + c \tag{2.41}$$

のように表記する. べきの形で関数の中身を記載できるときには, n 次関数[14]と表記する.

関数によっては, 独立変数のとりうる変域のみ考慮する場合がある. その範囲のことを定義域, それに伴い従属関数の変化する範囲を値域と呼ぶ.

2.2.6 グラフ

(a) グラフとは

関数 $y = f(x)$ を図に表すには, 2 本の数直線を用い, 1 本を水平, もう 1 本をそれに垂直になるように描く. この 2 本の数直線が互いに 0 で交わるようにする. この交点を原点と呼ぶ. また, 水平方向の軸を x 軸と呼び, 垂直方向の軸を y 軸と呼ぶ. 両方の軸を合わせて座標軸と呼び, この軸が書かれた面を座標平面と呼ぶ.

この座標平面上の 1 点は, x 軸と y 軸に投影でき, 1 つの実数の組, 座標を得る. このとき, 座標を

$$(x, y) \tag{2.42}$$

と表記する. 座標平面を用いることで, 2 つの値の組み合わせで記述できるもの[15]を, 平面上の図としてみることが可能となる.

---

[13] 定義域がある場合, 定義域内では恒等式となる.
[14] $f(x) = ax^2 + bx + c$ は 2 次関数であり, $f(x) = ax + b$ は 1 次関数である.
[15] 簡単な例として, 時刻と気温など.

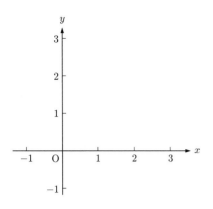

図 **2.1**　座標平面

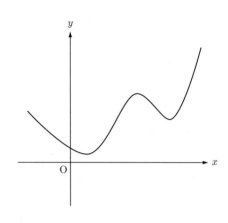

図 **2.2**　任意のグラフ

このとき，$x = \alpha$ における関数値 $f(\alpha)$ は，座標平面上の点

$$(\alpha, f(\alpha)) \tag{2.43}$$

により記述できる．α を連続的に動かすと，$(\alpha, f(\alpha))$ は平面上に 1 つの曲線を描く．この曲線を，関数のグラフと呼ぶ．

（b）　1 次関数のグラフ

$y = ax + b$ のような 1 次関数を座標平面に記述したものを，1 次関数 $y = ax + b$ のグラフ，と呼ぶ．

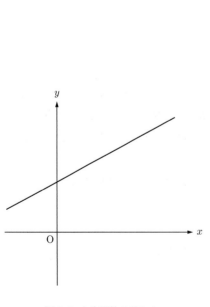

図 **2.3**　1 次関数のグラフ

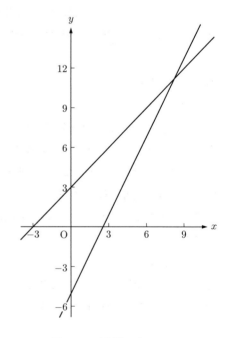

図 **2.4**　1 次関数 2 本のグラフ

このグラフは，y 軸と重なる点において $y = b$ となり，この値を y 軸上の切片と呼ぶ．同様

に x 軸と重なる点においては，$x = -b/a$ となる．このグラフは直線となるが，x 軸との間の傾きが定義でき，$y = ax + b$ の a が傾きに該当する．$a = 0$ のときには，$y = b$ となる場合は x 軸に平行な直線となり，$x = c$ となる場合は y 軸に平行な直線となる．一般的な座標系では，$a > 0$ のときグラフは右上がりの直線となり，$a < 0$ のときには右下がりの直線となる．

複数のグラフを同一の座標平面に記載する場合，2 関数の傾きが a，a' と記述できるとき，$a = a'$ となる場合，2 つのグラフは互いに交差することなく，平行を維持する．また，$aa' = -1$ となる場合，2 つのグラフは直交することになる．

2 つの傾きの異なるグラフは，必ずどこかで交差する．このとき，その交点は，その 2 つの関数の連立方程式の解の座標となる．次の 2 つの関数が描くグラフを考える．

$$y = 2x + 5 \tag{2.44}$$
$$y = 0 \tag{2.45}$$

この 2 関数は，$\left(-\frac{5}{2}, 0\right)$ で交差するが，これは，1 次方程式 $2x + 5 = 0$ の解と等しくなる．1 次方程式の場合は，もう 1 つの関数が $y = 0$ となる連立方程式と言える．

同様に，

$$y = x + 3 \tag{2.46}$$
$$y = 2x - 5 \tag{2.47}$$

の 2 関数を考えると，図 2.4 のようにグラフを描くことができ，その交点は $(8, 11)$ となる．これは，連立方程式

$$\begin{cases} y = x + 3 & \text{(2.48a)} \\ y = 2x - 5 & \text{(2.48b)} \end{cases}$$

の解 $x = 8, y = 11$ と一致する．

（c）　2 次関数のグラフ

まず，単純な 2 次関数

$$y = ax^2 \tag{2.49}$$

を考える．このグラフは，原点 $(0,0)$ を通り，$a > 0$ であれば $y \geq 0$ の範囲に，$a < 0$ であれば $y \leq 0$ の範囲に存在する．x_0 を正の実数とすると，$x = x_0$ と $x = -x_0$ の場合の y の値はともに $y = ax_0^2$ となる．そのため，このグラフは y 軸に対し対称な形となる．

次に，一般的な形の 2 次関数として

$$y = ax^2 + bx + c \tag{2.50}$$

を考える．この式を

$$y = a\left(x + \frac{b}{2a}\right)^2 - \frac{b^2 - 4ac}{4a} \tag{2.51}$$

と変形する．この変形は (2.33) で行った完全平方式にする方法と同様である．この式を満たす点が作るグラフは，2 次関数 $y = ax^2$ のグラフを，x 軸方向に $-\frac{b}{2a}$，y 軸方向に $-\frac{b^2 - 4ac}{4a}$ 平行移動したものとなる．このようなグラフを 2 次曲線と呼び，$a > 0$ のときには y が最小値とな

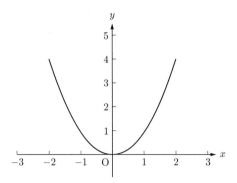

図 2.5　単純な 2 次関数のグラフ

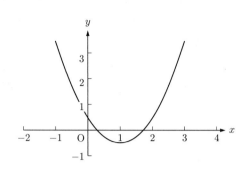

図 2.6　2 次関数のグラフ

り, $a < 0$ のときには y が最大値となる点が $(-\frac{b}{2a}, -\frac{b^2-4ac}{4a})$ に現れ, この点を頂点と呼ぶ. また, $y = -\frac{b^2-4ac}{4a}$ を満たす y 軸に平行な直線に対し, このグラフは対称となるため, この直線のことを対称軸と呼ぶ.

(d)　方程式の解とグラフ

任意の関数 $f(x)$ と, その関数を用いた方程式 $f(x) = C$ の関係をグラフを用いて考える. 簡単のため, $f(x) = ax^2 + bx + c$ という 2 次関数を考える. この関数が方程式 $ax^2 + bx + c = 0$ となった場合の x の解は, ここまでの内容で,

$$x = \frac{-b \pm \sqrt{b^2 - 4ac}}{2a} \tag{2.52}$$

となる.

また, 2 本の直線の交点は, 2 つの 1 次関数を連立方程式としたときの解である. 方程式 $f(x) = 0$ は, $y = f(x)$ と $y = 0$ の連立方程式と見なすことができ, その交点が解となる. つまり, $y = ax^2 + bx + c$ と $y = 0$ のグラフの交点の x 座標は, $ax^2 + bx + c = 0$ の解となる.

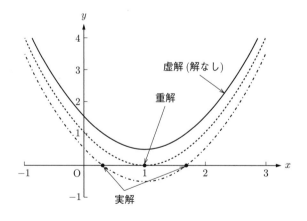

図 2.7　二次関数と $y = 0$ の交点

このように, グラフを用いて考えると, (2.33) の判別式は, 以下のような意味をもつ.

1. $D > 0$: $y = 0$ との交点が 2 個存在するため, 解は実解 (実根) となる

2. $D = 0$: 最大値もしくは最小値が $y = 0$ と接するため，解は重解 (重根) となる

3. $D < 0$: $y = 0$ と交差しないため，解は虚解 (虚根) となる

このような議論は，任意の関数について可能である．3次関数は極大点と極小点を有するとき，極大点が正で極小点が負の場合，その3次関数を用いた方程式は実解を3つもつ．しかし，グラフ上で $y = 0$ の直線との交点を探すと，いくつの解が存在するかイメージがつきやすくなる．

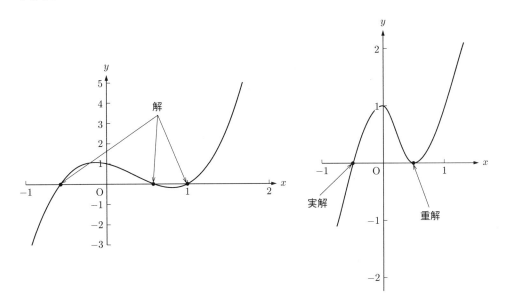

図 2.8　3次関数と $y = 0$ の交点

一般の方程式は，$y = 0$ とその関数の連立方程式と考えることができ，グラフ上でその関数と x 軸との交点を探すと，方程式の解を求めることができる．

2.3　対数関数・指数関数

2.3.1　指数関数 *

（a）　指数法則

関数 ϕ を考える．$\phi(0) \neq 0$ であるとすると，

$$\phi(x + y) = \phi(x) \cdot \phi(y) \tag{2.53}$$

が成り立つ場合，ϕ は指数法則を満足するという．

この指数法則を満足する関数は，

$$\phi(x) = a^x \tag{2.54}$$

と書くことができる．

（b）　指数関数

指数法則を満たす関数

$$f(x) = a^x \tag{2.55}$$

を，a を底とする指数関数と呼ぶ.

　ここで，底が2と3の指数関数を考える．それぞれの関数は，

$$y = 2^x, \ y = 3^x \tag{2.56}$$

と書くことができ，そのグラフは以下のようになる.

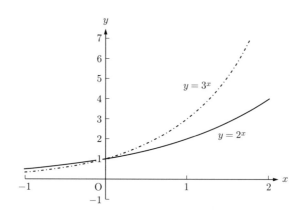

図 2.9　$y = 2^x$ と $y = 3^x$ のグラフ

　このとき，$x = 0$ での傾きは，底が2の場合1より小さくなり，底が3の場合は1より大きくなる．ここで，$x = 0$ での傾きが1になる底 e を考える．e は $2 < e < 3$ を満たす無理数となり，その値は

$$e = 2.718\,281\,828\,459\,045\,235\,360\,287\,47\cdots \tag{2.57}$$

となる．この数のことをネイピア数 (もしくはオイラー数) と呼ぶ．ネイピア数は，円周率 $\pi = 3.141\,592\,653\,589\,793\,238\,462\,643\,38\cdots$ 同様，重要な数学定数である.

　底が e となる指数関数を表記する際，e^x と記述するが，これを $\exp(x)$ と記述することもある[16]．また，底が e となる指数関数を単に "指数関数" と呼ぶ場合もある.

（c）　指数関数の特徴

　指数関数はべきの形となるため，底が1より大きい場合には，指数が大きくなると急激に値が大きくなる．また，逆に指数を小さくし負にすると，ゆっくりと減衰する関数となる.

　身の回りで指数関数的な振る舞いを示すものとして，単細胞生物の増殖などが挙げられ，時間の関数 $C = C_0 e^{\mu t}$ (C_0 は初期数，μ は増殖速度) となることが知られている．また，金利も指数関数的な振る舞いを示す．指数関数的に減衰するものも多く，放射性物質の崩壊速度や振り子の振幅，といったものは指数が負の指数関数でモデル化することができる.

---

[16] "エクスポネンシャル エックス" と呼ぶことが多い.

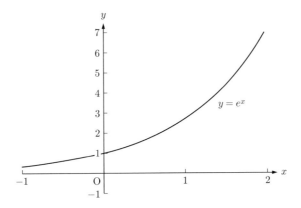

図 **2.10** $y = e^x$ のグラフ

（d）　指数関数の演算

指数関数は指数法則に則る関数であるため，任意の底 a の指数関数は

$$a^{x+y} = a^x \cdot a^y \tag{2.58}$$

$$(a^x)^y = a^{xy} \tag{2.59}$$

$$(a \cdot b)^x = a^x \cdot b^x \tag{2.60}$$

のように変形ができる．

例題 2-4

次の方程式を x について解け．

$$4^{3x} = 8^{x-1} \tag{2.61}$$

解

(2.61) の左辺の 4 と右辺の 8 は，それぞれ 2^2 と 2^3 であるので，

$$\left(2^2\right)^{3x} = \left(2^3\right)^{x-1} \tag{2.62}$$

$$2^{6x} = 2^{3x-3} \tag{2.63}$$

$$6x = 3x - 3 \tag{2.64}$$

となり，$x = -1$ となる．

2.3.2　対数関数 *

（a）　対数とは

ある量 x を $x = a^y$ とすることができるとき，$\log_a x = y$ と書いて，この y のことを a を底とする x の対数と呼ぶ．対数は指数と逆の概念である．

簡単に指数と対数を比較してみる．

$$3^4 = 81 \tag{2.65}$$

これは，3 を 4 乗すると 81 になる，という意味であり，4 は 3 を 81 にする指数である．これ

から逆に，81 は 3 の何乗か，を調べたいときに対数にするとよい.

$$\log_3 81 = 4 \tag{2.66}$$

また，対数を指数にすると，もとの真数に戻すことができる.

$$3^{\log_3 81} = 81 \tag{2.67}$$

対数は 1 より大きな数を絶対値の小さな正の数に，1 未満の数を絶対値の小さな負の数に変換するため，非常に大きな値と非常に小さな値を比較する際などによく使われる.

（b）　自然対数・常用対数

実際に，数値を対数表記する際には，底を 10 とした常用対数を用いることが多い. また，数学的要素の強い場合に対数を使用する際には，底を e とした自然対数を用いることが多い. 常用対数は $\log_{10} x$ は $\lg x$ もしくは $\log x$ と表記し[17]，また，自然対数は $\log_e$ を $\ln$ で表記する.

常用対数を用いる利点として，大きな値や小さな値を比較する際に計算が簡単になるというメリットがある. また，実際の数を直接用いた計算に比べ，電子計算機での誤差が生じにくくなるという利点もある.

（c）　対数の演算

対数の演算は，基本的には指数のそれの逆となる. しかし，混乱を生じやすいため，ここで解説する.

まず，定義より

$$a^{\log_a x} = x \tag{2.68}$$

となり，対数をとって同じ底の指数にするともとの真数に戻る. 真数の積の対数をとると，

$$\log_a (xy) = \log_a x + \log_a y \tag{2.69}$$

と，対数の和となる. 同様に商の対数は

$$\log_a \left(\frac{x}{y}\right) = \log_a x - \log_a y \tag{2.70}$$

と，対数の差となる.

これは，指数における

$$a^x \cdot a^y = a^{(x+y)} \tag{2.71}$$

$$\frac{a^x}{a^y} = a^{(x-y)} \tag{2.72}$$

と逆の関係になる.

また，真数に指数[18]を含む場合は，

$$\log_a x^y = y \log_a x \tag{2.73}$$

指数部が対数の定数倍に変換される.

底が異なるもの同士の演算の場合，底を共通にする必要があり，

$$\log_a x = \frac{\log_b x}{\log_b a} \tag{2.74}$$

の，底の変換公式を用いる.

---

[17] 底が明記されていない場合は物理では常用対数とすることが多い.
[18] 分数の場合は -1 乗として指数形式にする.

（d）　対数関数のグラフ

対数関数は指数関数の逆関数[19]となる．次の指数関数

$$y = e^x \tag{2.75}$$

の，x と y の関係は

$$x = \log_e y \tag{2.76}$$

となり，これの x と y を入れ替えた対数関数

$$y = \log_e x \tag{2.77}$$

は，(2.75) の逆関数となる．ただし，定義域は $x > 0$ となる．

逆関数のグラフは，もとの関数と $y = x$ に対し対称となるため，次のようになる．

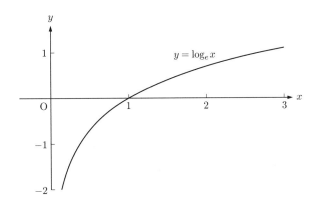

図 2.11　$y = \log_e x$ のグラフ

例題 2-5

次の値を求めよ．

$$\log_2 1024 \tag{2.78}$$

解

1024 を素因数分解すると，

$$1024 = 2^{10} \tag{2.79}$$

となる．よって (2.78) は

$$\log_2 1024 = \log_2 2^{10} = 10 \tag{2.80}$$

となる．

2.4　三角関数

2.4.1　度数法と弧度法

三角関数を議論する前に，角度の表記について検討する．一般的に用いられる “度” という単位は，ある点を中心に 1 周を 360 度 (360°) と定義されている．また，1 度の 1/60 を 1 分 (1

---

[19] ある関数の独立変数と従属変数を入れ替えた関数.

分角，1′），1 分の 1/60 を 1 秒 (1 秒角，1″) と補助単位も定義される．このような角度の単位系を度数法と呼び，日常生活でよく目にする．

しかし，角度に対応する円弧の長さなど，数学的に角度を用いる際には，度数法では少々都合が悪い．半径が 1 の円を単位円と呼び，この円の一周に対応する円弧 (円周) は，半径の 2π 倍となる．そこで，円弧の長さが半径と等しくなる時の角度を 1 ラジアン (rad) とし，角度の単位として用いる．このような角度の単位系を弧度法と呼び，工学・理学用途ではよく用いる．なお，1 ラジアンはおよそ 57.30 度 ＝ 57°18′ となる．

弧度法を用いると，半径 r，中心角 θ の扇形の面積 S と弧の長さ l とを

$$S = \frac{1}{2}\theta r^2, \; l = r\theta \tag{2.81}$$

と表すことができるが，度数法では

$$S = \frac{1}{2}\frac{\theta \cdot 2\pi}{360}r^2, \; l = 2\pi r\frac{\theta}{360} \tag{2.82}$$

となり，数学的には弧度法を用いた方がシンプルな表記となる．

2.4.2　円周率

円周率は円周と直径の長さの比であり，記号 π で表される．先の指数関数・対数関数の箇所で導入したネイピア数同様，非常に重要な数学定数である．π は無理数であり，その値は

$$\pi = 3.141\,592\,653\,589\,793\,238\,462\,643\,38\cdots \tag{2.83}$$

となる．

古代バビロニア (紀元前 2000 年頃) には，既に円周率について調べられており，もっとも簡単な計測法[20]を用いることで，$\pi \simeq 3.125$ という近似値を求めていた．現在では，コンピュータを用い，小数点下 30 兆桁まで計算されている[21]．

2.4.3　三角比

直角三角形の辺の比を考える．三角形の辺の長さの比を三角比と呼ぶ．

頂点 A，B，C，辺 a, b, c からなる三角形があり，頂点 C が直角であるとする．a と c で挟まれた頂点 B の角度を θ とすると，

$$\sin\theta \equiv \frac{b}{c} \tag{2.84}$$

$$\cos\theta \equiv \frac{a}{c} \tag{2.85}$$

$$\tan\theta \equiv \frac{b}{a} \tag{2.86}$$

と定義する[22]．それぞれ，サイン (正弦)，コサイン (余弦)，タンジェント (正接) と読む．このような関係を三角比と呼ぶ．また，三角比の角度を任意に与える関数のことを三角関数と呼ぶ．

三角比には，また，別の解釈もできる．半径 1 の円を考える．この円の中心から水平線と角

---

[20] 棒と紐を用い地面に円を描き，その円に紐を当てていく．
[21] 2019 年現在．
[22] 数学記号 $\equiv$ を定義の意味で用いる．

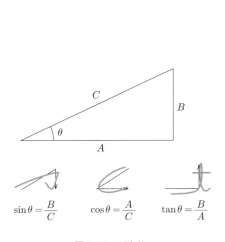

図 **2.12** 三角比

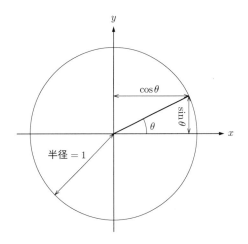

図 **2.13** 円と三角比

度 θ をなす線分を円弧に対して引く．この線分と円弧の交点の座標は，中心から縦に $\sin\theta$，横に $\cos\theta$ だけずれることになる．

2.4.4 ピタゴラスの定理と三角比の関係

直角三角形の斜辺の長さを c とし，その他の辺の長さを a，b とすると，

$$a^2 + b^2 = c^2 \tag{2.87}$$

という関係が成立する．この定理をピタゴラスの定理，もしくは三平方の定理と呼ぶ．

この関係を三角比の定義とともに用いることで，

$$\frac{\sin\theta}{\cos\theta} = \frac{\frac{b}{c}}{\frac{a}{c}} = \frac{b}{a} = \tan\theta \tag{2.88}$$

$$\sin^2\theta + \cos^2\theta = \frac{b^2}{c^2} + \frac{a^2}{c^2} = 1 \tag{2.89}$$

という関係が成り立ち[23]

$$|\sin\theta| \leq 1 \tag{2.90}$$

$$|\cos\theta| \leq 1 \tag{2.91}$$

となる．(2.89) より

$$\frac{1}{\cos^2\theta} = 1 + \frac{\sin^2\theta}{\cos^2\theta} = 1 + \tan^2\theta \tag{2.92}$$

が成り立つ．このような関係はよく用いられる．

また，三角比の関係は，角度が $\frac{\pi}{2} - \theta$ の角 (余角) についても議論でき，次のような関係も成り立つ．

$$\sin\left(\frac{\pi}{2} - \theta\right) = \cos\theta, \cos\left(\frac{\pi}{2} - \theta\right) = \sin\theta, \tan\left(\frac{\pi}{2} - \theta\right) = \frac{1}{\tan\theta} \tag{2.93}$$

---

[23] $\sin^2\theta$ は $(\sin\theta)^2$ を意味する．また，$\sin\theta^2$ と記述すると $\sin(\theta^2)$ を意味するので注意が必要である．

2.4.5 加法定理 *

角度の加算に対応する三角比の計算は，加法定理を用いる．2つの角の角度を α, β とすると，

$$\sin(\alpha \pm \beta) = \sin\alpha\cos\beta \pm \cos\alpha\sin\beta, \tag{2.94}$$

$$\cos(\alpha \pm \beta) = \cos\alpha\cos\beta \mp \sin\alpha\sin\beta, \tag{2.95}$$

$$\tan(\alpha \pm \beta) = \frac{\sin(\alpha \pm \beta)}{\cos(\alpha \pm \beta)} = \frac{\sin\alpha\cos\beta \pm \cos\alpha\sin\beta}{\cos\alpha\cos\beta \mp \sin\alpha\sin\beta} \tag{2.96}$$

となる．このとき，$0 < \alpha + \beta < \frac{\pi}{2}$ となる必要がある．なお $\pm$ と $\mp$ は，それぞれ "プラスマイナス"，"マイナスプラス" と読み，(2.94) のときには左辺が $+$ なら右辺も $+$ 左辺が $-$ なら右辺も $-$ となり，(2.95) のときには左辺が $+$ なら右辺は $-$，左辺が $-$ なら右辺は $+$ となる．上側の記号は上側と，下側の記号は下側と，それぞれ対応する (複号同順)．

加法定理 (2.94–2.96) について，証明する手段は複数あるが，1つだけを紹介する．

図 2.14 のように，斜辺の長さが1である直角三角形 △ABC を描き，それに重ねて △ABN，△AMN，△BNP を描き，問題の角を α, β とする．

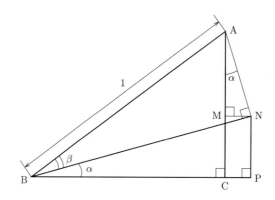

図 2.14 加法定理

三角形 BNP と三角形 AMN は相似となり，$\angle$MAN $= \alpha$ となり，

$$\sin(\alpha + \beta) = \overline{AC} = \overline{AM} + \overline{MC} \tag{2.97}$$

となる．ここで，$\overline{AN} = \sin\beta$, $\overline{AM} = \overline{AN}\cos\alpha$ となるので，

$$\overline{AM} = \sin\beta\cos\alpha \tag{2.98}$$

となる．同様に，$\overline{MC}$ も，

$$\overline{MC} = \overline{NP} \tag{2.99}$$

$$= \overline{BN}\sin\alpha \tag{2.100}$$

$$= \cos\beta\sin\alpha \tag{2.101}$$

となる．(2.97) に (2.98) と (2.101) を代入すると，

$$\sin(\alpha + \beta) = \sin\alpha\cos\beta + \cos\alpha\sin\beta \tag{2.102}$$

となる．

$\cos(\alpha + \beta)$ の場合も同様に，

$$\cos(\alpha + \beta) = \overline{\text{BC}} = \overline{\text{BP}} - \overline{\text{CP}} \tag{2.103}$$

を求めることで，

$$\cos(\alpha + \beta) = \cos\alpha\cos\beta - \sin\alpha\sin\beta \tag{2.104}$$

が求まる．

2.4.6　三角関数とグラフ *

三角比を用いる関数を三角関数と呼ぶ．三角比の値を，三角形の辺の比ではなく，単位円内のある角をなす線分の x 方向と y 方向の長さの比，と考える．角度 θ の定義域は，任意の角度をとりうるが，実際に問題になる角度は，任意の整数を n とすると，$\theta' = \theta - 2\pi n$ と書ける．円の中の線分の角度は，1周することで 2π 増減するが，図上では同じ位置にくる．そのため，角度の絶対値が 2π を超えても，三角関数は定義できる．したがって，sin, cos, tan 関数について，次の関係が成り立つ．

$$\sin(\theta + 2\pi n) = \sin\theta, \tag{2.105}$$

$$\cos(\theta + 2\pi n) = \cos\theta, \tag{2.106}$$

$$\tan(\theta + 2\pi n) = \tan\theta \tag{2.107}$$

これから，この3関数は，周期的な値をとる関数であることがわかる．

（a）　sin 関数と cos 関数

まず，sin 関数と cos 関数について詳しくみていく．この2関数は，角度を $\frac{\pi}{2}$ ずらすことで，(2.93) のように，それぞれの関数を入れ替えることができる．特徴的な箇所の値をみていくと，sin 関数では，

$$\sin 0 = 0, \ \sin\frac{\pi}{2} = 1, \ \sin\pi = 0, \ \sin\frac{3\pi}{2} = -1 \tag{2.108}$$

となり，cos 関数では，

$$\cos 0 = 1, \ \cos\frac{\pi}{2} = 0, \ \cos\pi = -1, \ \cos\frac{3\pi}{2} = 0 \tag{2.109}$$

という関係になる．角度を 2π 以上にすると，その角度は円の中心を1周以上してしまうので，同じ値を繰り返すことになる．

また，(2.89) の関係を考慮すると，sin 関数と cos 関数はいかなる θ であれ

$$-1 \le \sin\theta \le +1, \ -1 \le \cos\theta \le +1 \tag{2.110}$$

と，滑らかに変化することが言える．

これから，$y = \sin\theta$ と $y = \cos\theta$ のグラフは図 2.15 のようになる．

（b）　tan 関数

tan 関数は他の2関数と比較して少々複雑になる．

$$\tan\theta = \frac{\sin\theta}{\cos\theta} \tag{2.111}$$

であるため，分母の $\cos\theta$ が0となるところで，無限大に発散してしまう．したがって，全域での定義はできず，$\cos\theta = 0$ となる θ では関数の値が定義できない．特徴的な箇所の値は以

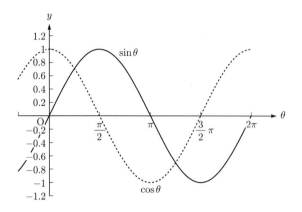

図 **2.15**　sin 関数と cos 関数のグラフ

下のようになる.
$$\tan 0 = 0, \ \tan \frac{\pi}{4} = 1, \ \tan\left(\pm\frac{\pi}{2}\right) = \pm\infty \tag{2.112}$$
また, $\theta \to \frac{\pi}{2}$ での極限についてみてみると,
$$\lim_{\theta \to \frac{\pi}{2}-0} \tan\theta = \infty, \tag{2.113}$$
$$\lim_{\theta \to \frac{\pi}{2}+0} \tan\theta = -\infty \tag{2.114}$$
となる. ここで, $\displaystyle\lim_{\theta \to \frac{\pi}{2}-0}$ とは, θ を $\frac{\pi}{2}$ に θ が小さい方から近づけた極限を意味し, $\displaystyle\lim_{\theta \to \frac{\pi}{2}+0}$ は その逆で大きい方から近づけたときの極限を意味する. なお, 極限とは, 関数 $f(x)$ が特定の x で振る舞いが変わる際など, その近辺での値の変化を議論する際に用いる概念で, 関数がある 値に収束もしくは発散する場合や不連続になる際によく用いる[24]. $\tan\theta$ の $\theta = \frac{\pi}{2}$ での極限は, 反比例の 1 次関数 $y = 1/x$ の $x = 0$ での極限と同様に考えることができる.

tan 関数の特徴的な値をみていくと,
$$\tan 0 = 0, \ \tan\frac{\pi}{4} = 1, \ \tan\left(-\frac{\pi}{4}\right) = -1 \tag{2.115}$$
角度を 2π 以上にすると, その角度は円の中心を 1 周以上してしまうので, 同じ値を繰り返す ことになる.

これから, $y = \tan\theta$ のグラフは図 2.16 のようになる.

（c）　身の回りの三角関数

三角関数, 特に sin 関数で表すことができるものは, 身の回りにあふれている. いわゆる "波" は, 一般的に, 複数の sin 関数の足し合わせで表すことができる[25]. また, "振動" 現象に おいても, sin 関数で記述することができる. 音波や電波, 機器の振動などは, 波や振動といっ た運動の代表的なものであるが, sin 関数で記述できることが多い.

回転運動と三角関数の関係も非常に強いものとなる. 円運動の上下・左右成分のみ取り出す

---

[24] 微分・積分の定義で使うこともある.
[25] 今後の学習で, フーリエ級数展開・フーリエ変換を行うことで確認できる.

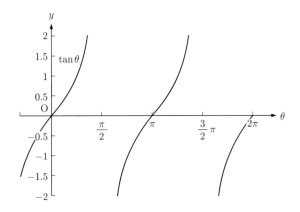

図 **2.16**　tan 関数のグラフ

と，それは sin 関数，cos 関数となる．回転に伴う往復運動 (例: レシプロエンジンのピストン)
も sin 関数で記述ができる．

　　ミクロの状態を取り扱う量子力学まで考慮すると，すべての粒子は波として記述できるとさ
れている．"波" であるため，やはり sin 関数の重ね合わせで記述することもある[26]．

例題 2-6

　　$\sin \frac{\pi}{12}$ の値を求めよ．

解

　　$\frac{\pi}{12} = \frac{\pi}{3} - \frac{\pi}{4}$ と分解できるため，加法定理より

$$\sin\left(\frac{\pi}{3} - \frac{\pi}{4}\right) = \sin\frac{\pi}{3}\cos\frac{\pi}{4} - \cos\frac{\pi}{3}\sin\frac{\pi}{4} \tag{2.116}$$

となる．$\sin\frac{\pi}{4} = \frac{\sqrt{2}}{2}$，$\sin\frac{\pi}{3} = \frac{\sqrt{3}}{2}$，$\cos\frac{\pi}{4} = \frac{\sqrt{2}}{2}$，$\cos\frac{\pi}{3} = \frac{1}{2}$ を代入すると

$$\sin\frac{\pi}{3}\cos\frac{\pi}{4} - \cos\frac{\pi}{3}\sin\frac{\pi}{4} = \frac{\sqrt{3}}{2} \times \frac{\sqrt{2}}{2} - \frac{1}{2} \times \frac{\sqrt{2}}{2} \tag{2.117}$$

$$= \frac{\sqrt{2}}{4}\left(\sqrt{3} - 1\right) \tag{2.118}$$

となる．

2.5　ベクトル

2.5.1　ベクトルとは

　　数は大きさをもつが，ある空間で数を定義した場合，向きを定義できない．しかし，身近な
物理現象をみる限り，向きも扱えた方が便利である[27]．そこで，大きさと向きをもつ量をベク
トルと呼ぶ．また，ベクトルで表すことができる量を明記するために，ベクトル量と呼ぶこと
もある．

　　平面にベクトルがある場合，一般的にベクトルは線分の矢印で記述される．図 2.17 のよう

---

[26] sin 関数を用いず，$\exp(i\theta)$ を用いることもあるが，本質的は同じ波を記述するものである．詳しくはオイラー
の公式 $\exp(i\theta) = \cos\theta + i\sin\theta$ を調べてみるとよい．
[27] 力や速度は向きをもつ．

に，2 つの点 A から B へのベクトルがある場合，A を始点，B を終点と呼び，このベクトルを $\overrightarrow{\mathrm{AB}}$ と表記し，始点を先に書く．

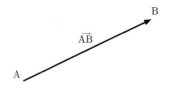

図 **2.17**　*ベクトルのイメージ*

　ベクトルは，平行に移動させる場合，それらは等しいと呼ぶ．$\overrightarrow{\mathrm{AB}} = \overrightarrow{\mathrm{CD}}$ となる場合，AB の間隔と CD の間隔，A と C の間と B と D の間の向きと距離はそれぞれ等しい．

　任意のベクトル $\overrightarrow{\mathrm{AB}}$ が xy 平面上にあり，x 方向の差が x_1，y 方向の差が y_1 であるとき，このベクトルを記述することができ，

$$\overrightarrow{\mathrm{AB}} = (x_1, y_1) \tag{2.119}$$

と書ける．また，このベクトルの大きさは，ピタゴラスの定理より

$$\left| \overrightarrow{\mathrm{AB}} \right| = \sqrt{x_1{}^2 + y_1{}^2} \tag{2.120}$$

となる[28]．

　また，ベクトルを始点—終点を使わずに表記することもでき，上記の場合の $\overrightarrow{\mathrm{AB}}$ を

$$\vec{v} = \overrightarrow{\mathrm{AB}} \tag{2.121}$$

と定義すると，その大きさは

$$v = |\vec{v}| = \left| \overrightarrow{\mathrm{AB}} \right| = \sqrt{x_1{}^2 + y_1{}^2} \tag{2.122}$$

と書くことができる．矢印がなくなったものは，ベクトルではなく通常の数[29]となる．

　なお，記号の上に矢印を書く表記の他に，

$$\boldsymbol{v} = \overrightarrow{\mathrm{AB}} \tag{2.123}$$

のように，太字でベクトルを表す場合もある．

　ベクトル $\vec{v}$ を実数 a 倍すると，$a > 0$ のときには同じ向きに，$a < 0$ のときは逆向きに，$|a|$ 倍の大きさをもつベクトルとなる．なお，$a = 0$ のときは，ベクトルの大きさは 0 となり，向きも定義できなくなる．

2.5.2　基本ベクトル

　直交座標平面上に x と y の軸をおき，それぞれの座標軸に沿った長さが 1 のベクトルを $\vec{i}$, $\vec{j}$ とする．これらを基本ベクトルと呼ぶ．この平面における任意のベクトル $\vec{A}$ は単位ベクトルを用いて

$$\vec{A} = A_x \vec{i} + A_y \vec{j} \tag{2.124}$$

---

[28] ベクトルの大きさを記述する際には絶対値として扱う．
[29] 特にベクトルと比較する場合には "スカラー" と呼ぶ．

と書ける．このとき，A_x, A_y をこのベクトル $\vec{A}$ の成分と呼び，

$$\vec{A} = (A_x, A_y) \tag{2.125}$$

と書く．

　なお，基本ベクトルは平面 (2 次元) 以外にも，3 次元空間でも定義できる[30]．3 次元空間における基本ベクトルは，軸を x, y, z とすると，$\vec{i}$, $\vec{j}$, $\vec{k}$ の 3 つの単位ベクトルを定義することができる．また，その空間における任意のベクトル $\vec{B}$ は，平面上のベクトルと同様に

$$\vec{B} = B_x\vec{i} + B_y\vec{j} + B_z\vec{k} \tag{2.126}$$

と書くことができ，その成分は $\vec{B} = (B_x, B_y, B_z)$ と書くことができる．

　単位ベクトルは，互いに線形独立であるという．これは，ベクトル $\vec{a}$ と $\vec{b}$ に対し

$$\alpha\vec{a} + \beta\vec{b} = 0 \tag{2.127}$$

の関係が，$\alpha = \beta = 0$ のときのみ成り立つものを指す．

2.5.3　ベクトルの演算

　ベクトルは一種の値として，演算を行うことができる．しかし，四則演算のうち，除算については定義できず，乗算においては内積と外積が別々に定義できる．

（a）　ベクトルの和・差

　複数のベクトルは，足し合わせることができる．平面上の点 A, B, C と，それらを結ぶベクトルを $\vec{a} = \overrightarrow{AB}$, $\vec{b} = \overrightarrow{BC}$ と定義する．このベクトル $\vec{a}$, $\vec{b}$ の和は

$$\vec{a} + \vec{b} = \overrightarrow{AB} + \overrightarrow{BC} = \overrightarrow{AC} \tag{2.128}$$

となる．このとき，ベクトルの和は始点を最初のベクトルの始点，終点を最後のベクトルの終点となる．ちょうど，矢印を 2 つつなぎ，矢印に従って移動した先に対し，矢印を引き直すようなものである．

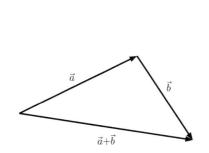

図 2.18　ベクトル和のイメージ

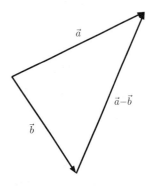

図 2.19　ベクトル差のイメージ

---

[30] 4 次元以上の任意の次元の空間でも定義できるが，ここでは 3 次元までの話とする．

同様に，ベクトルからベクトルを引くこともできる．

$$\vec{a} - \vec{b} = \overrightarrow{AB} - \overrightarrow{BC} \tag{2.129}$$
$$= \overrightarrow{AB} + \overrightarrow{CB} \tag{2.130}$$
$$= \overrightarrow{CA} \tag{2.131}$$

となる．同一点を始点とするベクトル $\vec{a}$, $\vec{b}$ の差は，$\vec{b}$ の終点から $\vec{a}$ の終点を結んだものと等しい．

なお，ベクトルを成分で記述した場合は，以下のようになる．$\vec{a} = (a_x, a_y)$, $\vec{b} = (b_x, b_y)$ とすると，

$$\vec{a} + \vec{b} = (a_x + b_x, a_y + b_y) \tag{2.132}$$
$$\vec{a} - \vec{b} = (a_x - b_x, a_y - b_y) \tag{2.133}$$

となる．

ベクトルの和・差は，必ずベクトルとなる．また，ベクトルのスカラー倍もベクトルとなる．

複数のベクトルの終点と始点をつなげた結果，もとの点に戻るような組み合わせの場合 (多角形となる場合)，ベクトルに沿って移動していくと最終的に移動量が 0 となるため，これらのベクトルの和は 0 となる．

（b） ベクトルの内積

ベクトル同士の積は，2 種類考えられる．積がスカラーとなるベクトルの積を内積 (またはスカラー積) と呼ぶ．この場合，積の記号として「·」を用い，

$$\vec{a} \cdot \vec{b} = |\vec{a}| \left|\vec{b}\right| \cos\theta \tag{2.134}$$

と書く．このとき，θ は 2 つのベクトルがなす角で $0 \leq \theta \leq \pi$ となる．

$\vec{a}$ と $\vec{b}$ を入れ替えると，なす角 θ は $-\theta$ となるが，$\cos(-\theta) = \cos\theta$ となるため，

$$\vec{b} \cdot \vec{a} = \left|\vec{b}\right| |\vec{a}| \cos(-\theta) = |\vec{a}| \left|\vec{b}\right| \cos\theta = \vec{a} \cdot \vec{b} \tag{2.135}$$

と，交換法則

$$\vec{a} \cdot \vec{b} = \vec{b} \cdot \vec{a} \tag{2.136}$$

が成り立つ．また，分配法則

$$\vec{a} \cdot \left(\vec{b} + \vec{c}\right) = \vec{a} \cdot \vec{b} + \vec{a} \cdot \vec{c} \tag{2.137}$$

も成り立つ．ベクトルの内積は，成分を用いて $\vec{a} = (a_x, a_y)$, $\vec{b} = (b_x, b_y)$ とすると，

$$\vec{a} \cdot \vec{b} = a_x b_x + a_y b_y \tag{2.138}$$

となる．同じ軸の成分を軸ごとにかけ合わせ，それらの和をとったものに等しくなる．また，2 つのベクトルがなす角 θ の $\cos$ は

$$\cos\theta = \frac{\vec{a} \cdot \vec{b}}{\sqrt{\vec{a}^2}\sqrt{\vec{b}^2}} = \frac{a_x b_x + a_y b_y}{\sqrt{a_x{}^2 + a_y{}^2}\sqrt{b_x{}^2 + b_y{}^2}} \tag{2.139}$$

となる．ベクトルの内積は，同じ方向の成分のみ抽出する物理現象，たとえば斜めに力がかけられているときの仕事などを記述する際によく用いる[31].

---

[31] 直交する場合に効かないものの場合にもよく用いる．

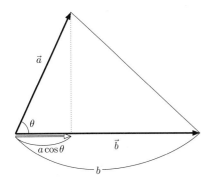

図 2.20　内積のイメージ

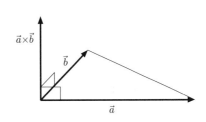

図 2.21　外積のイメージ

2.5.4　ベクトルの外積 *

　積がベクトルとなる積のことを外積またはベクトル積と呼ぶ. 外積は 2 つのベクトルの大き
さに比例した別の方向を向いたベクトルを作るために用いられる. たとえば, 回転している物
体の角運動量やトルク, 電流が磁場から受ける力などは, 外積によって導かれる. 一般的に,
外積を用いる箇所には回転を伴うことが多い. 外積を扱う際には, 3 次元空間のベクトルを考
える必要がある. この場合, 積の記号は「×」を用い,

$$\vec{a} \times \vec{b} = \left|\vec{a}\right| \left|\vec{b}\right| (\sin\theta) \vec{k} \tag{2.140}$$

と書く. このとき, θ は内積のときと同様 2 つのベクトルがなす角である. $\vec{k}$ は $\vec{a}$, $\vec{b}$ が作る平
面に直角で, $\vec{a}$ から $\vec{b}$ へ右ねじを回転させたときのねじの進む方向である[32]. また, 外積を成
分を用いて $\vec{a} = (a_x, a_y, a_z)$, $\vec{b} = (b_x, b_y, b_z)$ とすると,

$$\vec{a} \times \vec{b} = (a_y b_z - a_z b_y, a_z b_x - a_x b_z, a_x b_y - a_y b_x) \tag{2.141}$$

となり, $\vec{a}$, $\vec{b}$ が xy 平面上にある特別な場合は, 外積は z 軸方向となり,

$$\vec{a} \times \vec{b} = (0, 0, a_x b_y - a_y b_x) \tag{2.142}$$

となる. また, 外積のベクトルの大きさは, 2 つのベクトルを辺にもつ, 平行四辺形の面積に
等しい. ベクトルの外積は, 直交する成分のみを抽出する物理現象, 先の脚注にあるフレミン
グ左手の法則のような現象を記述するときによく用いる. また, 軸を回る向きが決められるた
め, 回転運動するもの (慣性モーメント等) でもよく用いる.

例題 2-7

　$\vec{a} = (5, 7)$, $\vec{b} = (4, 3)$ のとき, $\vec{a} + \vec{b}$, $\vec{a} - \vec{b}$, $4\vec{a}$ をそれぞれ求めよ.

解

　ベクトルの和は成分の和とすることができ, ベクトルの差は成分の差をとればよいため,

$$\vec{a} + \vec{b} = (5 + 4, 7 + 3) = (9, 10) \tag{2.143}$$

$$\vec{a} - \vec{b} = (5 - 4, 7 - 3) = (1, 4) \tag{2.144}$$

---

[32] 初等電磁気学におけるフレミング左手の法則の, 電流 (中指) と磁場 (人差し指) のベクトルの外積が力 (親指)
になる, と考えるとわかりやすい.

となる．ベクトルのスカラー倍は，成分をスカラー倍すればよいので，

$$4\vec{a} = (5 \times 4, 7 \times 4) = (20, 28) \tag{2.145}$$

となる．

2.6 微分・積分

微分・積分は物理学において非常に便利なツールである．ここでは，微分や積分の概念について，まずは簡単に解説する．

ある関数があったとして，その関数の微分は，もとの関数のある点での傾きを記述する．また，積分は，もとの関数の値をある範囲について足し合わせたものとなる．微分と積分は逆の関係になっており，ある関数 f を微分した関数 (導関数) が g となるとき，関数 g を積分するともとの関数 f となると考えてよい．

2.6.1 極限

微分や積分を扱う上で，非常に小さい範囲での値の変化を記述することがある．また，無限大まで行ったときの関数の値が必要なこともある．

たとえば，関数 $f(x) = 1/x$ という反比例の関数を考える．この関数の値は，x が非常に大きくなると，徐々に 0 に近づく．このようなときに，

$$\lim_{x \to \infty} \frac{1}{x} = 0 \tag{2.146}$$

と書き，この関数の $x \to \infty$ での極限値は 0 である，と呼ぶ．また，この関数は $x \to \infty$ で 0 に収束する，とも呼ぶ[33]．なお，∞ は無限大を表す．

また，この関数の $x = 0$ での値は定義できない．x が正の 1 より非常に小さな値 $(0 < x \ll 1)$ であれば，$f(x)$ は非常に大きな正の値となる．しかし，x が負の -1 より非常に小さな値 $(-1 \ll x < 0)$ であるとき，$f(x)$ は非常に小さな値となる．この場合の極限値を

$$\lim_{x \to 0} \frac{1}{x} \tag{2.147}$$

としても，これは正なのか負なのかわからない．このような関数は，$x = 0$ で不連続であり，その値は決まらない．しかし，極限を考えれば $x = 0$ の近傍でこの関数がどのような値をもつか表すことができる．この場合，x が正と負で別に考えて，x が正の場合

$$\lim_{x \to +0} \frac{1}{x} = \infty \tag{2.148}$$

と表すことができ，x が負の場合

$$\lim_{x \to -0} \frac{1}{x} = -\infty \tag{2.149}$$

と書くことができる．

なお，$x \to a$ は，$x \neq a$ を保ったまま a に近づけるという意味である．近づける向きを指定する場合[34]，小さい方から近づける場合は $x \to a - 0$，大きいほうから近づける場合は $x \to a + 0$ となる．また，特別に $a = 0$ のときに限って，$x \to 0 - 0$ を $x \to -0$，$x \to 0 + 0$ を $x \to +0$

---

[33] 極限値が $\pm\infty$ 以外になる場合は収束，$\pm\infty$ になる場合を発散する，と呼ぶこともある．

[34] $a = \infty$ の場合は絶対値が小さい方から近づけることになる．

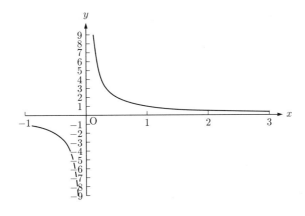

図 2.22 $y = 1/x$ のグラフ

と書く.

2.6.2 微分と導関数 *

ある関数 $y = f(x)$ があるとする. この関数の $x = a$ における傾きを求めるには, $x = a$ をある微小量 Δx だけ変化させ, その間の y の変化量 $\Delta y = f(a + \Delta x) - f(a)$ を得, $\Delta y / \Delta x$ を求めればよい.

$$\frac{\Delta y}{\Delta x} = \frac{f(a + \Delta x) - f(a)}{\Delta x} \tag{2.150}$$

この傾きは, x が Δx の間で傾きが変化せず, 関数が連続であれば, その区間の傾きということになる. しかし, 現実の関数では, 常に変化する関数が多く, このままでは使えない.

傾きを出すための区間を小さくしていき, 最終的に 0 に近づけると, 連続な関数であれば, 任意の点での傾きを出すことができる. ここでは, 極限を用い,

$$f'(a) = \lim_{\Delta x \to 0} \frac{\Delta y}{\Delta x} = \lim_{\Delta x \to 0} \frac{f(a + \Delta x) - f(a)}{\Delta x} \tag{2.151}$$

と書くことができる. この傾き $f'(a)$ は, 連続曲線の接線の傾きに相当する.

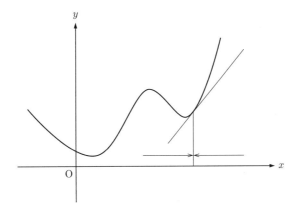

図 2.23 微分のイメージ

このように，任意の連続関数 $f(x)$ から傾き $f'(x)$ を求めることを微分する，と呼ぶ．微分として記述する際には，Δx を dx と書き換え，

$$dy = f'(x)dx \tag{2.152}$$

や

$$\frac{dy}{dx} = \frac{d}{dx}y = f'(x) \tag{2.153}$$

と記述する．また，$f'(x)$ のことを，$f(x)$ の導関数とも呼ぶ[35]．

n 次の関数 $y = a_n x^n + a_{n-1} x^{n-1} + \cdots + a_1 x^1 + a_0$ があるとき，これの微分は

$$\frac{dy}{dx} = a_n n x^{n-1} + a_{n-1}(n-1)x^{n-2} + \cdots + a_1 \cdot 1 \tag{2.154}$$

となる．べきを係数に出し，べきから 1 を減ずる，と覚えておくとわかりやすい．分数の場合はべきを負に，平方根の場合はべきを 1/2 乗とすると，同じ方法で微分ができる．

（a）　微分の演算

2 つの関数 $f(x)$ と $g(x)$ が微分可能 (導関数が定義可能) なとき，次の関係が成り立つ．

和・差

$$\{f(x) \pm g(x)\}' = f'(x) \pm g'(x) \tag{2.155}$$

定数倍

$$\{cf(x)\}' = cf'(x) \quad (c \text{ は定数}) \tag{2.156}$$

積

$$\{f(x)g(x)\}' = f'(x)g(x) + f(x)g'(x) \tag{2.157}$$

逆数

$$\left\{\frac{1}{g(x)}\right\}' = -\frac{g'(x)}{\{g(x)\}^2} \tag{2.158}$$

商

$$\left\{\frac{f(x)}{g(x)}\right\}' = \frac{f'(x)g(x) - f(x)g'(x)}{\{g(x)\}^2} \tag{2.159}$$

（b）　合成関数の微分

$u = f(x)$ と $y = g(u)$ の関数があり，この時の合成関数 $y = g(f(x))$ の微分は，

$$\frac{dy}{dx} = \frac{dy}{du}\frac{du}{dx} = g'(f(x))f'(x) \tag{2.160}$$

となる．あたかも分数の約分のような操作を行うことができる．

（c）　様々な関数の微分

指数関数

$$(e^x)' = e^x \tag{2.161}$$

$$(e^{cx})' = \frac{d(e^{cx})}{d(cx)}\frac{d(cx)}{dx} = ce^{cx} \quad (c \text{ は定数}) \tag{2.162}$$

対数関数

---

[35] ′ つきの関数も微分と呼ぶこともある．時間での微分 $\left(\frac{d}{dt}\right)$ を "˙"("ドット" と呼ぶ) を用い表すことがある (例: $\dot{x}$). 速度を $v = \dot{x}$，加速度を $a = \ddot{x}$ で表す．

$$(\log x)' = \frac{1}{x} \tag{2.163}$$

$$(\log |x|)' = \frac{1}{x} \tag{2.164}$$

$$(\log |f(x)|)' = \frac{f'(x)}{f(x)} \quad (ただし f(x) \neq 0) \tag{2.165}$$

三角関数

$$(\sin x)' = \cos x \tag{2.166}$$

$$(\cos x)' = -\sin x \tag{2.167}$$

$$(\tan x)' = \frac{1}{\cos^2 x} \tag{2.168}$$

指数関数・対数関数・三角関数を含む式を微分する際には，合成関数として微分を行う必要がある．

2.6.3　積分 *

積分は微分とは逆の概念である．関数を細かく区切り，それぞれの値を足し合わせる，という意味になる．

具体的な積分のイメージとして，水面の波を考える．水面の波の高さが距離の関数として $h(x)$ で与えられるとする．奥行き (波面と平行な方向) の長さを $z = 10$ とする．この波で運ばれる水の体積 V は，この波の高さを押し寄せる波の長さ (たとえば $x = 0$ から $x = 100$) の分だけ足し合わせる必要がある．このような場合に，積分を用いて，

$$V = 10 \int_0^{100} h(x)dx \tag{2.169}$$

と記述することができる．

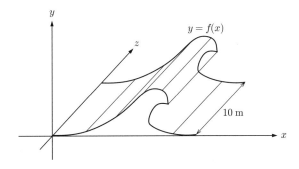

図 **2.24**　積分のイメージ

（a）　定積分

関数 $f(x)$ を区間 $[a, b]$ について考える．この区間を小さく n 個に分割し，そのときの x の値を

$$x_i = x_{i-1} + \Delta x, \ x_0 = a, \ x_n = b \tag{2.170}$$

とする．それぞれの区間での値を足し合わせると，

$$\sum_{i=1}^{n} f(x_i)\Delta x \tag{2.171}$$

と書ける．この和における Δx が十分小さくなれば，どのような連続関数であれ，ある値に収束する．ここで，和の記号を $\sum \rightarrow \int$，また $\Delta x \rightarrow dx$ と書き換え，範囲を x の範囲として指定すると，

$$\int_{a}^{b} f(x)dx = \lim_{\Delta x \to 0} \sum_{i=1}^{n} f(x_i)\Delta x \tag{2.172}$$

となる．この値のことを定積分と呼び，この計算のことを「$f(x)$ を a から b まで積分する」と呼ぶ．なお，記号 $\int$ を「インテグラル」と呼ぶ[36]．

積分される関数 (被積分関数) と積分後の関数の関係は，微分における関数と導関数の逆の関係となる．しかし，$f(x)$ に含まれる定数項等の，微分すると失われるものについての復元はできない．すなわち，関数 $f(x)$ とその導関数 $f'(x)$ がわかっている場合，基本的には

$$\int f'(x)dx = f(x) \tag{2.173}$$

という関係になる．

まず，簡単な積分方法について紹介する．なお，範囲を指定した積分のため，このような積分を定積分と呼ぶ．関数 $f(x) = ax^2 + bx + c$ を範囲 $[\alpha, \beta]$ で積分すると，

$$\int_{\alpha}^{\beta} f(x)dx = \int_{\alpha}^{\beta} \left(ax^2 + bx + c\right) dx \tag{2.174}$$

$$= \left[\frac{a}{3}x^3 + \frac{b}{2}x^2 + x\right]_{\alpha}^{\beta} \tag{2.175}$$

$$= \left(\frac{a}{3}\beta^3 + \frac{b}{2}\beta^2 + c\beta\right) - \left(\frac{a}{3}\alpha^3 + \frac{b}{2}\alpha^2 + c\alpha\right) \tag{2.176}$$

$$= \frac{a}{3}\left(\beta^3 - \alpha^3\right) + \frac{b}{2}\left(\beta^2 - \alpha^2\right) + c\left(\beta - \alpha\right) \tag{2.177}$$

となる．

(2.175) の関係は，カッコの中を微分してみると，被積分関数になることがわかる．また，定積分であるので，積分区間を明記するためカッコを用いる．(2.176) は，(2.175) のカッコの中に，積分区間の上限・下限を代入し，その差を求めたものである．積分区間の上限を代入したものから，下限を代入したものを引く．その結果，まとめると (2.177) の形となる．

なお，積分区間に x のような変数を設定したいときがあるが，そのような場合は，被積分関数で $x \rightarrow x'$，積分中で $dx \rightarrow dx'$ としておき，積分区間の上限を x，下限を 0 と設定し，最終的に x の関数にすることがある．

（b） 不定積分

積分において，積分区間を定めない積分を行うことがある．このような積分を不定積分と呼ぶ．

---

[36] 「わらび」や「うなぎ」ではない．

被積分関数の定数項は，x で積分を行うと x の 1 次の項となる．そのため，定数項が出てこず，その項は不定となる．そこで，不定積分を行う際には，積分項という定数項の代わりとなる項を設ける.

関数 $f(x) = ax + b$ の不定積分は，

$$\int f(x)dx \quad = \quad \int (ax + b)\, dx \tag{2.178}$$

$$= \quad \frac{a}{2}x^2 + bx + C \tag{2.179}$$

と書け，この C は任意の定数で積分定数と呼ぶ.

不定積分は微分と逆の概念と考えると理解しやすい．関数 $f(x)$ に対し，$f(x) = \frac{d}{dx}F(x)$ となる関数 $F(x)$ は，$f(x)$ に対する原始関数と呼び，

$$F(x) = \int f(x)dx \tag{2.180}$$

と不定積分で表すことができる．もちろん，定積分

$$\int_a^x f(t)dt \tag{2.181}$$

も $f(x)$ に対する原始関数であるが，定積分の定数項は積分定数によって吸収される.

（c）　様々な積分法

積分には，少々複雑な関数を積分するための方法がいくつかあるので，ここで紹介する.

置換積分法

連続な関数 $f(x)$ に対し，$x = g(t)$ とおいたとき，$g(t)$ が t で微分可能ならば，以下が成り立つ.

$$\int f(x)dx = \int f(g(t))g'(t)dt \tag{2.182}$$

部分積分法

2 つの関数 $f(x)$，$g(x)$ について，$f'(x)$，$g(x)$ が連続で，$g(x)$ の原始関数を $G(x)$ とすると，以下が成り立つ[37].

$$\int f(x)g(x)dx = f(x)G(x) - \int f'(x)g(x)dx \tag{2.183}$$

（d）　様々な関数の積分

基本的な関数の不定積分を以下に示す[38].

$$\int x^a dx = \frac{x^{a-1}}{a+1} + C（ただし \alpha \neq -1 のとき） \tag{2.184}$$

$$\int \frac{1}{x}dx = \log_e |x| + C \tag{2.185}$$

$$\int \frac{f'(x)}{f(x)}dx = \log_e |f(x)| + C \tag{2.186}$$

指数関数

$$\int e^x dx = e^x + C \tag{2.187}$$

$$\int a^x dx = \frac{a^x}{\log_e a} + C \tag{2.188}$$

---

[37] 積の微分を積分に応用したものと考えてよい.
[38] これ以外は，数学公式集等を参照.

三角関数

$$\int \sin x\, dx = -\cos x + C \tag{2.189}$$

$$\int \cos x\, dx = \sin x + C \tag{2.190}$$

$$\int \frac{1}{\sqrt{1 - x^2}}\, dx = \sin^{-1} x + C \tag{2.191}$$

$$\int \frac{1}{1 + x^2}\, dx = \tan^{-1} x + C \tag{2.192}$$

第 2 章・章末問題

2.1・演習問題

1. $3x - 15 = 285$ を解け.

2. 5 枚で 1 箱のカードがある. 箱に入っていないカード 7 枚を加えたら, 全体で 27 枚になった. 箱入りのカードは何箱あったか?

3. 次の連立 1 次方程式を解け.

$$\begin{cases} x + 3y = 2 & \text{(2.193a)} \\ 2x + 5y = 5 & \text{(2.193b)} \end{cases}$$

4. 次の連立 1 次方程式を解け.

$$\begin{cases} 7x + 4y = 1 & \text{(2.194a)} \\ 5x + 2y = 1 & \text{(2.194b)} \end{cases}$$

5. 次の 2 次方程式を解け.

$$3x^2 + \frac{31}{4}x - \frac{15}{4} = 0 \tag{2.195}$$

6. 次の 2 次方程式を解け.

$$x^2 - 2x - 15 = 0 \tag{2.196}$$

2.2・演習問題

1. 3^5 はいくらか.

2. $\dfrac{3^5}{27}$ はいくらか.

3. 1.23×10^{-4} を小数で書け.

4. $3 \times 10^2 \times 5 \times 10^{-4}$ はいくらか.

5. $x^{1/2} = \sqrt{x}$ であることを示せ.

6. 次の方程式を x について解け.

$$5^{x-3} = \left(\frac{1}{25} \right)^x \tag{2.197}$$

7. 次の方程式を x について解け. (ヒント: $x^2 = y$ としてみると...)

$$9^x - 8 \cdot 3^x - 9 = 0 \tag{2.198}$$

8. 次の式を簡単にせよ.
$$\log_e e^3 + \log_e \frac{1}{e^2} + \log_e \sqrt{e} \tag{2.199}$$

9. 次の式を簡単にせよ.
$$\log_5 7 \times \log_7 9 \tag{2.200}$$

2.3・演習問題

1. $240°$ を弧度法で表せ.

2. $\cos 165°$ の値を求めよ.

3. 標高 0 m の地点から山の頂上を見たときに仰角 θ [rad] で見えた. 山頂までの水平距離が l [m] であるときのこの山頂の標高を求めよ.

4. 富士山 (標高 3776 m) の山頂が標高 0 m の地点から仰角 $15°$ で見える範囲は, 山頂からの水平距離が何 km のところになるか?

5. $\sin 15°$ はいくらか.

6. $\sin 75°$ はいくらか.

7. 1 rad は度数法でいくらか.

8. 1′ (1 分角) は弧度法でいくらか.

9. 30 秒角を区別できる望遠鏡がある. この望遠鏡で 10 km 先を見たとき, 区別できる点の間隔はいくらか.

2.4・演習問題

1. $\vec{a} = (4, 6),\ \vec{b} = (2, 3)$ のとき, $\vec{a} + \vec{b}$ はいくらか.

2. $\vec{a} = (4, 6),\ \vec{b} = (2, 3)$ のとき, $\vec{a} - \vec{b}$ はいくらか.

3. 円弧に沿ったベクトル $\vec{s}$ と, 円の中心から $\vec{s}$ の根元までのベクトル $\vec{r}$ の内積はどうなるか.

4. $\vec{a} = (4, 6),\ \vec{b} = (2, 3)$ のとき, このベクトルの内積 $\vec{a} \cdot \vec{b}$ を求めよ.

5. $\vec{a} = (3, 2, 0),\ \vec{b} = (5, 3, 0)$ のとき, このベクトルの外積 $\vec{a} \times \vec{b}$ を求めよ.

6. $\vec{a} = (100, 0, 0),\ \vec{b} = (100, 1, 0)$ のときの, 内積 $\vec{a} \cdot \vec{b}$ と外積 $\vec{a} \times \vec{b}$ をそれぞれ求めよ.

2.5・演習問題

1. 次の関数を微分せよ.

　　1) $(3x + 1)(x^2 + 4)$　　　　2) $x \log x$　　　　　　3) $x \sin x$

　　4) $\sqrt{x^2 + 1}$　　　　　　5) e^{x^2}

2. 次の不定積分と定積分を計算せよ.

　　1) $\int \sin 2x\, dx$　　　　2) $\int (x + 1)^3 dx$　　　　3) $\int x \cos x\, dx$

　　4) $\int_0^2 (-x^2 + 2x)\, dx$　　　5) $\int_{-1}^3 \sqrt{2x + 3}\, dx$

第 3 章

力学

3.1 質点の運動

　「運動する」とは，時間とともに位置が変化することであり，運動の様子を表すには，運動の大きさだけでなく向きを示すことも重要である．

3.1.1 変位・速度・加速度

（a）　変位

　物体の**移動距離と向きを合わせた量を変位**という．一直線上の運動の場合，あらかじめどちらかを正の向きに定めておけば，符号をつけることによって向きを表すことができる．

例 1

　　　　A 駅から出発した電車が東へ 10000m 離れた B 駅へ到着した電車について

　　　移動距離　　10000m　　　（← 向きはわからない）

　　　変位　　　　東に 10000m　（← 向きと大きさを表す）

　　　　　　（東向きを正とした場合 + 10000m と表すこともできる）

（b）　速度

　物体が単位時間 (1 秒 [1 s] や 1 時間 [1 h] など) の間に移動した距離のことを速さという．よって，一定の時間に移動した距離がわかれば速さは，速さ ＝ 距離/時間 である．これを，記号を使って，

$$v = \frac{x}{t} \tag{3.1}$$

と書く．x は距離，t は時間 (time)，v は速さ (velocity) である．距離の単位を m，時間の単位を s で表すと，速さの単位は m/s（メートル毎秒）となる．自動車や電車の速さでは km/h（キロメートル毎時: 時速）などの単位も使われる．

（c）　速度の合成と相対速度

　速度は向きと大きさをもつベクトル量である．速さ v [m/s] の大きさをもつ速度ベクトルは $\vec{v}$ のような形で表され，ベクトルとしての演算 (速度の合成) が可能となる．

　図 3.1 に示すように速度 $\vec{v}_1$ をもつ自動車の上から，速度 $\vec{v}_2$ をもつボールを放出したと考える．そのとき，小物体の速度は $\vec{v}_1 + \vec{v}_2$ で表せる量となる．進行方向が同一であれば，ベクト

ルでなくスカラー量で表してもよく，速さ v_1 の自動車から速さ v_2 のボールを投げたとき，そのボールを路上から見た人には $v_1 + v_2$ の速さで飛ぶボールとなる．

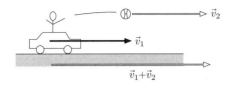

図 3.1 速度の合成

　速度は，速度の基準となる観測者の視点によって変わる．これは，高速道路で追い越しをする際に，抜かれる自動車が後方に移動している (後ろ向きの速度をもっている) ように見えることからも，明らかである．観測者が速度ベクトル $\vec{v}_\text{o}$ で移動していて，その近傍を速度ベクトル $\vec{v}_\text{t}$ の物体が移動するとき，観測者から見るとこの物体は $\vec{v}_\text{t} - \vec{v}_\text{o}$ の速度をもっているように見える．このように，観測者も移動している場合の，観測者と物体の間の速度 (速度差) を相対速度と呼ぶ．

例題 3-1

　30 m/s で走行する車から前方に 50 m/s でボールを投げた．このボールを地上で見たときの速度はいくらか？

解

　進行方向が同じであるため，速度を足し合わせればよい．
$$v = 30 + 50 = 80 \text{ m/s}$$
となる．

例題 3-2

120 km/h で走行する普通電車を 200 km/h で走行する新幹線が追い抜いた．新幹線から見たときの普通電車の相対速度はいくらか？

解

　追い抜いたので進行方向は同一である．そのため，相対速度は対象の速度を観測者の速度で引けばよい．
$$v_r = 120 - 200 = -80 \text{ km/h}$$
となり，進行方向後方に 80 km/h となる．また，普通電車から新幹線を見ると，進行方向前方に 80 km/h となる．

例題 3-3

　東に 3 m/s で走る人を，北に $3\sqrt{3}$ m/s で走る自転車に乗った人から見たら，相対速度はどうなるか？

解

　速度を図示すると，次図のようになる．そのため，相対速度は南から東に 30° の向きで

大きさは 6 m/s となる.

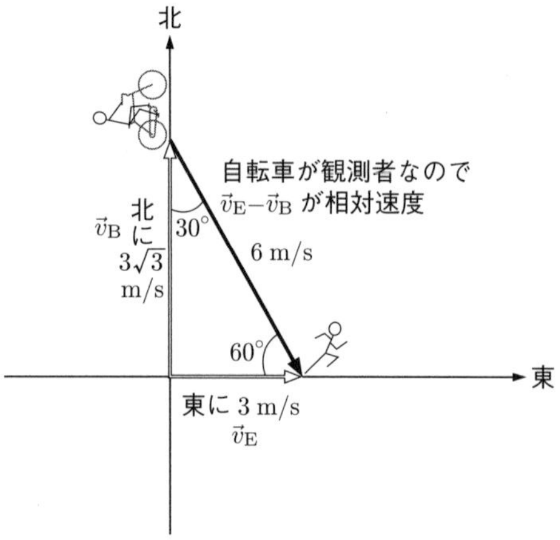

北

自転車が観測者なので
$\vec{v}_E - \vec{v}_B$ が相対速度

北に
$\vec{v}_B$ に
$3\sqrt{3}$
m/s

30°

6 m/s

60°

東

東に 3 m/s
$\vec{v}_E$

図 3.2

厳密には,速度の基準は特に存在せず,必ず観測者との相対速度となる.地上での運動に限ってみても,地球は自転しつつ太陽の回りを公転しており,さらに太陽も銀河系の中心に対して公転し,銀河系も固有運動しているため,静止した起点を考えることができないためである.そこで,地上での現象を考える際には,地上に固定された観測者からの相対速度がその物体の速度となると考えることが多い.

また,物体の速さと向きを合わせた量を速度と呼び,速さと区別する.変位と同様に,一直線上の運動の場合は,あらかじめどちらかを正の向きに定めておけば,符号をつけることによって向きを表すことができるが,平面や空間での運動にはもっと詳しい向きの表現が必要になる.

例2

　　ボールを真上に投げると,やがてボールは最高点に達して戻ってくる.このとき,最高点に達するまでのボールの速度は正で,その後の速度は負となる.

　実際,世の中のあらゆるものはいろいろな速度で運動している.時には速くなったり遅くなったりしながら向きを変え,複雑な運動をする物体もある.ここでは,直線上を運動する場合と平面内を運動する場合の速度について考えてみよう.

　物体が,どの区間でも速度が一定 (直線上を一定の時間にいつも同じ距離だけ進む) 場合,この物体は等速直線運動をするという.詳細については 3.2.4(a) 慣性の法則のところで述べるが,この等速直線運動は,物体に力が働いていないか,または,力が働いていてもそれらの合力が 0 のときに実現する運動である.

　速さが v_0 で一定の場合,(3.1) 式より,

$$x = v_0 t \tag{3.2}$$

(3.2) 式をもとに,縦軸に移動距離 x,横軸に経過時間 t をとってグラフ (x–t グラフという) を描くと図 3.3a のようになる.速さ v_0 は比例定数となるので,x–t グラフでは傾きになる.逆に x–t グラフの直線の傾きから速さを求めることもできる.

　また,縦軸に速さ v,横軸に経過時間 t をとってこの運動のグラフ (v–t グラフ) を描くと図 3.3b のようになる.グラフの長方形の面積は (3.2) 式において $t = t_1$ としたものに相当する.このように,v–t グラフの直線に囲まれた面積から移動距離を求めることもできる.図 3.3b より移動距離 x_1 は $x_1 = v_0 t_1$ となる.

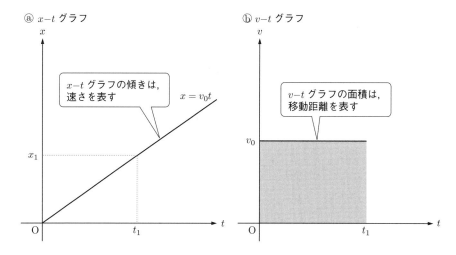

ⓐ *x*–*t* グラフ

x–*t* グラフの傾きは，速さを表す

$x = v_0 t$

x_1

O t_1 *t*

ⓑ *v*–*t* グラフ

v–*t* グラフの面積は，移動距離を表す

v_0

O t_1 *t*

図 **3.3** 等速直線運動のグラフ

（d）　平均の速度・瞬間の速度

　物体の運動は速さが一定の運動ばかりでなく，速くなったり，遅くなったりして，もっと複雑な運動をしていることもある．この場合，(3.2) 式で求められる速さは，距離 x の区間における平均の速さというべきである．

　たとえば，100m を 14 秒で走るランナーがいるとする．ランナーのこの区間での平均の速さは，

$$\bar{v} = \frac{100}{14} = 7.14 \cdots \simeq 7.1 \mathrm{m/s}$$

と求められる．

　しかし，図 3.4 のように，このランナーも実際にはスタートダッシュで加速したりするので，常に 7.1 m/s の速さで走っているわけではない．実際に，ある瞬間にどのような速さを走っていたかをいう場合には，「瞬間の速さ」で表す．

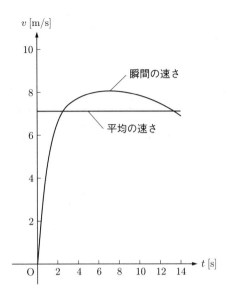

図 **3.4**　v–t グラフにおける瞬間の速さと平均の速さ

また，図 3.5 のように，x–t グラフの傾きが一定ではないグラフを見てみる．物体が時刻 t_1 のときには x_1 に，時刻 t_2 のときには x_2 にあったとする．このときの平均の速さを $\bar{v}$ とすると，

$$\bar{v} = \frac{\Delta x}{\Delta t} = \frac{x_2 - x_1}{t_2 - t_1} \tag{3.3}$$

である．

ここで，t_2 を t_1 に徐々に近づけて，t_1 と t_2 の間隔を小さくしていくと，x–t グラフの傾きも変わり，徐々に t_1 における接線に近づいていく．このようにして求められた x–t グラフの接線の傾きが，時刻 $t = t_1$ における瞬間の速さである．

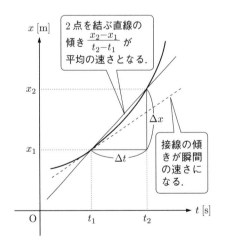

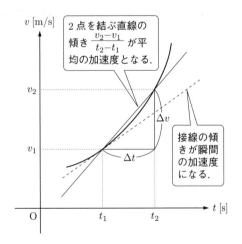

図 **3.5**　x–t グラフにおける瞬間の速さと平均の速さ　　図 **3.6**　v–t グラフにおける瞬間の加速度と平均の加速度

（e） 加速度

物体の速さが一定の運動をしているのではなく，加速したり減速したり，物体の速さが時々刻々と変化するような運動や速度の向きが変わる物体の運動を加速度運動という．加速度運動を行うとき，単位時間あたりの速度の変化の割合を加速度といい，単位は $[\mathrm{m/s^2}]$（メートル毎秒毎秒）で表す．$1\,\mathrm{m/s^2}$ は 1 秒間に $1\,\mathrm{m/s}$ だけ速さが変化するときの加速度の大きさである．加速度も速度と同様に大きさと向きをもつベクトルである．

一直線上を運動する物体の速度 v と時刻 t のときの加速度を考える．図 3.6 のように，時刻 t_1 での速度を v_1，時刻 t_2 での速度を v_2 とすると，時刻 t_1 と t_2 の間の平均の加速度の大きさ $\bar{a}$ は

$$\bar{a} = \frac{\Delta v}{\Delta t} = \frac{v_2 - v_1}{t_2 - t_1} \tag{3.4}$$

である．

ここで，t_2 を t_1 に限りなく近づけていくと，時刻 t_1 における瞬間の加速度（または単に加速度という）が得られる．このように，瞬間の加速度は，v–t グラフの接線の傾きとなる．

例題 3-4

自転車を速さ $2.4\,\mathrm{m/s}$ で走らせていた人がブレーキをかけたところ，$2.0\,\mathrm{s}$ で停止した．ブレーキをかけている間の加速度はいくらか．

解

$$\bar{a} = \frac{\Delta v}{\Delta t} = \frac{v_2 - v_1}{t_2 - t_1} = \frac{0 - 2.4}{2.0} = -1.2\,\mathrm{m/s^2}$$

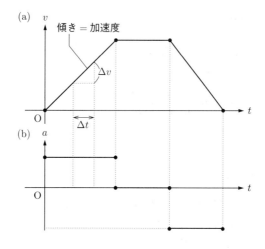

図 3.7 (a) v–t グラフと (b) a–t グラフの関係

物体が一直線上を一定の向きに進む場合でも，その加速度は，常に同じ向きであるとは限らない．そこで，図 3.7(a) の v–t グラフのように，静止していた物体が加速後にしばらく一定の速さで走った後，減速して再び停止する場合について，速度と加速度がどのようになるかを考えてみよう（物体の進む向きを正とする）．

加速度は v–t グラフの接線の傾きになる．グラフが直線のときはその直線自身が接線となるので，加速度は一定となり，その値は直線の傾きとなる．したがって，加速度は加速中は正，一定の速さになると 0，減速中では負になり，この自動車の a–t グラフは同図 (b) のようになる．

また，時間 Δt の区間において a–t グラフと t 軸で挟まれた部分の面積 $a\Delta t$ は，$\Delta v = a\Delta t$ より，速度変化 Δv を表していることがわかる．ただし，減速中は $a < 0$ となるので，a–t グラフが t 軸よりも下にあり，速度変化 $\Delta v = a\Delta t$ は，面積に負号 $(-)$ をつけたものになる．このように符号を含めた a–t グラフの面積は，速度変化を表していると言える．

3.1.2　微分・積分を用いた位置・速度・加速度の関係 *

時刻 t における位置 $x(t)$，速度 $v(t)$，加速度 $a(t)$ の関係を微分積分を用いて表すことができる．等速直線運動の場合，(3.3) 式および (3.4) 式において，$\Delta t \to 0$ (つまり時刻 t_2 を t_1 に近づけた極限) では

$$v(t) = \lim_{\Delta t \to 0} \frac{\Delta x}{\Delta t} = \frac{dx}{dt} \tag{3.5}$$

$$a(t) = \lim_{\Delta t \to 0} \frac{\Delta v}{\Delta t} = \frac{dv}{dt} = \frac{d^2 x}{dt^2} \tag{3.6}$$

と表される．

平面運動の場合も直線運動の場合と同様の考え方で成分表示を用いて表すことができる．時間 Δt の間に質点は $\Delta \vec{r} = (\Delta x, \Delta y)$ だけ移動したので，このときの平均の速度 $\vec{v}$ は，2 つの単位ベクトル $\vec{i} = (1, 0)$，$\vec{j} = (0, 1)$ を用いて表すと，

$$\vec{v} = \frac{\Delta \vec{r}}{\Delta t} = \frac{\Delta x}{\Delta t} \vec{i} + \frac{\Delta y}{\Delta t} \vec{j} \tag{3.7}$$

と表される．

また，瞬間の速度 v は時刻 t_2 を t_1 に近づけた極限あるいは $\Delta t \to 0$ として (3.5) 式と同様に時刻 t_1 での瞬間の速度 $\vec{v}(t_1)$ は，

$$\begin{aligned}
\vec{v}(t_1) &= \lim_{t_2 \to t_1} \frac{\vec{r_2} - \vec{r_1}}{t_2 - t_1} = \lim_{\Delta t \to 0} \frac{\Delta \vec{r}}{\Delta t} = \frac{d\vec{r}}{dt} \bigg|_{t=t_1} \\
&= \frac{dx}{dt} \bigg|_{t=t_1} \vec{i} + \frac{dy}{dt} \bigg|_{t=t_1} \vec{j} \\
&= v_x(t_1) \vec{i} + v_y(t_1) \vec{j}
\end{aligned} \tag{3.8}$$

と表される．このとき，質点は軌跡の接線方向に沿って動く．

また，(3.8) 式について成分表示を用いると，

$$\vec{v}(t_1) = (v_x(t_1), v_y(t_1)) = \frac{d}{dt}(x(t), y(t)) \bigg|_{t=t_1} = \left(\frac{dx}{dt}, \frac{dy}{dt} \right) \bigg|_{t=t_1} \tag{3.9}$$

速さ v，すなわち速度の大きさもスカラーなので，速度 $\vec{v}$ から次のように計算してその大きさを求められる．

$$v = |\vec{v}| = \sqrt{v_x^2 + v_y^2} \tag{3.10}$$

加速度も速度を導出した方法と同様に求めることができる．時刻 t_1 における速度を $\vec{v_1}$ とす

ると，時刻 t_1 と t_2 の間の平均の加速度 $\vec{a}$ は，単位時間あたりの速度の変化なので，

$$\vec{a} = \frac{\vec{v}_2 - \vec{v}_1}{t_2 - t_1} = \frac{\Delta \vec{v}}{\Delta t} = \frac{\Delta v_x}{\Delta t}\vec{i} + \frac{\Delta v_y}{\Delta t}\vec{j} \tag{3.11}$$

と表される．速度の変化 $\Delta \vec{v}$ は，$\Delta \vec{v} = \vec{v}_2 - \vec{v}_1$ なので，時刻 t_2 を t_1 に近づけた極限あるいは $\Delta t \to 0$ として (3.6) 式と同様に時刻 t_1 での瞬間の加速度 $\vec{a}(t_1)$ は，

$$\vec{a}(t_1) = \lim_{t_2 \to t_1} \frac{\vec{v}_2 - \vec{v}_1}{t_2 - t_1} = \lim_{\Delta t \to 0} \frac{\Delta \vec{v}}{\Delta t} = \left.\frac{d\vec{v}}{dt}\right|_{t=t_1}$$

$$= \left.\frac{dv_x}{dt}\right|_{t=t_1}\vec{i} + \left.\frac{dv_y}{dt}\right|_{t=t_1}\vec{j} \tag{3.12}$$

を得る．ここで，$v_x = \frac{dx}{dt}$, $v_y = \frac{dy}{dt}$ なので，(3.12) 式はさらに，

$$\vec{a}(t_1) = \left.\frac{d^2x}{dt^2}\right|_{t=t_1}\vec{i} + \left.\frac{d^2y}{dt^2}\right|_{t=t_1}\vec{j} \tag{3.13}$$

と表すこともできる．

加速度の大きさ a も加速度ベクトル $\vec{a}$ から，次のように計算してその大きさを求められる．

$$a = |\vec{a}| = \sqrt{a_x^2 + a_y^2} \tag{3.14}$$

物体が空間，すなわち 3 次元を運動する場合，物体の位置を表す座標として，x 成分，y 成分に z 成分を加え，計 3 つの成分をもつベクトル $\vec{r} = (x, y, z)$ として扱う．また，3 つの単位ベクトル $\vec{i}$, $\vec{j}$, $\vec{k}$ を用いて表すと，

$$\vec{r} = x\vec{i} + y\vec{j} + z\vec{k} \tag{3.15}$$

と，質点の位置 $\vec{r}$ を表すこともできる．

3.1.3 等加速度直線運動

図 3.8 のように，物体が一直線上を一定の加速度で進むとき，この運動を等加速度直線運動という．物体が一定の加速度 a [m/s²] で加速する場合を考えてみよう．時刻 $t = 0$ [s] における速度 (初速度という) を v_0 [m/s] とすると，速度は毎秒 a [m/s] ずつ大きくなり，t 秒後には at [m/s] だけ増加するので，時刻 t [s] における速度 v [m/s] は，

$$v = v_0 + at \tag{3.16}$$

と表せる．この式をグラフ化すると，図 3.9 のグラフが得られる．

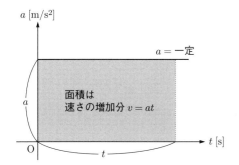

図 **3.8** 等加速度運動の a–t グラフ

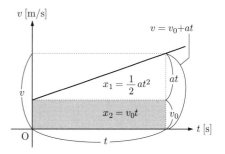

図 **3.9** 等加速度運動の v–t グラフ

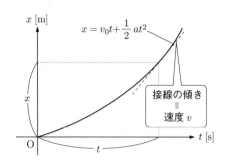

図 3.10 等加速運動の x–t グラフ

このグラフから, t [s] 後の原点からの変位 (位置)x [m] は, v–t グラフの面積より,

$$x = v_0 t + \frac{1}{2} a t^2 \tag{3.17}$$

となり, 図 3.10 の x–t グラフが得られる. また, (3.16) 式と (3.17) 式より, t を消去すると,

$$v^2 - v_0^2 = 2ax \tag{3.18}$$

となる.

例題 3-5

一直線上を一定の加速度で進む物体が, 点 A を速さ 8 m/s で右向きに通過した後, 点 A から 6 [m] 離れた点 B を速さ 4 m/s で右向きに通過した.

1. 物体の加速度 a [m/s^2] を求めよ.

2. 物体が点 A から点 B まで移動するのに要する時間 t_0 [s] を求めよ.

3. 物体が点 A から最も右方の地点へ到達するまでに要する時間 t_1 [s] はいくらか. またその地点と点 A との距離はいくらか.

4. 物体が点 A を通過してから再び戻ってくるまでに要する時間 t_2 [s] はいくらか. またそのときの物体の速度はいくらか.

解

右向きを正の向きとする.

1. 等加速度直線運動の式 $v^2 - v_0^2 = 2ax$ より, $4^2 - 8^2 = 2a \times 6$

   これを解いて, $a = -4$ m/s^2 よって, 左向きに 4 m/s^2

2. 等加速度直線運動の式より, $4 = 8 + (-4)t_0$, これを解いて $t_0 = 1$s

3. 最も右方へ達した瞬間の速度は 0 であるから, $v = v_0 + at$ より $0 = 8 + (-4)t_1$

   これを解いて, $t_1 = 2$ s

   このときの変位 $x_1 = v_0 t_1 + 1/2 a t_1{}^2 = 8 \cdot 2 + 1/2 \cdot (-4) \cdot 2^2 = 8$ m

4. 点 A に戻ってきたときの変位は 0 であるから, $x = v_0 t + 1/2 a t^2$ より

   $0 = 8t_2 + 1/2 \cdot (-4)t_2{}^2$. これを解いて, $t_2 = 4$ s

   このときの速度 $v_2 = v_0 + a t_2 = 8 + (-4) \times 4 = -8$ m/s つまり, 左向きに 8 m/s

3.1.4 落体の運動

物体を落下させる実験を行うと，空気や水の抵抗を無視できない場合には，物体の落下の様子は物体の密度や大きさ，形などの影響を受ける．しかし，空気のない真空中では，質量が大きく違う物体 (たとえば，金属球と羽毛など) を同時に落下させるとすべての物体が同じように落下する．

このときの加速度を重力加速度 (gravitational acceleration) といい，記号を g で表す．その大きさは，地球上の場所によってわずかに異なるが，およそ $g = 9.8 \,[\mathrm{m/s^2}]$ である．

補足: 重力加速度について

重力加速度を測定するには，可逆振り子を用いる方法があるが，高い精度を得るのは容易ではない．

1 地点の g を正確に求めておき，他の地点の g をそれと比較して求めるという方法が簡単なのでこの方法が行われる．この比較測定の基準には，ポツダムでの値 $g = 9.81274 \pm 0.00003\ \mathrm{m/s^2}$ が用いられる．比較値の測定には，同じ振り子を 2 地点で振らせて周期を比較する方法があるが，ばねの伸縮で重力を比較する重力計が発達して今日ではこれが広く使われる．

このスプリング式重力計は元来，油田を見つけるための器械として発達したもので，近距離の範囲で比較するには $0.0000001 \mathrm{m/s^2}$ 以上の精度をもっている．同じ地点では高度が上がると g の値が小さくなるが，1m 上がるたびに約 $0.000003\ \mathrm{m/s^2}$ ずつ小さくなる．この値は測定できる値であるが，数 m の高度差のあるところの落下運動でも 10^{-6} 以上の精度では g がこのように変化することが問題になる．

1901 年の国際度量衡委員会で，北緯 45° の平均海面での重力加速度として，$9.80665\ \mathrm{m/s^2}$ を標準重力加速度とすることが約束された．1968 年の委員会では，実際にはこれが $0.00014\ \mathrm{m/s^2}$ だけ小さい値であることが承認され，精密な数値を必要とする場合にはこの修正値を用いることが望ましいとされている．

（a） 自由落下

静止している物体を落下させたとき，物体は質量によらず同じ運動を行う．この運動を自由落下と呼ぶ．

自由落下運動は，初速度が 0 [m/s] で，加速度が重力加速度 $g(= 9.8[\mathrm{m/s^2}])$ の等加速度直線運動になる．落下を開始した時刻を $t = 0$ [s] とし，時刻 t [s] における速度を v [m/s]，落下距離を y [m] とすると，等加速度直線運動の式 (3.16)，(3.17)，(3.18) に $v_0 = 0$，$a = g$，$x = y$ を代入して，次の 3 式が得られる．

$$v = gt, \; y = \frac{1}{2}gt^2, \; v^2 = 2gy \tag{3.19}$$

（b） 鉛直投げ下ろし・鉛直投げ上げ

初速度で真下に投げ下ろした物体の運動は，重力加速度 g の等加速度直線運動になる．鉛直下向きを正として y 軸をとり，投げ下ろした点を原点 O とし，投げ下ろしてから t 秒後の物体の速度を v [m/s]，位置を y [m] とすると，等加速度直線運動の式 (3.16)，(3.17)，(3.18) に

$a = g$, $x = y$ を代入して，次の3式が得られる．

$$v = v_0 + gt, \quad y = v_0 t + \frac{1}{2} g t^2, \quad v^2 - {v_0}^2 = 2gy \tag{3.20}$$

初速度 v_0 [m/s] で真上に投げ上げた物体の運動は，鉛直上向きを正とすると，重力加速度 $-g$ の等加速度直線運動になる．鉛直上向きを正として y 軸をとり，投げ上げた点を原点 O とし，投げ上げてから t 秒後の物体の速度を v [m/s]，位置を y [m] とすると，等加速度直線運動の式 (3.16), (3.17), (3.18) に $a = -g$, $x = y$ を代入して，次の3式が得られる．

$$v = v_0 - gt, \quad y = v_0 t - \frac{1}{2} g t^2, \quad v^2 - {v_0}^2 = -2gy \tag{3.21}$$

ここで，座標軸 (ここでは y 軸) の正の方向は任意に (好きな方向に) とってよいが，座標軸の正の方向が運動の方向 (初速度の方向) と逆向きに定めると，(3.20) 式や (3.21) 式中の符号が逆になる．はじめのうちは，この例のように，座標軸の正の方向が初速度の方向と一致するように定めるとよい．

放物運動

平面内で物体を投射する場合には，速度の分解を応用するとわかりやすい．重力加速度は常に鉛直下向きに向かって働くことを頭に入れて，平面内の落下運動を考えてみよう．

(c) 水平投射運動

高い崖の上から水平に小石を投げたら，小石はどのような運動をするだろうか．図 3.11 は，小球を水平方向に投射したときの運動の様子である．ここで，x 軸は水平方向に，y 軸は鉛直下向きにとった．図からわかるように，水平投射された小球の y 軸方向の運動は，自由落下運動と同じである．一方，小球の x 軸方向の運動は等速度運動である．つまり，初速度 v_0 で水平投射された物体の運動は，

$$(x\,成分) \quad v_x = v_0, \quad x = v_0 t \tag{3.22}$$

$$(y\,成分) \quad v_y = gt, \quad y = \frac{1}{2} g t^2 \tag{3.23}$$

で表される．ここで，v_x, v_y はそれぞれ速度の x 成分，y 成分である．

(d) 斜方投射運動

水平面から斜め上方に投射した場合を例にとって考えてみよう．x 軸を水平方向に，y 軸を鉛直上向きにとり，水平方向に投げた場合と同様，物体の運動を x 軸方向と y 軸方向に分解して考える．x 軸方向の運動は等速度運動，y 軸方向の運動は重力加速度による等加速度運動である．これを式で表すと，

$$(x\,成分) \quad v_x = v_0 \cos\theta, \quad x = v_0 \cos\theta \cdot t \tag{3.24}$$

$$(y\,成分) \quad v_y = v_0 \sin\theta - gt, \quad y = v_0 \sin\theta \cdot t - \frac{1}{2} g t^2 \tag{3.25}$$

で表される．このとき，重力加速度が負になることに注意する．

斜方投射の軌跡を表す x と y の関係式は，(3.24) 式と (3.25) 式から t を消去すると得られる．(3.24) 式より，$t = x/v_0 \cos\theta$ であるから，これを (3.25) 式に代入すると，

$$y = -\frac{g}{2{v_0}^2 \cos^2\theta} x^2 + x \tan\theta \tag{3.26}$$

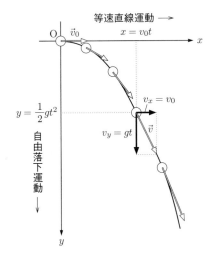

図 3.11 小球を水平に投げたときの運動の様子

となる．この式はさらに，

$$y = -\frac{g}{2v_0{}^2\cos^2\theta}\left(x - \frac{v_0{}^2\sin\theta\cos\theta}{g}\right)^2 + \frac{v_0{}^2\sin^2\theta}{2g} \tag{3.27}$$

と変形できる．これは，放物線

$$y = -\frac{g}{2v_0{}^2\cos^2\theta}x^2 \tag{3.28}$$

を x 軸方向に $(v_0{}^2\sin\theta\cos\theta)/g$，$y$ 軸方向に $(v_0{}^2\sin^2\theta)/2g$ だけ平行移動させた曲線 (上に凸な放物線) を表している．

3.1.5 微分・積分を用いた落下運動 *

質点に働く重力 $m\vec{g}$ は，成分表示を用いて，$m\vec{g} = (0, -mg)$ と表すことができる．したがって，質点の運動方程式は，

$$x\,成分:\; m\frac{dv_x}{dt} = 0, \quad y\,成分:\; m\frac{dv_y}{dt} = -mg \tag{3.29}$$

と表すことができる．

(3.29) 式を解くためには，時刻 $t = 0$ での初期条件が必要である．そこで，速度と位置の初期条件として，$\vec{v}(0) = \vec{v}_0 = (v_{0_x}, v_{0_y})$，$\vec{r}(0) = \vec{r}_0 = (x_0, y_0)$ とする．

v_{0_x}，v_{0_y}，x_0，y_0 はいずれも定数で，初期条件の違いによって，物体の運動は自由落下・鉛直投げ上げ・水平投射・斜方投射に分類することができる．しかし，いずれの場合も物体に働いている力は重力 $m\vec{g}$ のみである．

ここで，速度 $\vec{v}$ の x 成分 v_x を求めてみよう．(3.29) 式において，両辺を m で割り，x 成分

表 3.1　等加速度運動の初期条件

	v_{0x}	v_{0y}
自由落下	0	0
鉛直投げ上げ	0	v_0
水平投射	v_0	0
斜方投射	$v_{0x}\,(\neq 0)$	$v_{0y}\,(\neq 0)$

について dt をかけると, $dv_x = 0\,dt$ となる. これを時刻 t について 0 から t まで積分すると,

$$\int_{(t=0)}^{(t)} dv_x = \int_0^t 0\,dt$$

$$v_x\,(t) - v_x\,(0) = 0$$

$$v_x\,(t) = v_x\,(0) = v_{0x} \tag{3.30}$$

となる. 同様に, 速度 $\vec{v}$ の y 成分 v_y については $dv_y = -g\,dt$ より,

$$\int_{(t=0)}^{(t)} dv_y = \int_0^t -g\,dt$$

$$v_y\,(t) - v_y\,(0) = -g\,(t-0) = -gt$$

$$v_y\,(t) = v_y\,(0) - gt = v_{0y} - gt \tag{3.31}$$

となる. さらに, 速度 $\vec{v}$ に対して時間による積分をもう一度行い, 時刻 t における位置 $\vec{r}(t) = (x\,(t),\,y\,(t))$ を求める.

時刻 $t = 0$ での初期条件 $\vec{r}(t=0) = \vec{r}_0 = (x_0, y_0)$ を用いると,

$$x\,(t) = x_0 + v_{0x}t \tag{3.32}$$

$$y\,(t) = y_0 + v_{0y}t - \frac{1}{2}gt^2 \tag{3.33}$$

となる. ここで, $x_0 = 0$, $y_0 = 0$ のとき (3.24) 式と (3.25) 式を得る.

例題 3-6　(モンキーハンティング)

木の枝につかまっているサルに向かってハンターが鉄砲を撃った. 鉄砲の弾は重力の影響で放物線を描くので, サルに当たらないはずである. しかし, ハンターが鉄砲を撃つと同時にサルが手を離し落下した. このとき, 鉄砲の弾は当たるか.

解

鉄砲の弾の質量を m, 位置座標を (x, y), 速度を (v_x, v_y), 初速度を $(v_0 \cos\theta, v_0 \sin\theta)$ とする. また, サルの質量を M, 位置座標を (x', y'), 速度を (v_x', v_y') とする. 運動方程式より,

$$m\frac{dv_x}{dt} = 0,\ m\frac{dv_y}{dt} = -mg$$

$$M\frac{dv_x{}'}{dt} = 0,\ M\frac{dv_y{}'}{dt} = -Mg$$

となるが，これを積分して，初期条件より積分定数を決めると，以下の関係式が求まる．

$$v_x = v_0 \cos\theta, \ v_y = -gt + v_0 \sin\theta$$

$$v_x' = 0, \ v_y' = -gt$$

これらをさらに時間 t で積分すると

$$x = v_0 \cos\theta \cdot t, \ y = -\frac{1}{2}gt^2 + v_0 \sin\theta \cdot t$$

$$x' = l, \ y' = -\frac{1}{2}gt^2 + l\tan\theta$$

となる．鉄砲の弾がサルに当たるということは，$x = x'$ となる時刻 T において $y = y'$ となるということである．$x(T) = x'(T)$ より，$T = l/(v_0 \cos\theta)$ となる．この T を y, y' に代入すると，

$$y = y' = -\frac{1}{2}gT^2 + v_0 \sin\theta \cdot T + \frac{1}{2}gT^2 - l\tan\theta = 0$$

となる．したがって，鉄砲の弾はサルに命中することになる．

3.2　力と運動の法則

日常生活において，力という言葉はいろいろな意味で用いられている．しかし，物理学でいう力とは，物体を変形させたり，物体の運動状態を変化させたりするものである．

3.2.1　力の表し方

1 節で学んだ速度や加速度と同様に，力も大きさと向きをもった物理量であるから，ベクトルで表される．力の大きさを表す単位には，N(ニュートン) が標準的に用いられる．(詳細は，後述する "運動の法則 (第 2 法則)" を参照).

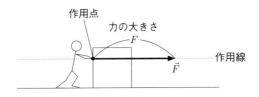

図 **3.12**　力の作用線と作用点

力 (Force) は，大きさと向きをもつベクトルであるため，力を図示するときは図 3.12 のように矢印を描き，記号では $\vec{F}$(または $\vec{f}$) のように矢印をつけて表す．力の向きは矢印の向きで示し，力の大きさは矢印の長さで示す．物体に力が働いているところを，力の作用点という．矢印の始点を作用点に合わせて描く．作用点を通り，力の向きに引いた直線を力の作用線という．

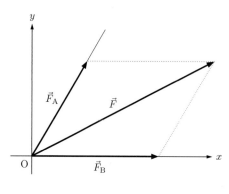

図 **3.13** 力の合成

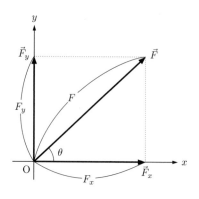

図 **3.14** 力の分解

3.2.2　力の合成と分解

力の合成

図 3.13 のように，1 つの物体をそれぞれ異なる向きに $\vec{F}_A$，$\vec{F}_B$ の力で引いた場合を考えよう．力はベクトルなので，速度の合成と同じようにして，$\vec{F}_A$ と $\vec{F}_B$ を合成して 1 つの力 $\vec{F}$ として表すことができる．これを式で表すと

$$\vec{F}_A + \vec{F}_B = \vec{F} \tag{3.34}$$

と書き，$\vec{F}$ を合力といい，平行四辺形の対角線で表される．

力の分解

力の合成とは逆に，1 つの力をそれと同じ働きをする 2 つの力に分けることもできる．分解された力を分力という．

力の成分

力 $\vec{F}$ の働いている平面上に x 軸と y 軸をとり，$\vec{F}$ を x 軸上に分解した分力 $\vec{F}_x$ の大きさ F_x を $\vec{F}$ の x 成分，$\vec{F}$ を y 軸上に分解した分力 $\vec{F}_y$ の大きさ F_y を $\vec{F}$ の y 成分という．$\vec{F}$ の方向が x 軸と θ の角をなすとき，F_x，F_y はそれぞれ次のように表される．

$$F_x = F\cos\theta,\; F_y = F\sin\theta \tag{3.35}$$

ただし，F は力 $\vec{F}$ の大きさである．

合力の大きさ・向きの計算

原点 O に $\vec{F}_A$ と $\vec{F}_B$ の 2 つの力が働くとき，その合力 $\vec{F}$ の大きさと向きを 1.〜4. の順で求めよう．

1. 図 3.13 のように $\vec{F}_A$ と $\vec{F}_B$ で平行四辺形を作り，合力 $\vec{F}$ を作図する．
2. これらの 3 力をそれぞれ x 軸方向および y 軸方向へ分解する．
3. 平行四辺形の性質から，合力の分力の大きさ F_x と F_y は

$$F_x = F_{Ax} + F_{Bx},\; F_y = F_{Ay} + F_{By}$$

と求めることができる．

4. 合力 $\vec{F}$ の大きさ F は，三平方の定理より，

$$F = \sqrt{F_x{}^2 + F_y{}^2}$$

と求めることができる.

5. $\vec{F}$ が x 軸となす角 θ は，$\tan\theta = \frac{F_y}{F_x}$ から求めることができる.

3.2.3 ニュートンの運動の3法則

ニュートンは，1687年に「プリンキピア (自然哲学の数学的諸原理)」という本を出版し，その中で物体の力と運動に関する基本法則について，3つの法則にまとめた. ニュートンが発見した3つの運動の法則から発展した力学は，ニュートン力学とも呼ばれている. この節では，ニュートンがまとめた3つの運動の法則について簡単に調べてみよう.

(a) 慣性の法則 (第1法則)

水平な面の上で物体を滑らせる. 物体はすぐに止まってしまう. 次に，水平な面と物体の底面を滑らかにすると，同じ力で物体を滑らせても，はじめの距離よりは遠くまで滑る. また，水平なガラス板の上でドライアイスを滑らせると，ほんの少しの力を加えるだけでも，ドライアイスはガラス板の上をまっすぐに，同じ速さで滑っていく.

このように，水平な面とその上に置く物体の間の摩擦が非常に少なくなると，物体はまっすぐに同じ速さで，より長い距離を滑り続けるだろう. このことは，物体は本来その速度を保とうとする性質があることを示している. この性質を慣性という. すなわち，物体に力が働かないか，または，力が働いてもそれらの合力が0ならば，静止している物体はいつまでも静止し続け，運動している物体は等速直線運動を続けることになる. これを慣性の法則 (運動の第1法則) という.

物体の運動 (静止も含めて) の様子が変化するとき，すなわち，速さと向きが変化するときは，必ずその原因となる力が働いていることを示している.

(b) 運動の法則 (第2法則)

物体に力が働くと運動の様子が変化する. それでは，物体に働く力の大きさが変化するとき，物体の速度はどのように変化するのだろうか. それを調べるために，図3.15のように，水平で滑らかな床の上に台車を置き，台車を一定の力 $\vec{F}$ で引いて，速度の変化を測定してみる. その結果，台車は一定の加速度 $\vec{a}$ で時間とともに速くなることがわかる. そこで，台車を引く力の大きさを $\vec{F}$ の2倍，3倍，$\cdots$ と大きくしてみる. すると，台車の加速度も $\vec{a}$ の2倍，3倍，$\cdots$ と大きくなる. すなわち，台車の加速度はそれを引く力の大きさに比例することがわかる.

次に，台車におもりを乗せて質量を増やし，それらを一定の力で引き，質量と加速度の関係を調べてみる. その結果，台車の質量が2倍，3倍，$\cdots$ と増すにつれて，加速度は1/2倍，1/3倍，$\cdots$ と減少する. こうして，質量と加速度は反比例することがわかる. 質量が大きいと物体は加速しにくいので，物体の質量は慣性の大きさを表していることがわかる. 以上のことをまとめると，物体に力が働くとき，または合力 $\neq 0$ の場合，物体には力 (合力) と同じ向き

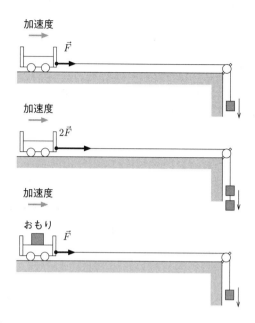

図 **3.15**　運動の第2法則

に加速度が生じる．加速度の大きさは，力 (合力) の大きさに比例し，物体の質量に反比例する
ということになる．これを運動の法則 (運動の第2法則) という．力，加速度，質量をそれぞれ
$\vec{F}$, $\vec{a}$, m とすると，運動を法則は

$$\vec{a} = k\frac{\vec{F}}{m} \tag{3.36}$$

と表される．ただし，k は比例定数である．

　ここで，$k = 1$ となるように，力の単位を定める．すなわち，質量 $m = 1$ [kg] の物体に対し
て，加速度の大きさ $a = 1$ [m/s^2] が発生するときに加えられた力の大きさ F を 1 [N](ニュー
トン) と定める．つまり力の単位 N(ニュートン) は，1 [N] $= 1$ [kg·m/s^2] である．このよう
に力の大きさを定義することにより，(3.36) 式において $k = 1$ となり，

$$m\vec{a} = \vec{F} \tag{3.37}$$

が得られる．この式を運動方程式という．力学における最も基本的で重要な関係式である．

（c）　作用反作用の法則 (第3法則)

　人が手で壁を押すと，壁は動かずに，逆に人が壁から押し返される．また，2人で握手してそ
のまま引っ張り合うと，自分が相手に引っ張られるだけでなく，相手も自分に引っ張られる．
このように，力は1つの物体に一方的に働くのではなく，2つの物体の間で力を及ぼし合うよ
うに，2つの力が対になって働く．このとき，一方の力を作用といい，他方の力を反作用とい
う．作用と反作用の間には次のような関係がある．

　2つの物体AとBの間で，力のやりとりを行っている場合，物体Bから物体Aに及ぼす力
$\vec{F}_{B \to A}$ と，物体Aから物体Bに及ぼす力 $\vec{F}_{A \to B}$ は逆向きで同じ大きさとなる．

$$\vec{F}_{B \to A} = -\vec{F}_{A \to B} \tag{3.38}$$

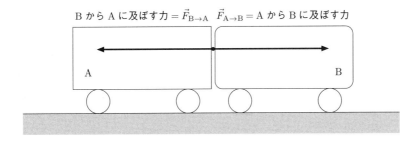

図 3.16 作用・反作用の法則

　ここで注意しなければならないことは，つり合いの関係にある 2 力と作用・反作用の関係に
ある 2 力を混同してはならないことである．つり合う 2 力は 1 つの物体に働く力である (つま
り，2 力の作用点が同一物体内にある) が，作用・反作用の 2 力は 2 つの物体に働く力である
(つまり，2 力の作用点はそれぞれ異なる物体内にある)．

3.2.4　微分方程式としての運動方程式 **

　運動の 3 法則のうち，第 2 法則を表す運動方程式 $m\vec{a} = \vec{F}$ は，(3.15) 式および (3.6) 式を用
いると，速度 $\vec{v}$ または位置 $\vec{r}$ を時間 t で微分した方程式で表すことができる．つまり，運動方
程式を $\vec{v}$ や $\vec{r}$ を用いた微分方程式で表すと，

$$m\frac{d\vec{v}}{dt} = \vec{F} \tag{3.39}$$

または

$$m\frac{d^2\vec{r}}{dt^2} = \vec{F} \tag{3.40}$$

となる (微分方程式については第 7 章補足 1 微分方程式を参照のこと)．

　この運動方程式は，外からの力，すなわち外力 $\vec{F}$ が運動の状態を変える原因となり，それに
より，物体には加速度が生じることを表している．つまり，運動方程式は物体の運動そのもの
を表す式ではなく，運動状態の変化を表す式であることを意味している．時刻 $t = 0$ での運動
の状態 (初期条件) のもとで，微分方程式としての運動方程式を解いてはじめて物体の時刻 t に
おける運動状態，すなわち物体の速度 $\vec{v}(t)$ と位置 $\vec{r}(t)$ を知ることができる．

　たとえば，図 3.17 のように，一直線上を移動している質量 m の物体に，大きさ F の一定の
外力が働いている場合の質点の運動を考えてみよう．

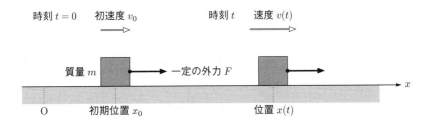

図 3.17　一定の外力が働いている場合の直線上の運動

この質点の運動方程式は

$$m\frac{dv}{dt} = F \quad (F \text{ は一定}) \tag{3.41}$$

となる．時刻 $t = 0$ における初期条件として，質点の位置が $x(0) = x_0$, $v(0) = v_0$ と与えられたときの微分方程式 (3.41) を解いてみよう．

まず，速度 $v(t)$ を求めるために，(3.41) 式の両辺に $(1/m)dt$ をかけて，$t = 0$ から t まで積分する．

$$\int_{(t=0)}^{(t)} dv = \int_0^t \frac{F}{m} dt$$

$$v(t) - v(0) = \frac{F}{m}(t - 0)$$

$$v(t) - v_0 = \frac{F}{m}t$$

$$v(t) = v_0 + \frac{F}{m}t \tag{3.42}$$

次に，位置 $x(t)$ を求めるために，(3.42) 式の両辺に dt をかけて，再び，$t = 0$ から t まで積分する．

$$\int_0^t v\,dt = \int_0^t \left(v_0 + \frac{F}{m}t\right) dt \tag{3.43}$$

ここで，(3.43) 式の左辺において，$v = dx/dt$ なので，時刻 t での位置 $x(t)$ は，

$$x(t) = x_0 + v_0 t + \frac{F}{2m}t^2 \tag{3.44}$$

と求めることができる．ここで，F/m は一定で，物体の加速度 a であるから，(3.42) 式と (3.44) 式は，それぞれ

$$v(t) = v_0 + at \tag{3.45}$$

$$x(t) = x_0 + v_0 t + \frac{1}{2}at^2 \tag{3.46}$$

と書き直すことができる．これらは等加速度運動における速度を表す (3.16) 式と位置を表す (3.17) 式に対応している．

3.2.5　運動量と力積

2つの物体が衝突するときなど，運動する物体の速度が短い時間で大きく変化することがある．このときの速度の変化や力は複雑であり，運動量という物理量を用いるとうまく説明できる．

（a）　運動量

質量 m の物体が速度 $\vec{v}$ で運動しているとする．このとき，この物体はベクトル量である運動量 $\vec{p} = m\vec{v}$ をもっているとする．運動量の大きさは $|\vec{p}| = m|\vec{v}|$ となり，その単位は kg·m/s である．

運動量は衝突したときの衝撃の大きさと考えると理解しやすい．低速の重いボウリングの玉と高速の軽い卓球のピンポン玉，衝突したときの衝撃はボウリングの玉の方が大きい．これは，ボウリングの玉の質量がピンポン玉の質量のほぼ 1000 倍となり，速度の違いよりも影響が大

きいためである.

（b）　力積

摩擦のない面において，質量 m の物体に力 $\vec{F}$ を時間 Δt の間だけかけたとする．力をかける前の速度を $\vec{v}_1$，力をかけた後の速度を $\vec{v}_2$ とすると，その間の加速度 $\vec{a}$ は，

$$\vec{a} = \frac{\vec{v}_2 - \vec{v}_1}{\Delta t} \tag{3.47}$$

となる．これを運動方程式 $m\vec{a} = \vec{F}$ に代入し整理すると，

$$m\vec{v}_2 - m\vec{v}_1 = \vec{F}\Delta t \tag{3.48}$$

となる．左辺はこの物体の運動量の変化であり，右辺を力積と呼ぶ．運動量と力積は同じ次元[1]をもち，運動量の変化は変化の間に物体が受けた力積に等しくなる．

力積の単位は N·s で表され，力を受け止める時間が長ければ力は小さくなることを意味する．速いボールを受け止める際，手に当たる瞬間に手を手前に引き手にかかる衝撃を軽減するが，これは，力積は同じであるが受け止める時間を長くすることで力を小さくしていることとなる．テニスや野球などでは，強く打ちたいときにはラケットやバットでボールを押し出すようにするが，これは同じ力を長い時間ボールに与えることによって，力積を大きくし，ボールの運動量を増やすことに寄与している．

3.2.6　円運動 *

（a）　速さと角速度

図 3.18 のように，質量 m の物体 P に長さ r の糸をつけ，他端 O を中心として円運動させる．1 秒間に $90°$（$\pi/2$ [rad]）回転するとき，角速度が $\pi/2$ [rad/s] であるという．一定の角速度で回転する円運動を等速円運動という．

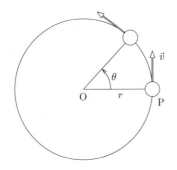

図 3.18　等速円運動する物体の速度

等速円運動で，時間 t の間に回転する中心角を θ，角速度を ω とすると，

$$\omega = \frac{\theta}{t}, \quad \theta = \omega t \tag{3.49}$$

という関係が成り立つ．1 周する時間を周期 T という．1 周の中心角は 2π [rad] であるから，

---

[1] 仕事とエネルギーの関係のように同じものと扱って比較可能なもの.

次の関係がある.
$$T = \frac{2\pi}{\omega}, \ \omega = \frac{2\pi}{T} \tag{3.50}$$
また,1秒あたりの回転数を n とすれば,
$$n = \frac{1}{T} = \frac{\omega}{2\pi}, \ \omega = 2\pi n \tag{3.51}$$
という関係が成り立つ.

　この物体が1周の長さ $2\pi r$ 動くのに時間 T かかるから,速さ v は
$$v = \frac{2\pi r}{T} = r\omega \tag{3.52}$$
となる.

(b)　等速円運動の加速度

　物体の速度の大きさは一定であるが,速度の方向は絶えず変化する.すなわち,図 3.19 のような等速円運動は等速度運動ではなく,加速度をもつ運動である.速度の方向は軌道の接線の方向であり,回転する向きであるから,ベクトルの始点を同一の点にして,速度ベクトルの変化 $\Delta\vec{v}$ を描くことができる.物体が短い時間 Δt の間に角度 $\Delta\theta$ 回転したとすると,物体の速度の変化 $\Delta\vec{v}$ は図 3.19 のように求められる.

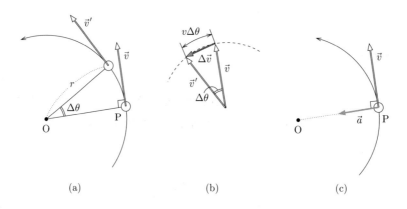

図 **3.19**　等速円運動の速度と加速度

　速度の変化 $\Delta\vec{v}$ の大きさ Δv は $\Delta\theta$ が十分小さいと,$\Delta v = v\Delta\theta$ である.また,一般に加速度 $\vec{a}$ は $\vec{a} = (\vec{v}' - \vec{v})/\Delta t = \Delta\vec{v}/\Delta t$ で与えられるので加速度の方向は速度と垂直,すなわち,円の中心に向かう方向であり,加速度の大きさ a は,
$$a = \frac{\Delta v}{\Delta t} = v\frac{\Delta\theta}{\Delta t} = r\omega^2 = \frac{v^2}{r} \tag{3.53}$$
である.運動方程式より,この物体に働いている力は中心に向かう方向で,大きさは,
$$F = ma = mv\omega = mr\omega^2 = \frac{mv^2}{r} \tag{3.54}$$
であることがわかる.この力を向心力という.

3.2.7 慣性力と遠心力

（a） 慣性力

電車に乗って経験することであるが，電車が動き始めると，つり革が進行方向と逆向き（後方）に振れる．反対に，電車がスピードをゆるめると，つり革は前方に振れる．つり革はなぜこのような動きをするのだろうか？ その理由を考えてみよう．簡単のために，つり革の代わりに，質量 m の物体が電車の天井から糸でつり下げられており，電車が加速度 $\vec{a}$ で動き始めたとする．このとき，物体は慣性の法則（3.3.1 慣性の法則を参照）に従って，その位置にとどまろうとする．しかし，糸に引かれるので，物体は動き始める．そのため，糸は斜めに傾いて物体を引っ張ることになるのである．

物体が糸に引かれて加速度 $\vec{a}$ で運動する様子は，見る人の立場によって異なって見える．まず，地上に静止している人にはどのように見えるだろうか．図 3.20(a) のように，電車が加速度 $\vec{a}$ で動くので，物体は重力 mg と糸の引く力 S を受けて，水平力向に加速度 $\vec{a}$ で動くように見える．糸の傾きの角を θ とすると，水平方向の物体の運動力程式は，

$$ma = S \sin\theta \tag{3.55}$$

となる．つまり，慣性系では運動の第 2 法則が成り立っている．

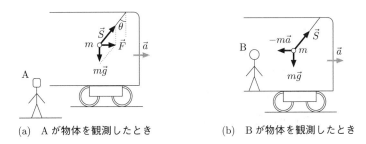

(a) A が物体を観測したとき　　　(b) B が物体を観測したとき

図 3.20　加速度運動と慣性力

次に，電車内で静止している人にはどのように見えるだろうか．図 3.20(b) に示すように，電車が動き出すと，物体は最初に後ろに引かれ，その後はそのまま静止しているように見える．物体には，重力 mg と糸の張力 S が働いているが，この 2 力はつり合っていないので，物体は静止しない．物体に働く力がつり合うためには，物体を後方に引く力 $\vec{F'}$ が必要であり，そのような力が働いているように見える．その大きさは，$m\vec{a}$ と同じ大きさで，向きは逆向きである．すなわち，$\vec{F'} = -m\vec{a}$ である．こうして，水平方向の力のつり合いの式が

$$S \sin\theta + (-ma) = 0 \tag{3.56}$$

と表される．$\vec{F}$ のように，見かけ上の力を慣性力という．実際，電車が動き出すときに，この力を感じることができる．

（b） 遠心力

つる巻きばねにつながれた物体が回転板の上で等速円運動をしている．ばねは伸びて，物体に弾性力を及ぼしている．この物体の運動も，見る人の立場によって異なる．

まず，図 3.21(a) のように，地上に静止している人から見てみよう．物体が等速円運動しているので，物体には向心力 (3.54) 式が働く．この人には，つる巻きばねが縮もうとする弾性力が向心力となっているように見える．

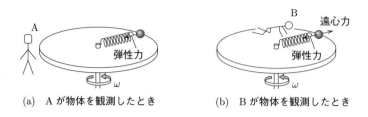

(a) A が物体を観測したとき   (b) B が物体を観測したとき

図 **3.21** 向心力と遠心力

次に，回転板上で静止して，物体と一緒に回転している人の場合を考える．この人に対して物体は静止している．そのため，ばねの弾性力とつり合う力が働いているように見える (図 3.21(b))．その力は，弾性力と大きさが同じで，向きが逆向きである．この力が慣性力であり，この場合は遠心力という．

3.2.8 単振動 *

（a） 単振動の式と位相

図 3.22 のように，半径 A の円周上を，一定の角速度 ω で等速円運動している点 Q に，真横から水平に光線を送り，点 Q の運動を x 軸上に投影したものである．射影点 P は原点 O を中心として y 軸上を往復運動しているように見える．図 3.22 において P から回転を始めたとき，時間 t 経過後の点 Q の変位 x は次式で表される．

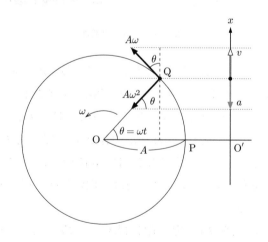

図 **3.22** 単振動の速度と加速度

$$x = A \sin \omega t \tag{3.57}$$

このように，変位と時間の関係が正弦関数で表される運動を単振動という．

　単振動の変位が 1 回の振動の中でどの位置にあるかを表すには, もとの円運動の回転角 $\theta(=\omega t)$ を用いる. これを単振動の場合には位相と呼ぶ.

　変位 x が正で最大になるのは, 位相が $\pi/2$, $\pi/2\pm2\pi$, $\pi/2\pm4\pi$, $\cdots$ のときであり, $x=0$ になるのは位相が 0, $\pm\pi$, $\pm2\pi$, $\cdots$ のときである. 位相が増える (減る) ことを, 位相が進む (遅れる) という. 位相が π 進むと x の符号だけが変わり, 2π 進むと x はまたもとの値に戻る. 位相が 2π だけずれた点は同じ変位を表すので, 互いに同位相といい, π だけずれた場合を, 互いに逆位相という.

（b）　単振動の速度と加速度

　単振動している物体の速さ v は, もとになる等速円運動の速さ $A\omega$ ((3.52) 式参照) を x 軸上に投影したものである. したがって, 図 (3.22) を使って考えると

$$v = A\omega\cos\omega t \tag{3.58}$$

であることがわかる.

　また加速度の大きさ a $[\mathrm{m/s^2}]$ は, 等速円運動の加速度の大きさ $A\omega^2$ ((3.53) 式参照) が中心向きに生じているから, 図 3.22 を使ってその x 方向の成分を求めると

$$a = -A\omega^2\sin\omega t \tag{3.59}$$

となる. 右辺にマイナスの符号がつくのは, 加速度と変位が常に逆向きになるからである. 加速度を表す (3.59) 式と変位を表す (3.57) 式を比較すると, 加速度と変位の間には次の関係が成り立つことがわかる.

$$a = -\omega^2 x \tag{3.60}$$

単振動の加速度は変位 $x[\mathrm{m}]$ の大きさに比例し, 向きは変位とは逆, すなわち常に単振動の中心 $\mathrm{O'}$ の方向を向いている.

（c）　単振動を引き起こす力 (復元力), 周期, 振動数

　質量 $m[\mathrm{kg}]$ の物体が単振動しているときには, どのような力が加わっているのだろうか. 物体の加速度 a $[\mathrm{m/s^2}]$ が (3.60) 式で与えられるので, 運動の第 2 法則を使えば, 物体に加わる力 $F[\mathrm{N}]$ は,

$$F = ma = -m\omega^2 x \tag{3.61}$$

であることがわかる. $x=0$ の点は力のつり合いの位置であり, (3.61) 式の $m\omega^2$ は定数なのでこれをまとめて $K(>0)$ とすれば,

$$F = -Kx \tag{3.62}$$

と書くこともできる. このように単振動を引き起こす力は, つり合いの位置からの変位 $x[\mathrm{m}]$ に比例し, つり合いの位置に向かって物体を引き戻す向きに働く. このような力を復元力という. 逆に, 物体に働く力が, $F=-Kx$ の形で表されるとき, この力は物体を引き戻す働きをするので, その物体は単振動をすることになる. 3.61 式と 3.62 式より, $-Kx=-m\omega^2 x$ となるので, 単振動する物体の角振動数 ω は

$$\omega = \sqrt{\frac{K}{m}} \tag{3.63}$$

となる. よって, 周期 T [s] と振動数 f [Hz] はそれぞれ,

$$T = \frac{2\pi}{\omega} = 2\pi\sqrt{\frac{m}{K}} \tag{3.64}$$

$$f = \frac{1}{T} = \frac{1}{2\pi}\sqrt{\frac{K}{m}} = \frac{\omega}{2\pi} \tag{3.65}$$

で与えられる.

3.2.9   万有引力 *

（a）   天体の運動と万有引力

円運動の大規模な運動として, 天体の運動が挙げられる. 地球や月, 太陽などの天体間には, 引力が働いている. 地球が太陽の回りを公転するのも, 月が地球の回りを公転し地球上での潮の満ち引きが生じるのも, この引力に起因する. 天動説や地動説が議論になっていた16~17世紀に, ティコ・ブラーエやケプラーによって惑星の観測が行われた. 後にケプラーは天体運行表を作り, 天体の運行をまとめたケプラーの法則を提唱した.

第1法則   惑星は太陽を1つの焦点とする楕円軌道上を運動する.

第2法則   太陽と惑星を結んだ線分が時間あたりに描く面積は惑星によって一定である.

第3法則   惑星の公転周期 T と楕円軌道の半長軸 a の間には $T^2/a^3 = k$ (一定) となり, すべての惑星について同じ値となる.

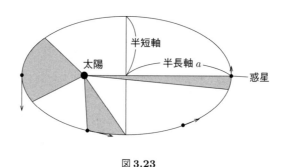

図 3.23

質量 m の惑星が太陽を中心とした半径 r の軌道上を角速度 ω で運動するとき, 向心力は

$$F = mr\omega^2 \tag{3.66}$$

と表される. 公転周期 $T = 2\pi/\omega$ で書き表し, ケプラーの第3法則を代入すると,

$$F = mr\left(\frac{2\pi}{T}\right)^2 \tag{3.67}$$

$$= mr\frac{4\pi^2}{kr^3} = \frac{4\pi^2}{k}\frac{m}{r^2} \tag{3.68}$$

となり, 軌道半径 r の逆2乗と惑星の質量 m に比例する力となる. 作用・反作用の法則を考えると, 太陽の質量に比例する力で太陽が惑星側に引かれるはずである. そこで, 比例定数

$4\pi^2/k$ を, 太陽の質量[2] $M_\odot$, 新たな定数 G を,

$$\frac{4\pi^2}{k} = GM_\odot \tag{3.69}$$

と決めると, 前述の F は,

$$F = G\frac{M_\odot m}{r^2} \tag{3.70}$$

と書き換えることができる. ニュートンはこの力を指して, 万有引力と呼んだ.

一般化して, 距離 r [m] 離れた 2 つの質点 m_1[kg], m_2[kg] の間には, 万有引力が働く. この力の大きさ F [N] は次のように記述できる.

$$F = G\frac{m_1 m_2}{r^2} \tag{3.71}$$

ここで, G は万有引力定数と呼ばれ, その値はキャベンディッシュらの実験などから,

$$G = 6.673 \times 10^{-11} \,\text{N}\,\text{m}^2/\text{kg}^2 \tag{3.72}$$

である. このような関係で, 質量をもった物体間に働く引力を記述できることを, 万有引力の法則と呼ぶ. また, この力を "重力" と呼ぶこともある.

万有引力は物体間に媒体を必要としない "遠隔力" と呼ばれる力の 1 つであり, 基本的な力[3]の 1 つである. 質量をもった物体間に働く力であるため, 身の回りの物体 (人体含む) の間にこの力は働いているはずである. しかし, 日常生活で, 質量の大きな物体 (列車や山など) から特に引力を感じることはないと言ってよい. これは, 万有引力定数が他の力の定数と比較して, 非常に小さいためである[4].

万有引力は, 通常考えられている理論では, 引力のみである. "負の質量" の存在を考えると斥力となる場合もありうるが, 現時点において "負の質量" をもつ粒子は見つかっておらず, 万有引力は引力のみと考えられている. 空気より小さな密度の気体 (窒素, ヘリウム, 水素など) を詰めた風船が浮く理由は, 空気中の浮力によるためであり, 詰めた気体の質量はやはり正である[5].

(b) 万有引力と重力加速度

地球上の重力加速度 g がほぼ $g = 9.8$ m/s^2 であることは先に述べた. これを万有引力を用いて書き直してみる.

地球 (質量: $M_\oplus = 6.0 \times 10^{24}$ kg, 半径: $R_\oplus = 6.4 \times 10^6$ m)[6]表面の質量 m kg の物体が地球から受ける万有引力は

$$F = G\frac{M_\oplus m}{R_\oplus} \tag{3.73}$$

---

[2] $\odot$ は太陽を意味する. なお, $M_\odot \simeq 2.0 \times 10^{30}$ kg である.
[3] すべての力は最終的に 4 種の力に分けられる. 万有引力はその中の 1 つである. 他の 3 種は "強い相互作用", "弱い相互作用", "電磁気力" である.
[4] 電磁気力 (クーロン力・磁気力) と比較して 20 桁程度小さい.
[5] 現時点では, 負の質量や反重力は SF の世界のものである.
[6] $\oplus$ は地球を意味する.

と記述できるが, 物体に生じる重力 $F = mg$ を用いて,

$$mg = G\frac{M_\oplus m}{R_\oplus{}^2} \tag{3.74}$$

$$g = G\frac{M_\oplus}{R_\oplus{}^2} \simeq 9.8 \text{ m/s}^2 \tag{3.75}$$

と書くことができ, これが地表での重力加速度となる.

一般化すると, 質量 M の天体から距離 r 離れた点における重力加速度 g は,

$$g = G\frac{M}{r^2} \tag{3.76}$$

と書き表すことができ, 天体から離れれば離れるほど重力加速度が小さくなることがわかる.

(c)   万有引力と宇宙旅行

地球の表面より水平方向に物体を投射すると, 低速では地上に落下する. しかし, その速度を上げていくと徐々に落下点は遠くなり, ある速度で地球からの万有引力が向心力となる円運動を行うようになる. この状態では物体は (空気抵抗がなければ) 地表の高さで地球の周囲を円運動することとなる. このときの速度を第1宇宙速度と呼び, その大きさは 7.9×10^3 m/s となる[7].

さらに大きな初速を与えると, 今度は地球の重力を振り切り, 地球に戻ってこない軌道を描き飛んでいく. このときの速度を第2宇宙速度と呼び, 1.1×10^4 m/s となる. しかし, この第2宇宙速度を与えた物体であっても, 太陽の周囲を回る軌道に乗る. 太陽の重力圏から逃げるためには, さらに大きな初速が必要で, この速度を第3宇宙速度 (1.7×10^4 m/s) と呼ぶ[8].

なお, 宇宙速度は最低限必要な投射時の初速度である. たとえば, 上空を飛ぶ航空機は条件が許せば地球を周回し飛ぶことができるが, その速度は第1宇宙速度の1/30程度である. 航空機の場合, その高度を維持するために円運動をしているのではなく, 空気中を高速で移動することで空気より力を得て揚力としている. また, ロケットの打ち上げの様子を見ても, 初速に第1宇宙速度程度の速度をもっているのではなく, ロケットエンジンによる継続加速をしていることがわかる. あくまで, 砲弾や銃弾のように, 初速のみを与えて飛ばすようなものの運動の臨界値であることに注意する必要がある.

より身近なものとして, 静止衛星の運動も万有引力と関係する. 通信衛星 (CS) や放送衛星 (BS), 気象衛星という人工衛星は, 特定の地域の上空 (正しくは同じ経度の赤道上) にいる方が望ましい. 他の軌道にいる人工衛星と通信をする際にはパラボラアンテナを衛星の方向に向け続ける必要があるが, 前述の用途には向かなくなってしまう. 静止衛星は該当地域の上空に静止しているわけではなく, 他の人工衛星と同様に円軌道を描き運動している. 円運動の周期がちょうど地球の自転と一致し (すなわち $T = 24$ h), かつ, 赤道上空を回っているものに限っては, 地球の片側からは常に同じ方位・仰角に止まっているように見えることになる.

---

[7] なお, "宇宙速度" は日本語のみの表現で, 第1宇宙速度は英語では "Orbital speed of the Earth at the surface", 第2・3宇宙速度はそれぞれ "Escape velocity of the Earth / Sun" となることが多い

[8] 第3宇宙速度では, 地球の太陽周りの公転と地球重力圏の脱出のための速度も考慮する必要がある.

3.3 仕事とエネルギー

3.3.1 仕事

日常使う「仕事」という言葉の意味とは違い，物理学で「仕事をする」というときは，物体が実際に動かなければならない．物体に力を加えて，その力の向きに動いたとき，力は仕事をしたという．

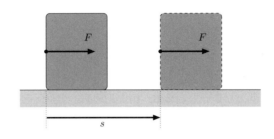

図 3.24　仕事の定義

図 3.24 のように，一定の大きさの力 F [N] を加えて，力と同じ向きに物体が s [m] 動いたとき，力がした仕事 W は，

$$W = Fs \tag{3.77}$$

と表される．仕事の単位は，[J]（ジュール）で与えられる．

1 [N] の力を物体に働かせて，力の向きに 1 [m] 動くとき，力は 1 [J] の仕事をする．すなわち，1 [J]=1 [N·m] である．さらに，運動方程式 (3.37) 式から力の単位 [N] は，1 $[N] = 1$ [kg·m/s²] なので，仕事の単位 [J] は基本単位 ([kg], [m], [s]) を用いて組み立て単位として (3.78) 式のように表される．

$$1[J] = 1[N] \times 1[m] = 1[kg \cdot m/s^2] \times 1[m] = 1[kg \cdot m^2/s^2] \tag{3.78}$$

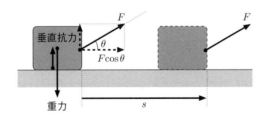

図 3.25　力の向きと移動方向が異なるとき

次に，図 3.25 のように，物体に一定の大きさの力 F [N] を働かせたとき，その力の向きと移動方向のなす角度 θ の方向に s[m] の距離だけ物体が動いたとする．このとき，力の移動方向と同じ方向の成分は $F\cos\theta$ となる．したがって，仕事 W [J] は次のように表される．

$$W = F\cos\theta \cdot s = \vec{F} \cdot \vec{s} \tag{3.79}$$

すなわち，仕事 W は $\vec{F}$ と $\vec{s}$ の内積で表される．ここで，物体に働く垂直抗力や重力のする仕事 W' を求めてみよう．物体がどの微小距離を進む間でも，(3.79) 式で $\theta = 90°$ または 270°

となるので，垂直抗力や重力のする仕事は0である．よって，物体が s [m] の距離だけ移動する間に，垂直抗力や重力のする仕事 W' は，各微小区間での仕事の和であるから，$W' = 0$ となる．このように，力の向きと速度の向きが常に垂直である場合，力のする仕事は0である．

また，図3.26のように，動摩擦力 f が物体の移動方向と逆向きに働くときは，$\cos 180° = -1$ となるので，動摩擦力のする仕事 W は負の値になる．したがって，仕事 W [J] は次のように表される．

$$W = -fs \tag{3.80}$$

このような仕事を負の仕事という．すなわち，仕事は正・負の符号をもつ量である．負の仕事は，運動を止めようとする力が行う仕事であり，摩擦力・抵抗力・復元力などが挙げられる．力の種類によっては，仕事をしない力もある．円運動の向心力はその典型で，力と変位の向きが直角となる．この場合，(3.79) の角度 $\theta = 90° = \pi/2$ となるため，$\sin\theta = 0$ となる．物体を床に置いた時床が重力の反作用で生じさせる力 (垂直抗力) や，静止した物体を押しても動かないときの摩擦力 (静止摩擦力) も，同様の仕事が0の力である．

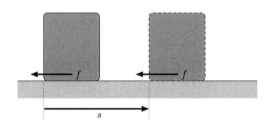

図3.26 力の向きと移動方向が逆向きのとき

日常生活において，ある仕事を行うときに道具を使うと「仕事が楽になる」ことがある．たとえば，滑らかな斜面や動滑車などの道具を使えば重い物体でも小さな力で動かすことができ，「仕事が楽にできた」という実感を伴う．これは，道具を使うことで作用する「力を小さくすることができる」ので「仕事が楽になる」という実感をもつことができるのである．しかしながら，道具を使ったときの仕事を計算してみると，作用する力は小さくなっているが，その反面，物体を動かす距離は長くなるので，仕事の総量は道具を使わないときと同じになる．これを仕事の原理という．

3.3.2 仕事率

動力機械などでは，単位時間あたりどれだけ仕事をできるかが問題になる．この仕事をする効率を仕事率という．時間 t [s] の間に W [J] の仕事をするとき，仕事率 P は，$P = W/t$ で与えられる．1秒間に1 [J] の仕事をするときの仕事率を1 [W](ワット) という．1 [W]= 1 [J/s] である．

また，ある動力源が物体に一定の力 F を加えて，摩擦力などに抗して力の向きに一定の速さ

v で運動させている場合，動力源の仕事率 P は次のようになる．

$$P = \frac{W}{t} = \frac{F \cdot x}{t} = Fv \tag{3.81}$$

仕事率の単位ワット [W] は消費電力の単位と同じである．すなわち，電気器具の消費電力は，電気器具ができる仕事率を表している．

3.3.3　エネルギー

　他の物体に仕事をすることのできる能力のことをエネルギーという．エネルギーは仕事をする能力を表す量なので，単位は仕事の単位と同じ [J](ジュール) を用いる．

　エネルギーには，その状態により，いくつかの種類がある．たとえば，運動している物体がもっている運動エネルギー，物体の位置に関係している位置エネルギー，電気的な力に由来する電気エネルギー，光がもっている光エネルギー，物質の化学的な状態に由来する化学エネルギーなどがある．

（a）　運動エネルギー

　静止している質量 m の物体に一定の力 F が作用して速度 v になったとすると，(3.18) 式より，動いた距離 x は，

$$x = \frac{v^2}{2a} = \frac{m}{2F}v^2 \tag{3.82}$$

となり，力のする仕事 W は，

$$W = Fx = \frac{1}{2}mv^2 \tag{3.83}$$

で表される．速度 v で動いている物体が静止するまでの間にする仕事は，この式と同じになるので，速度 v で運動している物体の運動エネルギー K は，

$$K = \frac{1}{2}mv^2 \tag{3.84}$$

で表される．

運動エネルギーと仕事

　図 3.27 のように，速さ v_0 で動いている質量 m の物体に，一定の力 F を進行方向に加え続けたら，物体は距離 x だけ移動し，速さが v になったとする．

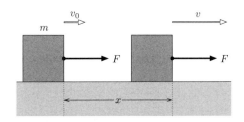

図 3.27　運動エネルギーと仕事

　このとき，物体は等加速度運動をし，力がした仕事は，

$$W = Fx = max \tag{3.85}$$

となる．加速度 a は，等加速度運動の (3.18) 式より，

$$a = \frac{v^2 - v_0^2}{2x} \tag{3.86}$$

と表されるので，(3.86) 式を (3.85) 式に代入して整理すると，

$$\frac{1}{2}mv^2 - \frac{1}{2}mv_0^2 = W \tag{3.87}$$

を得る．この式は，運動エネルギーの変化が外からされた仕事に等しいことを表している．

（b） 重力による位置エネルギー

高い位置にある水を落下させることにより，発電所のタービンを回すことができる．つまり，高い位置にある物体は，落下することによって仕事をすることができる．

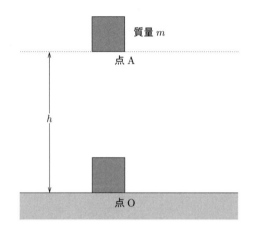

図 3.28 重力による位置エネルギー

図 3.28 のように，点 O より h だけ高い位置にある点 A に質量 m の物体がある．この物体を静かに放すと，物体は自由落下をする．このとき等加速度運動の式 (3.18) において，$v_0 = 0$，$a = g$，$x = h$ とすると，$v^2 = 2gh$ が得られるので，点 O に到達したときの物体の速さは，$v = \sqrt{2gh}$ となる．よって，物体は点 O において，

$$K = \frac{1}{2}mv^2 = \frac{1}{2}m \times \left(\sqrt{2gh}\right)^2 = mgh \tag{3.88}$$

の運動エネルギーをもつ．つまり，物体は点 A に置かれた時点で，重力の作用により運動エネルギーを得ることを約束されている．すなわち，点 A に置かれた物体は，潜在的にエネルギーをもっていると考えることができる．このエネルギーを位置エネルギーといい，とくに重力が物体に作用することによって物体が運動エネルギーをもつ場合，重力による位置エネルギーという．

点 A に置かれた物体が得る運動エネルギーを決めるには，物体がどこまで移動するかを指定しなければならない．この移動の終点 (図 3.28 では点 O) を基準点という．物体が基準点から高さ h の位置にあるとき，重力による位置エネルギーは，

$$U = mgh \tag{3.89}$$

で与えられる．

（c）　弾性力による位置エネルギー

図 3.29 のように，ばね定数 k のばねに，質量 m のおもりをつけて自然長から距離 x だけ縮めると，おもりにはフックの法則より $F = kx$ の大きさのばねの弾性力が働く．この状態で静かにばねから手を放すと，ばねの弾性力によっておもりは移動し，おもりは運動エネルギーをもつ．

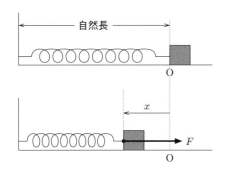

図 3.29　ばねに働く弾性力 　　　　　　**図 3.30**　弾性力による位置エネルギー

この場合も重力と同様に，おもりがばねについている限り，必ずおもりにばねの弾性力が働き，おもりに運動エネルギーが与えられることになるので，おもりは位置エネルギーをもっていると言える．これを弾性力による位置エネルギーという．いま，基準点を自然長の位置にとる．基準点から距離 x だけ伸ばした (縮めた) 位置におもりがあるとき，弾性力と変位は同じ向きで，弾性力は変位 x に従って変化するので，ばねの弾性力がおもりを基準点まで移動させるときにする仕事は F–x グラフの面積から求めることができる．

したがって求める仕事 W は，図 3.30 のグラフにおける塗りつぶされた部分の面積で与えられるので，

$$W = \frac{1}{2}kx^2 \tag{3.90}$$

となる．

よって，ばねの弾性力によって運動する物体は，自然長の位置を基準点とすると，基準点から x だけ伸びている (縮んでいる) 位置にあるとき，弾性力による位置エネルギー

$$U = \frac{1}{2}kx^2 \tag{3.91}$$

をもっている．(3.91) 式より，ばねが伸びていても $(x > 0)$，縮んでいても $(x < 0)$ 弾性力による位置エネルギー U は同じ正の値をとる．

3.3.4　力学的エネルギー保存則

図 3.31 のように質量 m の物体が基準点 O から h だけ高い位置 A にあるとき，物体は重力による位置エネルギー $U_A = mgh$ をもっている．はじめ点 A で静止していたとすると，物体の運動エネルギーは $K_A = 0$ である．その後，物体を自由落下させると，重力が仕事をして物体は点 A から点 O まで移動する．基準点 O での重力による位置エネルギーは $U_O = 0$ となる

が，物体は $v = \sqrt{2gh}$ の速さとなるので，$K_O = 1/2mv^2 = mgh$ の運動エネルギーをもつ.

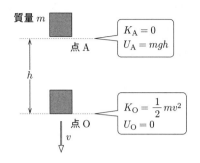

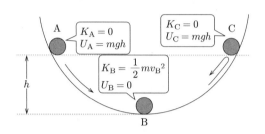

図 3.31　運動エネルギーと位置エネルギー   図 3.32　力学的エネルギー保存則の例1

　すなわち，物体は点 A にあるときから $E = mgh$ のエネルギーをもっており，それが位置エネルギーとして現れたり，運動エネルギーに姿を変えたりするだけであって，運動エネルギーと位置エネルギーの和 (これを力学的エネルギーという) は，

$$K_A + U_A = K_0 + U_0 = mgh (= 一定) \tag{3.92}$$

である. (3.92) 式は力学的エネルギーが常に一定に保たれていることを示しており，これを力学的エネルギー保存則という.

　力学的エネルギー保存則を用いると，図 3.32 や図 3.33 のような一見複雑そうな運動も説明が簡単になる.

　まず，質量 m の物体が静止している点 A から曲面に沿って点 B まで落下し，さらに，点 C まで到達する. これを力学的エネルギー保存則を用いて表すと，図 3.32 のようになる.

　次に，物体がばねの弾性力によって運動する場合も力学的エネルギー保存則が成り立つ. 質量 m の物体をばね定数 k のばねにつけ，滑らかな水平面上で運動させる. 自然長の位置を点 O，最も伸びた位置を点 A，最も縮んだ位置を点 B とすると，物体の力学的エネルギー保存則は

$$(K_A + U_A) = (K_0 + U_0) = (K_B + U_B)$$
$$0 + \frac{1}{2}kx^2 = \frac{1}{2}mv^2 + 0 = 0 + \frac{1}{2}kx^2 \tag{3.93}$$

と表され，図 3.33 のようになる.

3.3.5　保存力と力学的エネルギー ＊

　図 3.34 のように，はじめ点 P にあった質量 m の物体を点 Q に移動させる. このとき，重力がする仕事を，2 つの異なる移動経路について考えてみよう.

　経路 1 は，水平からの角度が θ の斜面上を移動した場合である. このとき物体を斜面に沿った方向に移動させている力の大きさは $mg\sin\theta$ である. 斜面の上から下までの距離は $h/\sin\theta$ なので，重力がする仕事 W_1 は，

$$W_1 = Fx = mg\sin\theta \times \frac{h}{\sin\theta} = mgh \tag{3.94}$$

である.

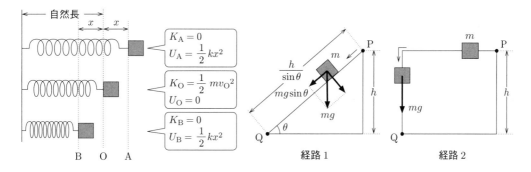

図 3.33　力学的エネルギー保存則の例 2　　　　　図 3.34　保存力

　一方，経路 2 は，物体を水平方向に移動させた後，鉛直下向きに移動させた場合である．水平方向へ移動させるときは，物体に働く重力の向きと移動させる向きが直交しているので，重力がする仕事は 0 である．その後，鉛直下向きへ移動させるところでは，物体を移動させる力の大きさは mg であり，移動した距離は h なので，重力がする仕事 W_2 は，

$$W_2 = 0 + mgh = mgh \tag{3.95}$$

である．

　1, 2 どちらの経路をたどっても，重力が物体にする仕事は同じである．このように物体に働く力のする仕事が経路によらず，始点と終点だけで決まるとき，この力を保存力という．

　ばねの弾性力もまた保存力である．ばねの弾性力によって物体が運動するとき，ばねの弾性力が物体にする仕事は，その移動の経路によらず，始点と終点の位置だけで決まる．

　物体が保存力だけで運動するとき，物体の力学的エネルギーはどのようになるだろうか．経路 1 で考えてみよう．はじめ物体は点 P で静止していたとする．重力による位置エネルギーの基準点を点 Q の高さにとると，点 P での物体の力学的エネルギーは，

$$E_\mathrm{P} = K_\mathrm{P} + U_\mathrm{P} = 0 + mgh = mgh \tag{3.96}$$

である．

　次に点 Q における力学的エネルギーを求めよう．斜面上において物体に生じる加速度の大きさは $g\sin\theta$ なので，点 Q での速さ v_Q は，(3.18) 式を用いて，

$$v_\mathrm{Q}^2 - v_\mathrm{P}^2 = 2ax = 2 \times g\sin\theta \times \frac{h}{\sin\theta} = 2gh \tag{3.97}$$

となり，$v_\mathrm{P} = 0$ なので $v_\mathrm{Q}^2 = 2gh$ である．

　したがって，点 Q における運動エネルギーは，

$$K_\mathrm{Q} = \frac{1}{2}mv_\mathrm{Q}^2 = mgh \tag{3.98}$$

である．点 Q における位置エネルギーは 0 なので，点 Q における物体の力学的エネルギーは，

$$E_\mathrm{Q} = K_\mathrm{Q} + U_\mathrm{Q} = mgh + 0 = mgh \tag{3.99}$$

である．以上の計算からわかるように，重力のみによって運動するとき，その経路によらず物体の力学的エネルギーは保存されている．

　一般に，物体が保存力のみによって運動するとき，力学的エネルギーは保存される．

（a） 万有引力による位置エネルギー

万有引力による位置エネルギーについて求めてみよう．重力による位置エネルギーは，ある基準が必要であった．しかし，万有引力による位置エネルギーはどこを基準にすべきであろうか？ 万有引力は，質量をもっていれば必ず生じる力であるため，その質量をもつ物体の大きさには関係がなくなってしまう．すべての質量が一点に集まった天体 (ブラックホール) では，その表面が定義できないため，"表面からの高さ" という尺度での定義はできない．また，位置エネルギーの大きさは，低い (天体に近い) ところほど小さくなる．

そこで，万有引力による位置エネルギーを議論する際には，無限に遠く $(r \to \infty)$ を基準にする．質量が一点に集まったと考え，天体の中心 $(r = 0)$ を基準にしてしまうと，(3.71) より万有引力が無限大に発散してしまい，計算できなくなってしまう[9]．

質量 M の天体中心から r 離れた箇所に質量 m の物体がある状態の位置エネルギー U を求めるため，物体を無限に遠くまで移動させるときの仕事 (W) を考えると，

$$W = G\frac{Mm}{r} \tag{3.100}$$

となる．これは，低い位置エネルギー状態に仕事 W を加えることによって位置エネルギー $U_0 = 0$ となる基準点に移動させられた，ということになる．そのため，$-U = W$ となり，位置エネルギー U は

$$U = -G\frac{Mm}{r} \tag{3.101}$$

となる．

万有引力が働くところでは，位置エネルギーが負となることがわかるが，2 点間の位置エネルギー差を出した際には正・負両方の値をとりうるため，今までの議論をそのまま用いることができる．

なお，今までの重力による位置エネルギー $U = mgh$ や重力加速度 $g = 9.8 \text{ m/s}^2$ そのものも，厳密にはこの万有引力の形式で書かれるべきである．しかし，(宇宙飛行士を除いて) 我々人類の生活する地球上での領域は，地表の高さからせいぜい $\pm 10 \text{ km}$ 程度であり，その範囲内での重力加速度の変化は 1% にも及ばない．そのため，地球上での我々の生活において，重力加速度は $g = 9.8 \text{ m/s}^2$ で一定であると考えてさほど問題はない．将来，軌道エレベータの実用化や宇宙旅行が一般化してきた場合には万有引力として扱う必要が出てくる．

---

[9] 星の密度構造を厳密に考えると，星の中心では万有引力は生じない．中心を対称に質量が分布しているため，周りの部分部分からの万有引力はすべて打ち消されてしまう．

3.4 拘束運動

拘束運動とは質点 (あるいは物体) が何かの拘束 (または束縛) を受けて動くときの運動の総称である．たとえば摩擦，各種抵抗，曲面や曲線に限定された運動などはその典型的な例である．通常質点は自由に動くことは少なくむしろこのような場合が一般的であると言えよう．この節はこれまでの 3 つの節に比べてやや難しいので細かい数式にとらわれず，大まかな内容をつかんでほしい．

3.4.1 単振り子

質量 m の質点を長さ l の伸び縮みのしない軽い糸で固定点 O からつるし，図 3.35 のように鉛直面内で運動させたとき，これを単振り子という．O の真下の点を M とし，質点の位置を P で表そう．∠MOP $= \theta$ とする．M を原点として図のように水平な方向に x 軸をとれば，

$$x = l \sin\theta \tag{3.102}$$

となる．x 軸方向の加速度を a として，運動方程式を書けば，θ が小さいとして

$$ma = -mg\sin\theta \tag{3.103}$$

となる．(3.102) より，$\sin\theta = x/l$ なので，x 軸方向の力を F として

$$F = -\frac{mg}{l}x \tag{3.104}$$

となる．この関係式は前節で学んだ単振動の式 $F = -Kx$ の形をしている．すなわちこの場合 θ が小さいときは M を中心とする単振動となる．このことから単振り子の周期 T は

$$T = 2\pi\sqrt{\frac{l}{g}} \tag{3.105}$$

となる．周期 T は質点の質量によらず，糸の長さのみによることがわかる．これを単振り子の等時性という．

(3.105) を使えば重力加速度の値を求めることができる．実際この考え方で重力加速度の値を求める装置は「ボルダの振り子」と言われている．その際の角度は $\theta = 1 \sim 2$ 度である．重力加速度の大きさ g は通常 9.8 m/s^2 とされているが地球上の場所によって違うことが知られている．表 3.2 に代表的な地点における g の実測値を示した．この表から緯度が高くなると g の値は大きくなることがわかる．つまり日本国内でも g の値はその土地によって異なるのである．人の体重はその質量に働く重力の大きさであるから，たとえばシンガポールで測った値と昭和基地で測った値とは異なることになる．

例題 3-7

周期が 1 秒の単振り子について以下の問いに答えよ．但し重力加速度の値は $g = 9.8$ m/s^2 としてよい．

1. 糸の長さを求めよ．
2. 月面上での重力は地球上の 1/6 である．この単振り子を月面上で振らせたときの周期を求めよ．

解

1. (3.105) より糸の長さ l は $l = \left(\frac{T}{2\pi}\right)^2 g$ となる．これを使えば $l = 0.25$ m を得る．

2. 月面上での周期 T' は (3.105) より地球上の周期を T とすれば $T' = \sqrt{6}T$ となる．これより $T' = 2.4$ s を得る．

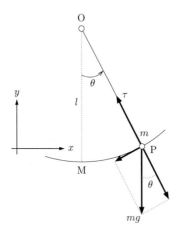

図 3.35　単振り子

表 3.2　重力加速度の実測値

地名	緯度 (°)	重力 (m/s^2)
札幌	43	9.805
東京	35	9.798
広島	34	9.797
福岡	33	9.796
那覇	26	9.791
昭和基地 (南極)	69	9.825
ヘルシンキ	60	9.819
パリ	48	9.809
シンガポール	1	9.78

　θ が大きいときはこのような近似は使えなくなり，運動方程式ももっと複雑になり，それを解くのは大変な難問となる．任意の角度 θ での速さを v で表せば，法線方向 (図 3.35 で中心 O に向かう方向) の運動方程式は加速度が v^2/l なので

$$m\frac{v^2}{l} = \tau - mg\cos\theta \tag{3.106}$$

となる．ここで τ は糸の張力である．最下点 $(\theta = 0)$ の速さを V とすれば，力学的エネルギー保存則より，

$$\frac{1}{2}mV^2 = \frac{1}{2}mv^2 + mgl\,(1 - \cos\theta) \tag{3.107}$$

を得る．上の 2 式より速さ v と張力 τ は以下のように求まる．

$$v^2 = V^2 - 2gl\,(1 - \cos\theta) \tag{3.108}$$

$$\tau = (m/l)\left[V^2 - gl\,(2 - 3\cos\theta)\right] \tag{3.109}$$

質点が昇りうる最高点 $(v = 0$ となる点$)$ の角度を θ_1 とする．張力 τ が正の値をとる限り，糸はたるまず円運動を続ける．負になれば糸はたるんで円運動から離れ，自由な投射体の運動をする．円運動から離れる角度 θ_2 は $\tau = 0$ となるところである．これらは上の 2 つの式から以下のように求めることができる．

$$\cos\theta_1 = 1 - \frac{V^2}{2gl} \tag{3.110}$$

$$\cos\theta_2 = \frac{2}{3}\left(1 - \frac{V^2}{2gl}\right) \tag{3.111}$$

これらの結果より，以下のようなおもしろいことがわかる．

1. $V^2 = 2gl$ のとき，$\theta_1 = \theta_2 = \pi/2$ となる．張力が 0 になるのと同時に質点は静止するので水平線より下側で振動することになる．

2. 円運動を続けるためには $\tau > 0$ であることが必要なので (3.109) より，$V^2 \geq 5gl$ となる．

このように θ が大きいときは θ を時間 t の関数として簡単に求めることはできなくなるが上で述べたように振動の概要は運動方程式をうまく使って，明らかにすることができる．

3.4.2　斜面上の物体の運動

物体を平らな床面上で引っ張るとき，加える力は物体の底面と床面の状態で違ってくる．床面が氷などの場合重い物体でも容易に動かすことができるが畳や木製の廊下などでは氷の平面に比べて何倍も力が必要となる．力学では前者のことを「滑らかな面」といい，後者の場合を「摩擦がある面」といい，運動方向へ逆向きに働く力を「摩擦力」という．ここでは拘束運動の例として摩擦のある斜面上を運動する物体を考えよう．

（a）　静止摩擦力と動摩擦力

水平な床の上に物体を置くと物体には下向きの重力と床面からの垂直抗力 N が働く．この 2 つの力はつり合っているため，物体は静止している．この物体に図 3.36 に示すように水平方向に力 f を加える．床面が滑らかである場合，物体はすぐ動き始めるが，摩擦があるとすぐ動き始めることはない．摩擦力 F は引っ張る向きと逆に働く．しかし f を増やしていくとある F_0 の値のところで物体は動き始める．この摩擦力 F_0 を「最大摩擦力」という．この後物体は動き始めるがそのときの摩擦力 F' は F_0 より小さい．F' のことを動摩擦力という．F と f との関係を表したのが図 3.37 である．最大摩擦力 F_0 と垂直抗力 N との間には以下の関係式が成り立つ．

$$F_0 = \mu N \tag{3.112}$$

μ を静止摩擦係数という．この大きさは接触面 (床面と物体の底面) の性質によって決まる．表 3.3 に μ の値を示した．

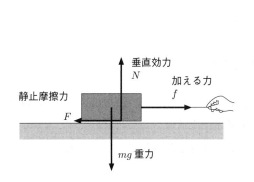

図 3.36　垂直抗力と静止摩擦力

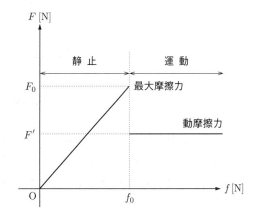

図 3.37　加える力 f と摩擦力 F

例題 3-8

摩擦のある水平面上に質量 2 kg の物体が置かれている．この物体に糸をつけ水平に引いたところ 4.9 N で動き出した．以下の問いに答えよ．

1. 垂直抗力の大きさを求めよ．

2. 物体と面との間の静止摩擦係数はいくらか．

解

1. 垂直効力を N とすれば，$N = 2 \times 9.8 = 19.6$ N.

2. 静止摩擦係数を μ とすれば，(3.112) より，$4.9 = \mu \times 19.6$ となり，$\mu = 0.25$ となる．

次に $f > F_0$ となり，物体が動き出した場合を考える．これは図 3.37 の運動の部分に相当する．この場合働く摩擦力を動摩擦力といい，F' で表す．これは F_0 より小さく，垂直抗力に比例することも知られている．すなわち (3.112) 式と同じ式が成り立つ．

$$F' = \mu' N \tag{3.113}$$

μ' は動摩擦係数と呼ばれており，これも接触面の性質によって違う値をもつ．$F_0 > F'$ なので次の関係式が成り立つ．

$$\mu > \mu' \tag{3.114}$$

μ' の値も表 3.3 に載せている．(3.114) がよく成り立っていることがわかる．一般的に接触面に油 (潤滑油) を塗ると μ と μ' は小さくなり，物体を動かすのに小さな力で済むことになる．この表からテフロンなどもそのような役目をすることがわかる．

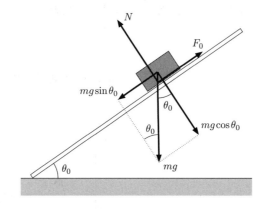

図 3.38　斜面と摩擦

μ の値は斜面を利用して簡単に求めることができることを示そう．いま図 3.38 のように斜面上に載せた物体を考える．斜面と水平面とのなす角を θ としよう．この角度を次第に大きくしていくとある角度 θ_0 で物体が滑り出したとする．この角度を摩擦角という．滑り出す瞬間の

表 3.3 静止摩擦係数と動摩擦係数

接触する2物体	面の状態	静止摩擦係数	動摩擦係数
鋼鉄と鋼鉄	乾燥	0.7	0.5
鋼鉄と鋼鉄	塗油	$0.005 \sim 0.1$	$0.003 \sim 0.1$
ガラスとガラス	乾燥	0.94	0.4
ガラスとガラス	塗油	0.35	0.09
テフロンとテフロン	乾燥	0.04	0.04
コンクリート上のゴム	乾燥	1	0.7
木材と木材	木目に平行	0.6	0.5
氷と氷	–	0.1	0.03

摩擦力は F_0 なので物体の質量を m として，つり合いの式を立てると，

$$F_0 = mg \sin \theta_0 \tag{3.115}$$
$$N = mg \cos \theta_0 \tag{3.116}$$

となる．$F_0 = \mu N$ を参照すると，$\mu = \tan \theta_0$ を得る．

例題 3-9

物体を摩擦のある水平面上で初速度 v_0 で動かした．面と物体との間の動摩擦係数を μ' とし，重力加速度の大きさを g とする．以下の問いに答えよ．

1. 初速度の向きを正とする時，物体の加速度を求めよ．
2. 静止するまでに物体が移動する距離はいくらか．

解

1. 動摩擦力は v_0 と逆方向に働くので，加速度を a とすれば，3.113 より，$ma = \mu' mg$ より $a = -\mu' g$ となる．
2. 移動距離を x とおけば，3.18 より，$v_0{}^2 = 2\mu' gx$ となり，$x = \frac{v_0{}^2}{2\mu' g}$ を得る．

(b) 斜面上の物体の運動 *

次に図 3.39 に示すような摩擦のある斜面上にその運動を拘束された質量 m の物体を考える．この場合，斜面の傾角 θ は前節で求めた θ_0 より大きいものとする．すなわち斜面上で物体は動いていることになる．この場合の摩擦力は当然動摩擦力である．斜面に沿って下向きに x 軸をとり，上向きに y 軸をとるとする．前節と同じようにして運動方程式を書けば，

$$m \frac{d^2 x}{dt^2} = mg \left(\sin \theta - \mu' \cos \theta \right) \tag{3.117}$$
$$m \frac{d^2 y}{dt^2} = N - mg \cos \theta \tag{3.118}$$

y 方向には物体は動かないので式 (3.118) の右辺は 0 である．(3.117) より斜面下向き (x の正方向) の加速度は $g(\sin \theta - \mu' \cos \theta)$ であることがわかる．

斜面が滑らかな場合の加速度は $g \sin \theta$ なので摩擦力により $\mu' \cos \theta$ だけ加速度は小さくな

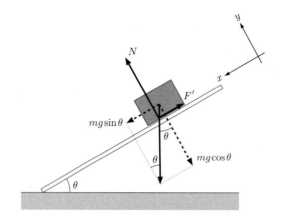

図 **3.39**　斜面上の物体の運動

る．$t = 0$ で $x = 0, v = 0$ とすれば，速さ v と位置 x は以下のように求まる．

$$v = gt\left(\sin\theta - \mu'\cos\theta\right) \tag{3.119}$$

$$x = (1/2)\, gt^2 \left(\sin\theta - \mu'\cos\theta\right) \tag{3.120}$$

上の結果より，もし $\mu' = 0$ ならば摩擦のない斜面上の (つまり加速度が $g\sin\theta$) 運動となる．また $\theta = \pi/2$ のときは自由落下の式となることがわかる．

3.4.3　雨滴の運動 *

　これまで考えてきた質点の運動 (自由落下や放物運動) は空気の抵抗を無視してきた．しかしこの近似法がいつも成立するとは限らない．これから考える空気中を落下する雨滴の運動などがその典型的な例である．たとえば雨滴が $h = 1500$ m の高さで形成され，空気中を自由落下したとしよう．地上に着くときの速さは $v = \sqrt{2gh}$ より，大体 170 m/s となる．これを時速に直すと約 600 km/h となり新幹線の 2 倍の猛スピードとなる．実際は雨滴の速さは 10 m/s 位で自由落下の計算値より，20 分の 1 程度となる．このようなことがなぜ起こるのだろうか．その原因について考えてみる．

　気体や液体の中を運動する物体は抵抗を受けることはよく知られている．この抵抗力の詳細は複雑であるが物体の速さが小さいときは速さ v に比例する．このような抵抗を粘性抵抗と呼んでいる．いま図 3.40 のように鉛直下方に x 軸をとり，質量 m の雨滴が受ける粘性抵抗は x の正の向きと逆なので $-av$ と書くことにする．ここで a は正の定数である．

　速さを $v(= dx/dt)$ とすれば，運動方程式は

$$m\frac{dv}{dt} = mg - av \tag{3.121}$$

と書くことができる．付録の補足 1, 2 に従ってこの方程式を $t = 0$ で $v = 0$ の条件 (初期条件) で解けば以下の解が得られる．

$$v = \frac{mg}{a}\left(1 - e^{-at/m}\right) \tag{3.122}$$

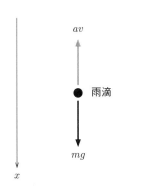

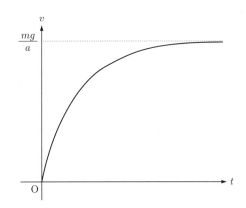

図 3.40 速度に比例する抵抗力を受ける雨滴の落下
(*x* 軸は下向きである)

図 3.41 速さ v(縦軸) の時間変化

いま，落下してから十分時間がたったとする．すなわち $t \to \infty$ とすれば v の値 v_∞ は

$$v_\infty = \frac{mg}{a} \tag{3.123}$$

となる．v_∞ を終端速度という．結局，高空で作られた雨滴は加速されて落ちていく間に抵抗を受け最終的には (3.123) のような結果に落ち着く．$v_\infty = 10 \text{ m/s}$ として a の値を見積もると大体 $4 \times 10^{-6} \text{ N·s/m}$ となる．

　(3.122) 式を時間 t の関数としてグラフにしたのが図 3.41 である．時間がたつと (3.123) で示された一定値 v_∞ に近づいていく．v_∞ の値は微分方程式 (3.121) を解き，時間を ∞ にした時の値である．しかし，v_∞ は次のようにして簡単に求めることができる．終端速度は重力と抵抗力がつり合い，等速運動をしているときの速さ―すなわち加速度が 0 である―であるから，(3.121) の右辺を 0 とおけば自動的に (3.123) が得られることがわかる．この状態ではもちろん物体には力が働いていない．スカイダイビングである程度落下したらこの状態は実現し，人間は適当に手を動かすことによって，横に行くことができるようになることなどはこの典型的な例である．陸上競技で使う砲丸や野球ボールを空気中で自由落下させるとそれらの v_∞ は大体 145 m/s および 42 m/s となると見積もられている．

　ここでは抵抗が速度に比例するとしたが速度が大きくなると v^2 に比例するようになる．この場合 (3.121) の抵抗の項は av^2 となり，数学的な取り扱いはやや難しくなるがやはり終端速度があり，加速度が 0 になることから $v_\infty = \sqrt{mg/a}$ と表される．このような形の抵抗は慣性抵抗と呼ばれている．

　最後に 2 つの力がつり合ってある定常的な状態を作り出すという考え方は力学ばかりでなく，物理学の多くの分野で出てくる．たとえば電場をかけた場合の金属導体中の電子の速度はやはり同じような考え方 (電場で電子が加速される効果と電子の衝突で減速させられる効果の相殺) で求めることができる．あるいは LR 回路もその一例であろう．このように式 (3.121) で表される力学系は多く，上で述べたような考え方は物理学の中でも典型的なものであるということができる．

第 3 章・章末問題 I

3.1・演習問題

問題 A.

1. 5.0 m/s は何 km/h か. また, 54 km/h は何 m/s か.

2. 一定の速さで運動する物体が, 時刻 2.0 s のとき 87 m の位置にあり, 時刻 20 s のとき 240 m の位置に移動した. 次の問いに答えよ.

    1) 2.0 s から 20 s の間の物体の変位を求めよ.

    2) 物体の速度と速さをそれぞれ求めよ.

    3) 物体が同じ速度で進むとすると, 時刻 26 s での位置を求めよ.

3. 時刻 2.0 s のときに速度 4.0 m/s で動いていた物体が, 時刻 5.0 s では 16 m/s になった. この物体の加速度および初速度を求めよ.

4. 一定の傾斜の板の下端からボールを上に向かって転がしたところ, ボールは 4.0 s 後に板の下端から 4.0 m のところまで達して, 再び下に向かって転がってきた. ボールの初速度と加速度を求めよ. ただし, ボールは等加速度運動をするものとする.

5. 東西に走る複線の線路上を電車 A と電車 B が動いている. 地上から見た速度が, 電車 A は東向きに速さ 20 m/s で動いており, 電車 B は西向きに速さ 12 m/s で動いている場合, 電車 A に乗っている人から見た電車 B の速度, すなわち電車 A に対する電車 B の相対速度を求めよ. ただし, 東向きを正の方向とする.

6. ある建物の屋上からホールを静かに落下させたところ 2.4 s で地面に達した. 地面に落下する直前の物体の速さと, この建物の高さをそれぞれ求めよ. ただし, 重力加速度を $g = 9.8$ m/s^2 とする.

7. 地面からの高さか 24.5 m の崖から石を初速度 v_0 [m/s] で鉛直上向きに投げたところ, 5.0 s 後に地面に落下した. 次の問いに答えよ. ただし, 重力加速度を $g = 9.8$m/s^2 とする.

    1) 初速度 v_0 を求めよ.

    2) 最高点に達するまでの時間と, 崖から最高点までの高さをそれぞれ求めよ.

    3) この石が再び, 崖と同じ高さになるまでの時間を求めよ.

問題 B.

1. 等加速度運動をしている物体が初速度 $v_0 = 6.0$ m/s で原点から動き始めて, 位置 $x = 32$ m に達したときの速度が 2.0 m/s であった. 次の問いに答えよ. ただし, 直線上で右向きを正の方向とする.

    1) この物体の加速度を求めよ.

    2) 位置 $x = 32$ m に到達するのは原点を出発して何 s 後か.

    3) この物体が最も右側に達するのは出発してから何 s 後か. また, その位置 x[m] を求めよ.

2. 南北に走る線路の上を直角に交差している高架橋がある. 南向きに速さ 12 m/s で走る電

車を西向きに速さ 5.0 m/s で走る自動車から見た場合に，高架橋の上を走っている車に乗っている人から見た電車の速度，すなわち車に対する電車の相対速度の x 成分と y 成分をそれぞれ求めよ．さらに，相対速度の大きさを求めよ．ただし，東向きを正の方向，北向きを正の方向とする．

3. 地面からの高さが 24.5 m の崖から石を初速度 9.8 m/s で水平方向に投げた．次の問いに答えよ．ただし，重力加速度を $g = 9.8 \text{ m/s}^2$ とする．

   1) 投げてから地面に落下するまでの時間を求めよ．

   2) この石の水平到達距離を求めよ．

   3) 投げてから 1.0 s 後の石の速度の水平成分の大きさと鉛直成分の大きさを求めよ．

   4) 投げてから 1.0 s 後の石の速さを求めよ．

   5) 地面に落下する直前の速度の水平成分の大きさと鉛直成分の大きさを求めよ．

   6) 地面に落下する直前の速さを求めよ．

3.2・演習問題

問題 A.

1. 月の重力は地球の 1/6 であるとする．質量 12 kg の物体を月にもっていくと，その重力の大きさはいくらになるか．ただし，地球の重力加速度の大きさを 9.8 m/s² とする．

2. ばねに 200 g のおもりをつけたら，ばねは自然長から 5.0 cm 伸びた．このばねのばね定数の値は何 N/m か．また，このばねを 8.0 cm 伸ばすおもりの質量は何 g となるか．ただし，重力加速度の大きさを 9.8 m/s² とする．

3. 質量 2.0 kg の物体 1 と質量 5.0 kg の物体 2 を図のように質量の無視できる滑車を通して，軽い糸でつないだ．次の問いに答えよ．ただし，物体 1 から物体 2 へ向かう向きを正とし，重力加速度を 9.8 m/s² とする．

   1) 2 つの物体の加速度の大きさを a，物体 1 と物体 2 の間に働く糸の張力の大きさを T として，物体 1 と物体 2 において成り立つ運動方程式をそれぞれ書け．

   2) 1) の運動方程式を解いて，加速度の大きさ a と張力の大きさ T をそれぞれ求めよ．

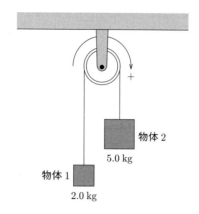

図 **3.42** 滑車につるされた物体 1 と物体 2

問題 B.

1. xy 平面内を運動する点 P の座標が，時間 t [s] の関数として，$x = 4t$, $y = 2t^2 - 5t$（x と y の単位は [m]）で与えられている．$t = 2.0$ [s] での速さ v [m/s] と加速度の大きさ a [m/s^2] をそれぞれ求めよ．

2. $a = 3$ [m/s^2] の加速度で直線上を運動する質点がある．時刻 t [s] のときの位置 x [m] を表す式を求めよ．ただし，$t = 0$ [s] のときの速さを -2 [m/s]，位置を 4 [m] とする．

3.3・演習問題

問題 A.

1. 仕事と仕事率に関して，次の問いに答えよ．ただし，重力加速度の大きさを 9.8 m/s^2 とする．

   1) 質量 2.0 kg の物体を鉛直に 40 cm だけゆっくりと持ち上げるとき，物体を持ち上げる力がした仕事を求めよ．

   2) 4.0 s 間に 60 J の仕事をしたときの仕事率を求めよ．

   3) 質量 40 kg の物体を 4.0 s かけて 3.0 m 持ち上げたとき，持ち上げた力がした仕事率を求めよ．

   4) エレベータが荷物を 1.2×10^3 N の力で 0.40 m/s の速さで持ち上げているときの仕事率を求めよ．

   5) 50 W の仕事率で 0.50 時間にする仕事を求めよ．

2. 仕事とエネルギーに関して，次の問いに答えよ．ただし，重力加速度の大きさを 9.8 m/s^2 とする．

   1) 質量 20 kg の物体が速さ 3.0 m/s で動いている．この物体に外部から仕事 W を加えたところ，速さが 5.0 m/s となった．外部から加えた仕事を求めよ．

   2) 質量 2.0 kg の物体が地面から 4.0 m の高さにある．高さ 20 m のビルの屋上を基準点

とするとき，物体の重力による位置エネルギーを求めよ．

3) ばね全体の長さが 14 cm で，ばね定数 16 N/m のばねがあり，このばねの一端に物体がついている．ばね全体の長さが 19 cm のとき，物体がもつばねの弾性力による位置エネルギーを求めよ．

3. 質量 2.0 kg のおもりを高さ 2.0 m から自由落下させた．力学的エネルギー保存則を用いて，次の問いに答えよ．ただし，重力加速度の大きさを 9.8 m/s² とする．

1) 地面に落下する直前のおもりがもつ運動エネルギーを求め，そこからおもりの速さを求めよ．

2) 地面から高さ 1.1 m でのおもりのもつ重力による位置エネルギーを求め，その高さでのおもりの速さを求めよ．

4. 糸の一端に質量 2.0 kg の物体をつけて，水平面上で他端を中心に等速円運動させたところ，半径 0.40 m，物体の速さは 1.2 m/s であった．次の問いに答えよ．

1) 物体の角速度，加速度，周期をそれぞれ求めよ．

2) この糸は 20 N の張力まで耐えられる．糸が切れずに等速円運動できる回転数を求めよ．

5. 滑らかな水平面上で振幅 0.10 m，周期 2.0 s の単振動する物体がある．この単振動の角振動数はいくらか．また，物体の速度と加速度の最大値をそれぞれ求めよ．

6. 時刻 t [s] での変位 x [m] が，$x = 2.0 \sin 8\pi t$ [m] で表される単振動がある．この単振動の振幅，角振動数，周期，振動数をそれぞれ求めよ．

7. 質量 0.20 kg の物体が単振動している．変位 x [m] での復元力が $F = -5.0x$ [N] で表されるとき，この単振動の角振動数と周期をそれぞれ求めよ．

8. 地球表面における重力加速度が ($g = 9.8$ m/s²) になることを確かめよ．

9. 地球が太陽から受ける重力加速度を求めよ．地球と太陽の間の距離[10] を 1.5×10^{11} m とする．

10. 第 1，第 2，第 3 宇宙速度が上記の値になるか確かめよ．

ヒント

地球との万有引力を向心力とする円運動で，回転の半径が地球の半径となるときの速度が第 1 宇宙速度となる．地球表面から無限遠まで地球の万有引力に逆らって物体を運ぶ際の仕事と同じ大きさの運動エネルギーとなるときの速度が第 2 宇宙速度となる．第 2 宇宙速度の地球を太陽におき換えたものが第 3 宇宙速度となる．

問題 B.

1. 図のように，摩擦のない曲面上の点 A に物体を置き，静かに物体から手を離した．物体は曲面に沿って落下し，最下点 B を経過し，点 C から 30° の角度で飛び出した．次の問いに答えよ．ただし，重力加速度の大きさを g とする．

1) 物体の点 B，点 C での速さをそれぞれ求めよ．

---

[10] この距離を 1 天文単位 (AU) と呼ぶ．

2) 物体が点 C から飛び出した後，点 B を基準点としたときの最高点での速さと，その高さをそれぞれ求めよ．

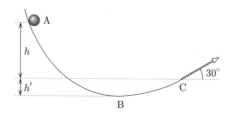

図 **3.43**　鉄球の飛び出し

2. 図のように，x 軸上の原点 O を中心にして，質量 0.20 kg の物体が 10 Hz の振動数で，AB ＝ 0.40 m 間を単振動している．次の問いに答えよ．

1) この単振動の振幅，角振動数，周期をそれぞれ求めよ．
2) 点 A, O での物体の速度，加速度の大きさをそれぞれ求めよ．
3) 点 C での復元力を求めよ．

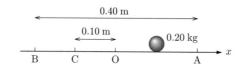

図 **3.44**　単振動する鉄球

3. 静止衛星の軌道は地表からどれくらい上空か？ また，軌道上の速度はいくらか？ (地球や太陽の公転は無視する)

4. 静止軌道に 3×10^3 kg の人工衛星を上げるのに必要な仕事はいくらか？

第 3 章・章末問題 II

3.4・演習問題

問題 A.

1. 以下の文章中 (　　) をうめよ．

動摩擦係数 μ' の粗い水平面上の点 O から質量 m の物体を初速 v_0 で滑らせた．物体に働く摩擦力の大きさは (①) である．t 秒後の速さ v は (②) となる．物体は摩擦力のため，最終的には静止してしまう．静止するまでの時間は (③) であり，それまでに物体が動いた距離は (④) である．静止摩擦係数を μ とするとき，その大きさは μ' より (⑤)．

2. 表 3.2 を参照して質量 10 kg の物体に対して昭和基地とシンガポールで働く力をそれぞれ求めよ．

3. 式 (3.106), (3.107) より，式 (3.108), (3.109) を導け．

4. 式 (3.110), (3.111) を導け．

5. 乾燥した鋼鉄の床面上で 100 kg の鋼鉄の塊を動かすとき，最大摩擦力と動摩擦力を表 3.3 を使って計算せよ．また塗油したときの動摩擦力はどれくらいか．$\mu' = 0.1$ として答えよ．

6. 式 (3.119), (3.120) を導け．

7. 雨滴が 2000 m の高さで形成され，地上まで落下した．自由落下を仮定すれば地上での速さはどれくらいか．

問題 B.

1. 図のように質量 M, m の物体 A, B を糸でつなぎ，滑らかな滑車 C にかける．摩擦のある面上に A を置き，静かに離したら B は落下運動を始めた．物体 A と水平面間の摩擦係数を μ'，重力加速度の大きさを g として以下の問いに答えよ．

1) 加速度の大きさを a, 糸の張力を T として A, B の運動方程式を書け．

2) a と T を求めよ．

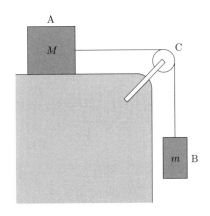

図 3.45　糸でつながれた物体 A, B

2. 式 (3.122) は抵抗力が小さいとき，すなわち a が小さいとき $(at/m \ll 1)$ は自由落下の式，$v = gt$ と近似できることを示せ．

3.5・演習問題

問題 A.

1. 下図のように物体に 2 つから 4 つの力が働いており，物体に働く力はつり合っている．図に示された力の大きさ F をそれぞれ求めよ．

図 3.46　1)　　　　　　　　　　　　　　　　　　　**図 3.47**　2)

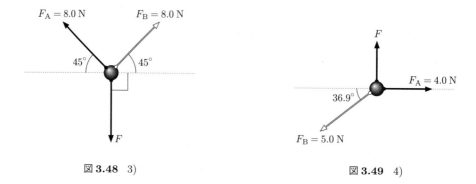

図 **3.48**　3)　　　　　　　　　　図 **3.49**　4)

2. 図 3.50 のように，質量 2.0 kg の物体 1 と質量 3.0 kg の物体 2 を床の上に乗せた．物体 1 に働く重力を $\vec{W_1}$，物体 2 に働く重力を $\vec{W_2}$ と表し，2 つの物体に働く他の力も図に表している．次の問いに答えよ．ただし，重力加速度の大きさを 9.8 m/s² とする．

1) 作用，反作用となる力の組が 2 組ある．その 2 組の力を答えよ．

2) つり合いの関係にある力の組を答えよ．

3) 力 $\vec{N_1}$，$\vec{N_2}$，$\vec{F_2}$ の大きさを求めよ．

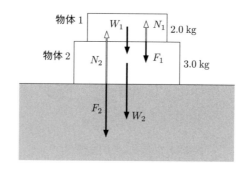

図 **3.50**　床の上の物体 1 と物体 2

3. 長さ ℓ の大根がある．いまこの大根の大きい方の端を A，小さい方を B とすればこの大根の重心はどこにあるか．

4. 下図に示すように天井から質量 3 kg のおもりを糸でつり下げる．このおもりに水平方向に力 F を加え，天井と糸のなす角が 45° になるようにして静止させた．糸の張力を T とする．つり合いの式を立てることにより F, T を求めよ．ただし，$g = 9.8$m/s² としてよい．

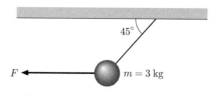

図 **3.51**　天井につり下げられたおもり

5. 長さ 1 m の軽くて細い棒 AB の両端に質量が 1 kg と 3 kg のおもりをそれぞれ A 端，お

よび B 端につるす.棒を一点で支えて回転しないようにするには A 端から測ってどの点を支えたらよいか.また支える力は何 N か.

6. 図 3.56 で $\vec{F}$ と $\vec{F_1}$, $\vec{F_2}$ とのなす角はそれぞれ 45° であった.おもりの質量は 200 g 重である.このとき $\vec{F_1}$ と $\vec{F_2}$ のばねばかりの指針は大体 150 g 重になることを示せ.

7. 太さが一様でない長さ 1.5 m の丸太 AB が水平な地面の上に置かれている.B 端を少し持ち上げるのに必要な力は 196 N,A 端を少し持ち上げるのに要する力は 294 N であった.このときの重心の位置を A 端からの距離を x として求めよ.また AB の質量 m はいくらか.

問題 B.

1. 図のように,質量 6.0 kg の物体に 2 本の軽い糸をつけて,天井からつり下げた.物体に働く 2 本の糸の張力の大きさをそれぞれ求めよ.ただし,重力加速度の大きさを 9.8 m/s^2 とする.

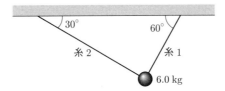

図 3.52　天井につり下げられた物体

2. 図のように半径 a の一様に薄い円板 (中心 O) に,半径 $b\,(<a)$ の円形の穴 (中心 O′) がくり抜かれている.この板の重心はどこか.

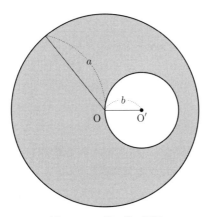

図 3.53　一様に薄い円板

3. フィギュアースケーターのスピンは腕の拡げ方によって変化する.この理由について考察せよ.

4. 図 3.61 で棒の端の点 A の回りの慣性モーメント I_A を求めよ.さらに中心 O の回りの慣性モーメントを I_G とするとき,$I_A = I_G + Mb^2$ であることを示せ.

3.5 剛体の力学 **

　物体を質点系で表すとき，質点間の距離が外力の作用に対してまた時間的にも全く不変な場合この物体を剛体という．しかし実際にはあらゆる物体は圧力などを加えると程度の差こそあれ変形する．このような物体は弾性体といい，我々の周りにあるすべての物質は厳密にはこの範疇に属する．すなわち剛体とは 1 つの理想化されたモデルであると言える．図 3.54 に金属の切削用に使われている炭化タングステン (記号で WC と表される) と寒天の塊を示した．前者は近似的に剛体としてまた後者はいわゆるソフトマターとして知られている．質点 (これも理想化された概念である) は無限小の大きさで質量だけをもっていた．しかし剛体は常に有限の大きさをもち，回転の自由度がある．回転は質点の移動にエネルギー (並進運動のエネルギー) が必要であるようにまたそのために余分なエネルギーを必要とする．重い円柱と軽い円柱の中心に針金をつけてつるし，ねじり振動を起こさせるとその周期が異なり，重い方は長く軽い方は短くなることはよく知られている．大学における物理学実験で剛性率の測定などにはこのことが利用されている．このような違いはなぜ起きるのかについて以下で考えることにする．

左が炭化タングステン，右が寒天

図 3.54 炭化タングステンと寒天

3.5.1 剛体のつり合い

　力のつり合いについて，ここでは具体的な例を挙げながらもう少し深く考えてみる．はじめにいくつかの力が働くときのつり合いの条件について考える．いま図 3.55 のようにばねばかりで 100 グラムのおもり (図では 50 グラムのおもりを 2 個) をつり下げたとしよう．ばねばかりの指針は当然 100 グラムを指して止まる．以下では重力加速度の大きさは $g = 9.8$ m/s^2 と仮定する．おもりは 100 グラム重 (0.98 N) の下向きの力 ($\vec{F}_2$) を及ぼすが，他方ばねは同じ大きさで上向きの力 ($\vec{F}_1$) でおもりを引き上げている．上向きの力を正とし下向きを負とすればこの 2 力がつり合うためには $\vec{F}_1 = -\vec{F}_2$，すなわち

$$\vec{F}_1 + \vec{F}_2 = 0 \tag{3.124}$$

となる．次に図 3.56 のような 3 つの力の場合はどうなるかを考える．

　この図は 200 グラム (50 グラム ×4) のおもりを 2 本のばねばかりにつるした図である．下

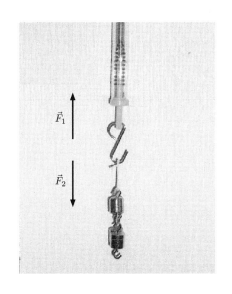

図 **3.55** 2 力のつり合い

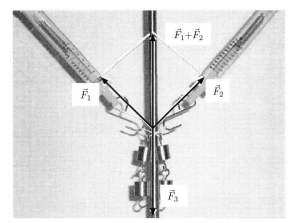

図 **3.56** 3 力のつり合い

向きに 200 グラム重 (1.96 N) の力 ($\vec{F}_3$) が働いている. 2 つのばねばかりの指針は両方とも約 150 グラムのところを指している. この場合, $\vec{F}_1$ と $\vec{F}_2$ との合力は図に示すように 2 つのベクトル和となり $\vec{F}_1 + \vec{F}_2$ と書くことができる. この合力を $\vec{F}(=\vec{F}_1 + \vec{F}_2)$ で表そう. この力と $\vec{F}_3$ はつり合っているので (3.124) より,

$$\vec{F} + \vec{F}_3 = 0 \tag{3.125}$$

すなわち,

$$\vec{F}_1 + \vec{F}_2 + \vec{F}_3 = 0 \tag{3.126}$$

が成り立つことがわかる. すなわち力が 2 つであろうと 3 つであろうとつり合うためにはそれらの合力が 0 となることが必要となる. (3.124) と (3.125) から, n 個の力があるとき, それらが静的につり合うためには合力が 0 となることが条件となることが導かれる.

$$\sum_{i=1}^{n} \vec{F}_i = 0 \tag{3.127}$$

例題 3-10

おもりを 2 本の軽い糸 A, B でつるして静止させたところ, 糸 A, B が水平となす角はそれぞれ $\theta_A = 30°$, $\theta_B = 60°$ であった. おもりに働く重力の大きさが 49 N であるとき, 糸 A, B がおもりを引く力はそれぞれいくらか.

解

おもりの重力を $\vec{W}$, 糸 A がおもりを引く力を $\vec{F}_A$, 糸 B がおもりを引く力を $\vec{F}_B$ とする. おもりを原点 O として x 軸と y 軸をとり, x 軸と $\vec{F}_A$, $\vec{F}_B$ のなす角をそれぞれ $\theta_A = 30°$, $\theta_B = 60°$ とすると,

$$x\,軸方向 \quad F_{Ax} = F_{Bx} \qquad \cdots ①$$
$$y\,軸方向 \quad F_{Ay} + F_{By} = W \qquad \cdots ②$$

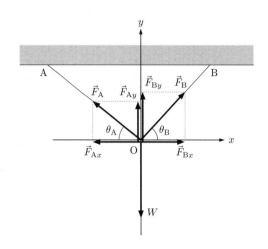

図 3.57 力のつりあい

が成り立つ．これらの値は，三角比により次のように計算される．

$$F_{Ax} = F_A \cos\theta_A = F_A \cos 30°$$
$$F_{Ay} = F_A \sin\theta_A = F_A \sin 30°$$
$$F_{Bx} = F_B \cos\theta_B = F_B \cos 60°$$
$$F_{By} = F_B \sin\theta_B = F_B \sin 60°$$

これらを①，②へ代入し，$W = 49$ とすると，$F_A = 25$ N，$F_B = 42$ N を得る．

ドアを開けるとき我々はドアの回転軸からなるべく遠いところを押す．あるいはドアのノブは回転軸から遠いところへつけられている．これは我々が経験的にドアを効率よく開けるには回転軸から遠いところに力を加えた方がよいことを知っているからである．この場合の効率を表すのがモーメントである．これは力を加えた点 (またはノブ) から壁に固定された回転軸までの距離 (これを腕の長さと呼ぶ) と力の積で定義される．

このことをもとにして物体のつり合いの問題を考えよう．図 3.58 のように棒の中点の両側の 2 点 A, B に異なる重さのおもり w_A, w_B をつり下げたとする．ただし，今の場合，$w_A = 2w_B$ である．棒が水平になるためには $OA = a$, $OB = b$ として，$a : b = w_B : w_A = 1 : 2$ であることがわかる．これを書き直せば，

$$aw_A = bw_B \tag{3.128}$$

となる．これは腕の長さとおもりの重さ (力) の積であり，モーメントと呼ばれている．すなわち両方のおもりがつり合い棒が平行になるためには A,B 両サイド (あるいは支点 O の回り) のモーメントが等しいのが条件となる．さらに A 側はモーメントの向きが時計回りであり，B 側は反時計回りである．いま前者を負と考え，後者を正と考えれば，(3.128) の左辺の符号は負，右辺は正となる．したがって (3.128) は $bw_B + (-aw_A) = 0$ と書ける．$N_B = bw_B$,

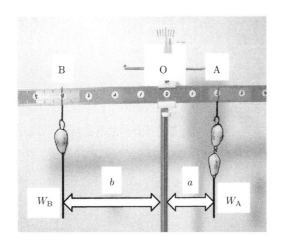

図 3.58 異なる質量のおもりのつり合い

$N_A = -aw_A$ とおけば

$$N_A + N_B = 0 \tag{3.129}$$

となる. すなわち「モーメントの総和が 0 になる」ことがもう 1 つのつり合いの条件となる. この関係式は力が n 個あるときも成立し, N_i は一般にベクトルなので,

$$\sum_{i=1}^{n} \vec{N}_i = 0 \tag{3.130}$$

となる. 結局剛体 (あるいは剛体で近似される物体) がつり合うためには式 (3.127) と (3.130) が同時に成立することが条件となる.

3.5.2 剛体の慣性モーメント **

本節では剛体を扱うときの基礎となる概念について述べる. その後剛体の運動を記述するとき, 最も重要な概念である慣性モーメントについて述べる. ただこの概念の理解にはかなりの数学的な準備が必要なので本書ではそのアウトラインについて簡潔に述べるだけにとどめることにする. 詳しくは補足 3 を見ていただきたい.

(a) 角運動量と力のモーメント

運動量の大きさは質量 m と速さ v の積として定義された. この考えをさらに進めて運動量のモーメントを考えてみよう. いま, 図 3.59 のように半径 r で円運動する質量 m の質点をとりあげる. この運動量は mv である. この運動量の中心 O に関するモーメントは $r \cdot mv$ でこれが角運動量 L と呼ばれるものである. いまこの微小変化 ΔL を考える. $\Delta L = mr\Delta v$ (m, r は一定) なので,

$$\frac{\Delta L}{\Delta t} = mr\frac{\Delta v}{\Delta t} = rm\frac{\Delta v}{\Delta t} = r \cdot ma \tag{3.131}$$

となる．ただしここで加速度 a の定義を使った．ところが $ma = F$ なのでこれを上式に代入し，$\Delta t \to 0$ の極限をとれば，

$$\frac{dL}{dt} = rF = N \tag{3.132}$$

となる．この式の意味は大変重要である．すなわち「角運動量の時間変化はその質点に働く力のモーメントに等しい」ということが導き出される．もし力のモーメントが 0 であれば角運動量は保存されることになる．これを角運動量保存の法則という．ここでは円運動という特殊な場合についてこの法則を証明したが (3.132) は全く一般的に成り立つ法則である．

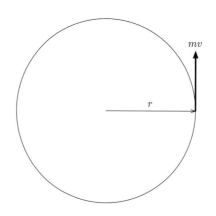

図 3.59　円運動の角運動量

この法則の典型的な応用例は惑星の運動に関するケプラーの法則の導出である．惑星が近似的に円軌道を描いているとすれば，力は常に太陽を向いた中心力なのでそのモーメントは 0 である．すなわち (3.132) より，$N = 0$ で角運動量 $L = mr^2\omega$ は保存されることになる．この場合の面積速度は $(1/2)\omega r^2$ なのでこれもまた保存されることになる．これは「惑星の面積速度は一定である」ということを意味し，ケプラーの第 2 法則を証明したことになる．

（b）　慣性モーメント

前の節で述べたことを質点系に応用してみる．剛体としての特徴は質点間の距離が変わらないことであった．剛体を回転させたときは基本的にこのことが効いてくる．いま剛体を図 3.60 のようにある軸の回りに回転させた場合を考えよう．各質点 (質量 m_i) から軸までの距離 r_i は一定であり，すべての質点の角速度 ω は同じである．したがって系の角運動量 L は

$$L = \sum_{i=1}^{n} l_i = \sum_{i=1}^{n} m_i r_i^2 \omega = \omega \sum_{i=1}^{n} m_i r_i^2 \tag{3.133}$$

となる．ただし l_i は各質点の角運動量である．ここで ω の係数を I と書き，慣性モーメントと定義する．すなわち

$$I = \sum_{i}^{n} m_i r_i^2 \tag{3.134}$$

となる．慣性モーメントは物体を回転させたときその「回転のしにくさ」を表す量と考えてよい．これは質量が慣性の大きさをもって定義され (慣性質量)，外力に対して運動のしにくさを

表現していることとよく対応している．この場合慣性がその物体の動きづらさを表しているからである．実際の物質 (剛体) では質量の分布は連続的であるため，(3.134) は慣性モーメントを計算するときは積分の形で表される．

$$I = \int r^2 dm \tag{3.135}$$

となる．(3.135) の計算はその剛体の対称性に大きく依存している．ここでは以下に示す例を除いて，その詳細は割愛するが補足 3 を見ていただきたい．通常物体は一様である (すなわち，密度 ρ は一定) として $dm = \rho dV$ と書くことができる．

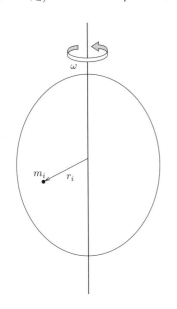

図 3.60　質点の固定軸の回りの回転

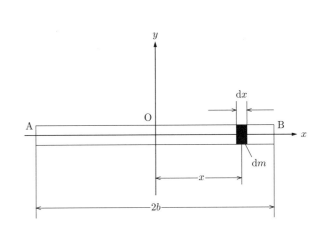

図 3.61　一様な密度の棒の慣性モーメント

例として図 3.61 のように質量 M[kg] で一様な長さ $2b$[m] の棒を重心の回りに回転させたときの慣性モーメント I を求めてみよう．棒の線密度は $\rho = M/2b$ となる．重心 G を原点にとり，棒に平行に x 軸をとれば，棒は連続体と見なせるので (3.135) を使って，$dm = \rho dx$ として $r \to x$ として I は

$$I = \int_{-b}^{b} x^2 \rho dx \tag{3.136}$$

となる．これを計算すれば以下の結果を得る．

$$I = \frac{1}{3} M b^2 \tag{3.137}$$

この他，慣性モーメントは多くの形状をした物体に対して求められている．その例を表 3.4 にまとめた．また球に対する計算例を補足 3 に挙げている．

3.5.3　剛体の平面運動 **

斜面を転がり落ちる半径 R の円筒と円柱の運動を考えてみよう．はじめ図 3.62 のように斜面の上にこれらを止め具で固定しておく．ただし，左が円筒，右が円柱である．次に板をはず

表 3.4　均質体の重心を通る軸の回りの慣性モーメント

物体	大きさ	回転軸	慣性モーメント
長方形板	2辺の長さ $2a,2b$	辺 a に平行	$M \times \left(b^2/3\right)$
		板に垂直	$M \times \left[\left(a^2+b^2\right)/3\right]$
円板	半径 r	板に垂直	$M \times \left(r^2/2\right)$
		直径	$M \times \left(r^2/4\right)$
円柱	半径 r	円柱軸	$M \times \left(r^2/2\right)$
薄い円筒	半径 r	円筒軸	Mr^2
球殻	半径 r	中心軸	$(2/3)\,Mr^2$
球	半径 r	中心軸	$(2/5)\,Mr^2$

して転がらせると斜面の下にきたときは (3.81) のように円柱 (右側) の方が早く着くことがわかる. これはなぜだろうか. 通常摩擦のない滑らかな斜面上を物体が落ちていくときの加速度は斜面の角度を θ として $g\sin\theta$ となる. これは式 (3.117) で $\mu'=0$ の場合に対応する. 斜面上を剛体が滑らずに転がり落ちるとき, その加速度 a は以下の式で与えられることがわかっている.

$$a = \frac{g\sin\theta}{1 + \frac{I}{MR^2}} \tag{3.138}$$

ここで I は剛体の慣性モーメントを表す. (3.138) 式は滑らかな場合の $g\sin\theta$ と比べて因子 $(1+I/MR^2)$ の分だけ小さくなることを示している. 円筒と円柱の場合, 表 3.4 の結果を使って以下のようになる.

1. 円柱の場合：$I=(1/2)MR^2$ であるので $I/MR^2 = 1/2$ となり, 加速度は

    $(2/3)\sin\theta = 0.67\sin\theta$

2. 円筒の場合：$I=MR^2$ となる (円筒の厚さを無視) ので $I/MR^2 = 1$ となり, 加速度は

    $(1/2)\sin\theta = 0.5\sin\theta$

$\sin\theta$ は両者で同じなので, 円柱の加速度が大きく静止状態から転がり落ちる場合, 円柱が早く下端に到達することになる.

図 3.62　はじめ両方を止めておく.

図 3.63　止め具をはずすと滑り始める. 右側の円柱が速く転がり落ちる.

　この計算結果は上の 2 つの図 (図 3.62 と図 3.63) で示した実験結果とよく一致していることがわかる.

3.5.4 剛体の運動エネルギー **

　剛体が運動しているとき，剛体は運動エネルギーをもつ. このときの運動エネルギーの大きさを E とすれば以下の式が成り立つ.

$$E = \sum \frac{1}{2} m_i v_i^2 \tag{3.139}$$

$v_i = \omega r_i$ より式 (3.139) は慣性モーメントの定義式 (3.134) を用いて,

$$E = \sum \frac{1}{2} m_i v_i^2 = \frac{1}{2} \omega^2 \sum m_i r_i^2 = \frac{1}{2} I \omega^2 \tag{3.140}$$

と書くことができる. すなわち剛体のもつ運動エネルギーはその慣性モーメントに角速度の 2 乗をかけたものに等しい. E の値が同じならば, 慣性モーメントが大きい剛体が回転するとき小さい剛体に比べて回転しにくくなるということになる.

トピックス 3(a)　膨張する宇宙

1. 現代宇宙論の幕開け

　古来より, 宇宙は人々の興味の対象であった. その中で, 宇宙が永久的に存在していると信じられていた. 宇宙に始まりがあるという考えが現れたきっかけは, アルバート・アインシュタインの発表した一般相対性理論である. 一般相対性理論における重力場の方程式は

$$G_{\mu\nu} = 8\pi G_N T_{\mu\nu}$$

と表すことができる. ここで, 左辺は重力の効果, 右辺は宇宙に存在する全エネルギーを表す. 一般相対性理論における重力場の方程式から, 「宇宙は収縮する」という解が得られる. しかし, 当時の多くの科学者の間では, 宇宙は永遠普遍であると信じられていた. アインシュタイン自身もその固定観念に囚われていた. その永遠普遍な宇宙を (方程式で) 実現させるために, 重力場の方程式を

$$G_{\mu\nu} + \Lambda g_{\mu\nu} = 8\pi G_N T_{\mu\nu}$$

と修正した. Λ は「宇宙定数」と呼ばれ, 空間的に収縮するのをキャンセルする効果をもつ.

　一方, 重力場の方程式から得られる動的な宇宙を素直に受け入れた研究者もいる. その代表例が, アレキサンダー・フリードマンとジョージ・ルメートルである. アインシュタインは, 彼らの発表した膨張宇宙の描像については懐疑的であった. しかし, 1929 年, アメリカのエドウィン・ハッブルによって画期的な発見がなされた. ハッブルは銀河を観測した結果, 遠方の銀河はすべて地球から遠ざかっていることを発見した. また, さらに地球からの距離が遠い銀河ほど遠ざかっていることを発見し,

$$v = H_0 r \tag{3.141}$$

という関係を導いた. v は銀河の後退速度, r は地球 − 銀河の距離, H_0 はハッブル定数と呼ばれ宇宙の膨張率を意味する定数である. ハッブル定数は長年観測が行われており, 最近の観

測結果によると

$$H_0 = 74.3 \pm 2.1 \ \mathrm{km/sec/Mpc}$$

という値が得られている (2012 年に発表された W. Freedman 博士らの観測チームによる)[11].
この数値が表す意味は,「地球から約 3×10^{13} km 離れた天体は秒速 74 km で遠ざかっている」
ということである. 図 3.64 が, 遠方の天体による距離 D – 後退速度 V の関係のグラフである.
観測データをみる限り, ほぼ比例関係になっていることがみてとれ, $H_0 = 74$ km/sec/Mpc
のときに, 観測データをよく説明できていることがわかる.

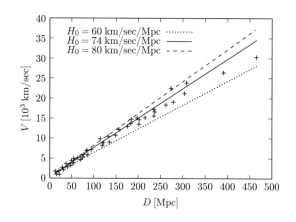

図 3.64 遠方の天体との距離 D と地球から見たときの後退速度 V の観測結果. W. Freedman 博士らの研究チームが発表した観測データに基づいている. 3 本の直線は $H_0 = 65, 74, 80$ km/sec/Mpc として, (3.141) を計算している.

このハッブルの発見により, ここから膨張宇宙論が幕を開けることになる. なお, ハッブル
の発見を知ったアインシュタインは「宇宙定数の導入は生涯最大のあやまちだった」と語った
と伝わっている.

さて, 宇宙が膨張しているということは, 過去にさかのぼると現在より小さかったことにな
る. ここで, 宇宙が断熱膨張をしていると考えると (断熱膨張については第 4 章を参照), 昔
の宇宙はもっと高温で密度が高かったことを意味している. この高温高密度状態から宇宙が
始まったというアイデアはジョージ・ガモフとその共同研究者等によって唱えられ, 現在で
はビッグバン理論として知られている.

2. ビッグバン宇宙論に基づく宇宙進化

ここでビッグバン理論に基づく宇宙の進化を大まかに解説しておく. なお, 最新の観測結果
とビッグバン理論に基づいた研究結果から, 宇宙が誕生して約 138 億年ほど経過していると言
われている. その研究結果にも基づいた宇宙進化の流れを, 温度が $T = 10^{12}$ K の時期から温
度の変化を追いながらみてみよう.

なお, 図 3.65 に, 宇宙進化における重要なイベントと, 起こった時期を載せている. 左から

---

[11] ここで Mpc はメガパーセクと読む. 1 パーセク = 約 3.26 光年 = 約 3.09×10^{13} km.

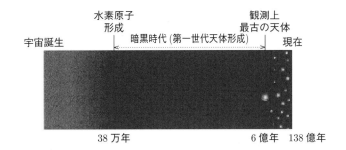

図 3.65 宇宙の熱的進化のイメージ．最新の観測結果から強く支持されている．宇宙が誕生してから 138 億年経過している宇宙進化モデルに基づいた図になっている．

右に行くに従って過去から現在に向かっており，下に書いている時期がビッグバンからの経過時間である．

10^{12} K $< T <$ 10^{10} K：すべてがバラバラ

宇宙が始まって，およそ 0.01-0.1 秒経過した頃である．この時期の宇宙は，温度が非常に高いため，地球や太陽など天体はなかった．それどころか元素すらも存在し得なかったのである．陽子・中性子・電子とバラバラに分かれていた状態であった．それらに加えて光・ニュートリノが存在しており，それらすべての粒子が同じ運動エネルギーをもっていた (熱平衡状態)．

10^9 K $< T <$ 10^7 K：宇宙はじめの 3 分間

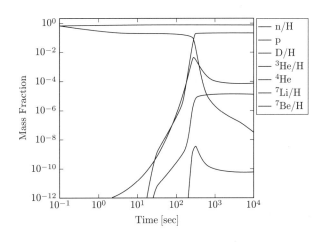

図 3.66 元素の質量比の時間進化

宇宙が始まって，数分 〜 数時間が経過している頃である．温度が 10^9 K 程度に下がると，陽子と中性子が合成し重水素[12]になる．ここからさらに重水素と陽子からヘリウムの原子核が作られていく．そのように原子核同士が合体し合い，リチウムやベリリウムの原子核が生成されていく．図 3.66 に原子核の生成されていく様子を表している．縦軸は質量比 (全元素の質量に対する，その原子核が占める割合) である．初期の頃は陽子と中性子しかなく，やがて数分

---

[12] 水素の同位体．通常，水素の原子核は陽子が 1 個なのに対して，重水素の原子核は陽子と中性子が 1 個ずつからなる．

の頃に一気に重水素が生成されて，それに続いてヘリウムが生成されていく様子がわかる．な
お，この頃に作られる元素はリチウムまでである．その他の元素が生成されるためには，数億
年後の天体が作られるときまで待たねばならない．

10^6 K $< T < 10^3$ K：宇宙の晴れ上がり

水素，ヘリウム，リチウムの原子核が生成された後，長い時間をかけて分子が作られていく．
温度が 10^5 K 程度になると，徐々に原子核に自由電子が捕獲されていき，ヘリウム原子や水素
原子が生成されていく．この時期よりも過去の光は，電子と衝突をするため直進することがで
きない．よって我々は観測することはできない．電子が原子核に捕獲されると，光は直進する
ことができる．宇宙が始まってから，約 38 万年経過したときの出来事である．なお，この時
期を**宇宙の晴れ上がり**と呼んでおり，その時期の光を我々は「宇宙マイクロ波背景放射」とし
て観測することができる．

10^3 K $< T < 10$ K：宇宙の暗黒時代

宇宙誕生から約 38 万年 ～ 数億年の間に対応する．宇宙の晴れ上がり以降，光が他の粒子に
ぶつかる可能性は非常に小さくなる．よって，我々はそれ以降の宇宙の様子を原理的には観測
することが可能である．この時期に，水素原子やヘリウム原子のガスが自分の重力でどんどん
集まっていき，ついに天体 (**第一世代星**と呼ばれる) が形成され始めたと考えられている．な
お，第一世代星に関する研究は，スーパーコンピューターを用いた大規模シミュレーションが
盛んに行われ理論的には研究が進んでいる．なお，観測する研究プロジェクトも進んでいるが，
現在のところ観測するには至っていない．現在発見されている最も遠方の天体は地球から約
132 億光年の銀河だが，第一世代星はそれよりも遠方にあると考えられており，未だ発見され
ていない．宇宙の晴れ上がりから，現在天体が見つかっている時期の間を，**宇宙の暗黒時代**と
呼んでいる．

3. アインシュタインの亡霊？ 宇宙に蔓延する闇の力

さて，前節で宇宙進化の流れを見てきたが，まだまだ解明していないことは数多くある．現
在，宇宙論における最大のテーマは未知のエネルギーの存在であろう．2011 年のノーベル物
理学賞は，2 つの超新星観測プロジェクトチームが受賞したが，その受賞理由が「遠方の超新
星観測による宇宙の加速膨張の発見」であった．我々がよく知っている光や元素などのエネル
ギーでは，宇宙の加速膨張を引き起こすことはできない．よって，長年，宇宙は減速膨張をし
ていると考えられてきたが，遠方の超新星観測から導かれた結果は，それを見事に覆すもの
だった！ 遠方の超新星は，理論的に予測されていたよりも，暗く観測されたのである．原因
は，加速膨張を行ったため，より遠方に天体があるということを意味する．

すでに学習した通り，加速するために力が働いていなければいけない．そこで，未知のエ
ネルギーの存在が必要となる．そのエネルギーは**暗黒エネルギー (ダークエネルギー)** と呼ば
れる．

3.5 剛体の力学 ** *101*

そこで，暗黒エネルギーのモデルの1つとして，アインシュタインの導入した「宇宙定数」が復活することになる．宇宙定数が存在するならば，理論上加速膨張を実現することができる．暗黒エネルギーに関しては，多くの研究がなされているが，その性質は，(宇宙を加速させること以外) 全く不明である．

また，銀河の回転軌道速度が万有引力の法則からずれている，という観測事実から**暗黒物質** (ダークマター) の必要性が言われているが，その質量や電荷をもつかなどの性質も，未解明のままである．

思い起こせば，水星の公転軌道が，ニュートン力学と合わないという1つの問題を，アインシュタインの一般相対性理論が解決した．宇宙論が抱える暗黒エネルギー・暗黒物質の解明など，様々な課題は新しい物理学の幕開けとなるのかもしれない．

トピックス 3(b)　小惑星探査機『はやぶさ』について

2006年に小惑星イトカワからサンプルを取得し，カプセルを帰還させた小惑星探査機『はやぶさ』について，解説したい．

ミッション中に様々な困難に遭遇するが，開発・運営担当者の努力により困難を克服した姿が感動を呼び，無人の探査機ながらも (2012年現在)3本の映画が作られるという前代未聞の事態になっている．

宇宙機 (人工衛星や探査機のこと) の開発には，地上の機器とは異なり，非常に厳しい要求がつきまとう．第一に，一度打ち上げてしまえば (業界では「上がる」と呼ぶことが多い) 人が現地に行って補修する行為はほぼ不可能である[13]．第二に，ロケットで打ち上げるため，質量や体積に厳しい制限が課せられる．第三に，宇宙空間は非常に厳しい環境で，宇宙機は $-200\,°C \sim 300\,°C$ 程度の温度範囲で稼働を求められ，強烈な放射線 (太陽からの太陽風，遠方宇宙からの宇宙線等) に耐え，超高速 (数百 km/s 以上) で飛来する塵との衝突なども考慮する必要がある．その中で，科学探査や工学的実験を行わないといけないため，計画から打ち上げまで非常に長い時間と多額の費用がかかる．

通常，宇宙機のミッションでは，目標を細かく設定する．上記のように非常に厳しい開発条件が課せられているため，不具合が生じる可能性も十分考慮し，「ミニマムサクセス」や「フルサクセス」といった目標を設定している．なお，ミニマムサクセスは最小限の目標達成ではあるが，評価としてはこの段階で100点満点ということになる．ミニマムサクセスを達成してまだ余裕がある場合に先の目標に向かってのチャレンジを行うこととなる．このような方法をとる理由として，何度も同じような宇宙機を上げることはできず，できることならその先のミッションまでやってしまいたい，という思惑がある．

ここではやぶさの話に戻るが，はやぶさは MUSES-C という名称をもっている．この「MUSES」は "Mu Space Engineering Spacecraft" の略称であり，「ミューロケットで打ち上

---

[13] ハッブル宇宙望遠鏡ではスペースシャトルで接近し，宇宙飛行士が光学部品を入れ替えたが，これは非常に稀な例．

げる工学実験宇宙機」の意味となる．イトカワからのサンプル回収はあくまでその実験を行う過程に過ぎない．はやぶさの工学試験は次のような段階での実験となっている．

1. イオンエンジンによる推進実験

2. イオンエンジンの長期連続稼働実験

3. イオンエンジンを併用しての地球スイングバイ

4. 微小重力下での小惑星への自律的接近飛行制御

5. 小惑星の科学観測

6. 小惑星からのサンプル採取

7. 小惑星への突入・離脱

8. 大気圏再突入・回収

9. 小惑星のサンプル入手

この中で，9.のサンプル入手まで含めてミッション成功，というわけではない．はやぶさの場合は2.のイオンエンジンの長期連続稼働で既に100点満点中100点をとった状態となっている (ミニマムサクセス)．結果的に，9.まで達成されたため，点数として評価するのであれば，100点満点で500点をとったようなものである．

イオンエンジン

はやぶさの特徴として，メインの推進装置としてイオンエンジンが採用された点が挙げられる．通常，探査機の推進装置としてのエンジンは化学ロケットがよく用いられる．化学反応 (燃焼) により生じたガスを高速で噴射し，そのガスの反作用として推力を得る．しかし，この方法では多量の燃料および酸化剤[14] を探査機に積む必要があり，地上からの打ち上げの際により強力なロケットが必要となる．

それに対し，はやぶさでは搭載した微量のキセノンガスを帯電させ，そこに電場をかけることでガスのイオンを高速に加速する．電場を作るために電力が必要になるが，探査機には太陽電池を使うため，電力源を地上から持っていく必要はない．そのため，探査機を小型軽量にすることができる．

この違いは，エネルギー保存則を考えるとわかりやすい．推進力のエネルギー源がどこで生じているかを考えると，化学ロケットの場合は燃料の化学的エネルギーを起源とするため宇宙で補給することはできない．イオンエンジンは太陽電池で生成した電力によってエネルギーを得ているが，エネルギーの起源は太陽であり，原理的には十分な光度の太陽光が当たる限り動作させることが可能である．実際には，加速して飛ばすイオンについては宇宙空間での補給ができないため，動作寿命としてはこのイオンの元のガスの量によることとなる．

イオンエンジンの原理は，ブラウン管のテレビと非常によく似ている．飛ばす粒子が電子 (ブラウン管) とイオン (イオンエンジン) の違いでしかなく，加速用グリッドの電圧の正負の違い

---

[14] 宇宙空間で物を燃焼させるためには酸素等の酸化剤が必要．

程度である.

　イオンエンジンの推力は,化学エンジンのそれと比べて十分小さく,はやぶさに搭載された
エンジン (μ10) は 1 基あたりの推力が 8 mN であり,4 基同時稼働[15] でも 32 mN 程度,地球
表面で 10 円硬貨 1 枚を持ち上げることもできない程度である.しかし,長時間連続稼働[16] さ
せることで宇宙空間での軌道変更が可能となる.

---

[15] 実際には同時稼働は 3 基まで.
[16] 述べ 31,000 時間の稼働実績.

第 4 章

温度，圧力と体積

4.1　熱力学

　いま我々が生活している環境における，温度や圧力を考えてみる．天気予報では，毎日，温度や圧力を知らせてくれるが，この温度や圧力は，どのように定義されているだろうか？この章では，身の回りの環境を例に，これまでに構築されてきた法則について学んでいく．

4.1.1　温度

　どのようなときに温度を感じているだろうか？例えば，朝出かけるとき，コートが必要だろうか？，半袖で大丈夫だろうか？，食事のとき，ビールは冷えているだろうか？，コーヒーは熱過ぎないか？，体調が優れないとき，体温は上がっていないだろうか？，などなど，上述の例のように温度を知りたいとき，何を基準に考えているだろうか？この基準は，単位という言葉で言い換えられる．通常，日本ではこの単位に "℃" という単位 (セルシウス (摂氏) 温度) を用いる．夏場のビールの飲み頃温度は 6～8 ℃，コーヒーを入れる温度は 85～98 ℃，日本人の体温 (平熱) は 36.89 ℃，といった具合である．世界に目を向けると，アメリカでは "℉" (ファーレンハイト (華氏) 温度) を使用している．また，科学の世界では，"ケルビン，K" (絶対温度) が使用されている．このように，温度の単位は 3 つの種類がある．では，これらの単位がどのように定義されているだろうか？

（a）　℃(セルシウス度)，℉(ファーレンハイト度) の定義

　セルシウス氏の温度は，アンデルス・セルシウス (スウェーデン) が 1742 年に考案したのが始まりである．1 気圧下における水の凝固点を 0 ℃ ，沸点を 100 ℃ と決めた．その間を 100 等分して，1 ℃ とした．

　ファーレンハイト氏の温度物差しは，ブリエル・ファーレンハイト (ドイツ) が 1724 年に考案したのが始まりである．水の融点を 32 ℉，沸点を 212 ℉ と決め，その間を 180 等分としものを 1 ℉ とした．しかし，同じ温度でも ℃ や ℉ と表し方が違うと，思わぬ誤解や混乱が生じてしまう．単位というのは，ある意味『物差し』である．つまり，誰でも同じように，感じ，認識しなければならない．そのための基準として，国際単位系の基本単位の 1 つとして以下の "絶対温度" が定義された．

（b） **絶対温度：K(ケルビン) の定義**

絶対温度は，その記号は大文字の「K」で書く[1]. 絶対零度 (古典力学におけるすべての熱振動 (分子の運動) が停止する温度) を 0 K とし，1968 年の国際度量衡総会 (CGPM) で水の三重点の熱力学 (的) 温度を 273.16 K として定義された. 1 K は 273.16 K の 1/273.16 倍として定義される. ケルビンは国際的に決められた単位である.

（c） **単位の換算**

上述の「1/273.16」は，°C における 1 度の温度差と K における 1 度の温度差が等しいことを意味している. なお，この定義によると水の三重点は 0.01 °C，水の沸点は 99.974 °C である. このように，現在では逆にセルシウス度がケルビンを元に定義されている. 世界旅行をすると，単位が異なることが多々あるが，上述の 3 つの単位の変換について，以下の変換式を用いるとよい.

セルシウス t (°C) とファーレンハイト t_F (°F) の変換式.

$$t_F = \frac{9}{5}t + 32 \tag{4.1}$$

$$t = \frac{5}{9}(t_F - 32) \tag{4.2}$$

セルシウス t (°C) とケルビン T (K) の変換式.

$$t = T - 273.15 \tag{4.3}$$

$$T = t + 273.15 \tag{4.4}$$

表 4.1 に身の回りのいくつかの物質に対する特性温度を 3 つの単位系 (物差し) で記した.

以上で，温度の概念が大体把握できたと思うので，実際に温度の換算をしてみよう.

例題 4-1

    1. $t = -40$°C は華氏で何度か？

    2. 窒素の沸点と融点 (絶対温度：77.3 K, 63 K) はセ氏でそれぞれ何度か？

解

    1. 変換式，$t_F = \frac{9}{5}t + 32$ より，$t_F = -72 + 32 = -40$°F

    2. 変換式，$t = T - 273.15$ より，沸点：$t = 77.3 - 273.15 = -195.85$°C，融点：$t = 63 - 273.15 = -210.15$°C

4.1.2 比熱と熱容量

熱を加えたとき，経験的にすぐ暖かくなる物質 (金属が代表例であろう)，なかなか温まらない物質 (例えば食器などに使われているセラミックス) があることに気がつく. 経験上，大きく温まり難い物質を暖めるときに，多量の熱で長時間加熱し，小さく温まりやすい物質を暖めるときには，少量の熱で短時間加熱することにより，同じ温度にすることができることを知っている. これを定量的に表してみることにしよう.

---

  [1] 「度」や「°K」と書くと間違いとなる.

表 4.1　3 つの温度目盛りにおけるいくつかの物質の特性温度

	ケルビン (K)	セルシウス度 (°C)	ファーレンハイト度 (°F)
絶対零度	0	−273.15	−459.67
水の融点	273.15	0	32
地球表面の平均気温	288	15	59
人間の平均体温	309.95	36.8	98.24
水の沸点	373.15	100	212
チタンの融点	1941	1668	3034
太陽の表面温度	5800	5526	9980

　そのために，まず熱の単位について述べよう．物体に加える熱を**熱量** とも呼ぶ．熱量の単位には，cal (カロリー) が使われてきた．1 cal は，1 g の水の温度を 1 °C 上昇させるのに必要な熱量である．ジュールの実験により，熱量とエネルギーは等価であることがわかり，最近では，エネルギーの単位 J (ジュール) を用いる．物体に与えるエネルギーを W[J]，物体に与えられた熱量 Q[cal] の間には，

$$W = JQ$$

という関係があり，J を**熱の仕事等量**[2] と呼んでおり $J = 4.19$ J/cal である．つまり，**1 cal = 4.19 J** である．

　次に，熱量と温度の関係を表してみよう．そこで，ある物体の温度を 1 K だけ上昇させるための熱量を，その物体の**熱容量** と呼ぶことにしよう．．熱容量 C [J/K] の物体に熱量 Q [J] を加えたとき，ΔT だけ温度が変化した．この関係は，

$$Q = C\Delta T \tag{4.5}$$

と書ける．熱容量は，簡単にいうと『物体の温まりやすさ』を示す量であると考えれば良い．温まりやすさは，物体の材質によるが，質量にも関係がある．例をあげると，水を沸騰させる時，コップ一杯分の水と両手鍋いっぱい分の水では，明らかに後者の方が時間がかかることを我々は知っている．質量に無関係に，物質そのものの温まりやすさを示すために，『単位質量あたりの熱容量』というものを考えよう．

　その，単位質量あたりの熱容量を**比熱** と呼ぼう．比熱 c [J/kg·K] と熱容量の関係は $c = C/m$ となる．すなわち，質量 m [kg] の物質の温度を ΔT [K] だけ上昇させるのに必要な熱量 Q [J] は，

$$Q = mc\Delta T \tag{4.6}$$

と表せる．

　たとえば，280 K の物質 2 kg を 289 K まで上昇させるのに 18 J の熱量が必要だった場合は，比熱 c (J/kg · K) = 熱容量 Q (J)/(質量 m (kg) · 上昇温度 T (K)) = 18(J)/(2(kg) × (289(K) − 280(K)) = 1(J/kg · K) と計算できる．

---

　[2] ややこしいが，この J は変数であり，単位の J (ジュール) ではない．

表 4.2　様々な物質の比熱とモル比熱

物質	比熱 c [$\times 10^3$ J/kg $\cdot$ K] (カッコ内は測定温度)	モル質量 [kg/mol]	モル比熱 [J/mol·K] (定圧モル比熱)
水	4.19 (at 15 °C)	1.80×10^{-2}	75.291
アルミニウム	0.88 (at 0 °C)	2.698×10^{-2}	24.3 (at 20 °C)
鉄	0.435 (at 0 °C)	5.585×10^{-2}	25.0 (at 20 °C)
銅	0.379 (at 0 °C)	6.3546×10^{-2}	24.5 (at 20 °C)
氷	2.10 (at 0 °C)	1.80×10^{-2}	37.8
エタノール	2.29 (at 0 °C)	4.60×10^{-2}	111.4 (at 20 °C)
木材	1.25 (at 20 °C)	-	-

　表 4.2 に，様々な物質の比熱が掲載してあるが，物質により大きな違いがある．比熱の小さい物質の方がより温まりやすい物質と言える．比熱の結果だけを見ると，比熱は物質によって決まってくる量ということになりそうである．しかし，『全ての物質は，原子もしくは分子の集まりだ』という観点で見てみよう．はじめに，**mol** (モル) という単位を導入しよう．物質を形作る分子の数は膨大であり，1 個，2 個，3 個... と数えるのは無理である．よって，6.02×10^{23} 個の分子を 1 つの集まりとして考え，それを 1 mol とするのである[3]．そして，1 mol 当たりの分子の個数を**アボガドロ数**と呼んでいる．アボガドロ数は，N_A で表され，

$$N_A = 6.02 \times 10^{23} \mathrm{mol}^{-1}$$

である．モル数を用いると，1 mol 当たりの質量 (**モル質量**) というものを定義できる．質量を m [kg]，モル質量を M [kg/mol] とすると，$m = nM$ と書ける．ここで (4.6) を書き換えると，

$$Q = mc\Delta T = nMc\Delta T.$$

ここで，Mc という部分に注目しよう．単位を見ると，[kg/mol]$\times$ [J/kg·K]=[J/mol·K] となっている．よって，Mc は **1 mol 当たりの物質を 1 K 上昇させるために必要な熱量**を表すことがわかる．その量を**モル比熱** (モル熱容量と呼ぶ場合もある) と呼ぼう．

　表 4.2 の，比熱とモル比熱を見てみよう．2 つの興味深い点に気づく

1.　アルミニウム，鉄，銅は比熱は違うが，モル比熱はほぼ同じ値をとる．

2.　水とエタノールを比べると，比熱は水のほうが大きいのに対し，モル比熱はエタノールのほうが大きい．

1. について，3 つの物質 (単体の金属という共通点がある) は，モル質量が大きいほうが比熱の値が小さくなっていることがわかる．つまり，1 kg 当たりで考えると，銅よりアルミニウムのほうが原子の個数が多い．2..についても，水よりもエタノールのほうが，1 kg 当たりの分子の個数が多い，すなわち，比熱の大きいほうが，分子の個数が多いという，1. と同様の傾向が見られる．以上のことから，

---

[3] 鉛筆やタバコなどは 12 本を 1 ダースとして販売している．それと同じようなもので，6.02×10^{23} 個を 1 mol としているのである．

- 比熱の大きさを決めているのは，原子や分子の個数である，
- モル比熱の大きさは，元素の種類のよらず，原子や分子の状態で決まる，

ことになりそうだ．その様な結論を出すのは，時期尚早な気がするかもしれないが，気体のモル比熱が気体の種類によらないことを後ほど示すので，それまでお待ちいただこう．

例題 4-2

1. 水の比熱は $c = 4.19 \times 10^3$ J/kg·K である．これを cal, g を用いて表せ．
2. 水 200 cc $(2.0 \times 10^{-1}$ kg) を 20°C から 40 °C に上げるのに必要な熱量はいくらか．
3. 銅 200g を 20°C から 40°C に上げるのに必要な熱量はいくらか．

解

1. $c = 4.19 \times 10^3$ (J/kg·K) $= 4.19 \times 10^3 (1/4.19)$ cal / $(10^3$ g·K) $= 1$ cal/g·K この
   ことは水 1g を 1 K 変えるには 1 cal の熱量が必要であることになる．
2. $Q = mc\Delta T$ より，2.0×10^{-1} kg, $c = 4.19 \times 10^3$ J/kg·K, $\Delta T = 20$ K, より
   $Q = 2.0 \times 10^{-1} \times 4.19 \times 10^3 \times 20 \simeq 1.7 \times 10^4$ J となる．
3. 上の問題と同様にして $Q = 2.0 \times 10^{-1} \times 0.379 \times 10^3 \times 20 \simeq 1.5 \times 10^3$ J，これは
   水の場合の約 1/10 である．つまり金属は温まりやすく水は温まりにくい．

4.1.3 熱量保存則

熱量は，運動量やエネルギーと同様に保存される．たとえば，外部との熱の出入りがない (断熱) 容器 (空間) の中で，図 4.1 に示すように，高温の物質 A(温度 t_1) と低温の物質 B(温度 t_2) を，固体であれば接触させ，液体であれば混合させる．十分時間が経過し，2 つの物質の温度が全く同じになったとき　(そのことを，**熱平衡** に達しするという) の熱量について考える．

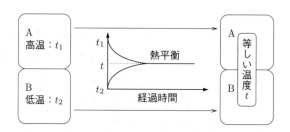

図 4.1 ２つの温度の異なる物体 A, B を接触させたときの温度変化

この時，両者の温度の関係は $t_1(K) > t_2$ (K) である．この両方の物体を図 4.1 のように接触させ，十分時間がたった後で，A, B の物体の温度を測定すると，物体の温度は A, B ともに同じ温度 t (K) になった．このとき，温度の関係は，$t_1(K) < t(K) < t_2$ (K) となる．すなわち，物体 A の温度は上昇し，物体 B の温度は，下降し温度 t となったのである．ここでは物体と外部との熱の出入りはないので，**"高温の物体 A の失った熱量"="低温の物体 B の得た熱量"** の関係が成り立つ．これは熱量保存の法則といい，エネルギー保存則の別の表現である．

例題 4-3

   1. 水 A($t_1 = 24.0°C$), 40 g とお湯 B($t_2 = 61.3°C$), 60 g を混ぜたときの熱量の変化
と，最終的な温度 t を求めよ．

解

   1. 混合した後の最終的な温度を $t°C$, 水 A の得た熱量を Q, お湯 B の失った熱量
を Q' とする．水の比熱は，4.19×10^3 J/kg·K である．得られた熱量は，$Q = 4.0 \times 10^{-2} \times 4.19 \times 10^3 \times (t - 24.0)$ [J] と計算できる．また，同様にお湯 B は $t_{12}°C$
まで温度が下がったので，失われた熱量は，$Q' = 6.0 \times 10^{-2} \times 4.19 \times 10^3 \times (61.3 - t)$
[J] と計算できる．熱量保存則より，$Q = Q'$ なので，上の方程式を解いて $t = 46°C$
となる．

4.2　物質の三態

   この章では，物質の温度を変化させたとき，どのように変化するかを考えてみる．通常，水
は液体であるが，0°C 以下で氷になり，100°C 以上で気体となる．すなわち，0°C 以下の氷
(固体) の状態から徐々に温度が上昇すると，液体となり，100°C 以上で蒸気 (気体) となる．こ
れを相転移と呼び，この固体，液体，気体の相と変化することを "物質の三態" という．このよ
うな変化は，ヘリウム (He) を除くすべての物質について起こる現象である．ここでは，物質
の三態の性質について学ぶとともに，水のもつ特異な性質について述べる．

4.2.1　物質の三態とその構造

   まず，水の三態についてミクロな立場で考えてみる．水は，酸素 (O) 1 モルと水素 (H) 2 モ
ルが結合し，H_2O という分子が弱く結合している．この結合の強さは，温度により異なり，
0 °C 以下　　分子同士が強く結合しており，固体 (氷) となっている．
0 °C 以上，100 °C 以下　　分子間の結合は弱く，液体 (水) となっている．
100 °C 以上　　分子間の結合は無くなり，気体 (水蒸気) となる．
図 4.2 の状態を参考に，結合力の強さの順にまとめると，以下のように説明される．注：図中，
大小の○は，H_2O 分子 1 個を表している．

   固体

   分子 (元素) 間に強い結合力があり，この結合力により図 4.2(a) に示されているように分子
は規則正しく配列している．液体の温度を下げると，分子のつり合いの位置を中心とする熱振
動は小さくなり，結合力が分子振動より大きくなり，規則正しく配列した固体となる．この現
象を "凝固" といい，固化する温度を "凝固点" という．1 kg の液体がすべて固体になるのに必
要なエネルギー (熱) を "凝固熱" という．このような固体状態には，金属やセラミックなどが
挙げられる．固体状態は，分子同士が強く結びついているため，少々力を加えてもその結合は
壊れない．この結合を壊し，形を変えるためには旋盤やナイフ等のより強い結合力をもった道

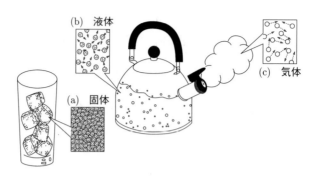

図 4.2　(a) 固体 (b) 液体 (c) 気体の分子 (原子) の配列の様子

具を使用する必要がある．

液体

固体に熱量を与え温度を上げると，分子の熱振動が増し，図 4.2(b) のように，所々強い結合力に打ち勝ち，弱い結合力をもった液体となる．この現象を "融解" といい，融解する温度を "融点" という．1 kg の固体がすべて融解するのに必要な熱を "融解熱" という．弱い結合力をもった液体は，容器 (入れ物) によりいろいろな形をもつことができる．したがって，無重力状態で，周りの支えがなくなると，等方的な結合力により液体は球状になる．液体の分子間同士の結合力は手で壊す (水の中に手を入れる) ことができるほど弱い．

気体

液体に熱量を与え温度を上げると，分子の熱振動が完全に結合力より大きくなり，結合が完全に壊され分子は，図 4.2(c) に示すように気体となる．この現象を "蒸発 (気化)" といい，蒸発する温度を "沸点" という．1 kg の液体が蒸発 (気化) するのに必要な熱を "蒸発熱 (気化熱)" という．水の場合，1 気圧であれば 100 °C を超えると水蒸気という気体になる．もはや分子同士の結合はほとんどない．気体は容器の大小に応じて形や体積が自由に変化する．

4.2.2　物質の三態と熱量

固体・液体・気体と物質の状態が大きく変化しても，分子の個数に変化はない．分子の運動の仕方や分子間の力の働き方が異なるだけである．この変化には "凝固熱"，"融解熱" および "蒸発熱 (気化熱)" が必要であることを述べた．図 4.3 に水の場合の温度と加えられたエネルギーの関係を示す．0 °C 以下の氷に熱を加えると，氷の温度は 0 °C まで上昇し，0 °C になったとき一定となる．すべてが水に変化するまで温度は上がらない．このとき，水 1 kg あたり 334×10^3 J (水 1 mol (18 g) に対して，6.01 kJ) の熱量 (融解熱) が必要となる．

さらに，熱を加えると，水の温度は上昇し，100 °C に達したところで一定となる．この温度 100 °C で水は，すべての水が気体に変化するまで温度は上昇しない．このとき，100 °C, 1 atm で，水 1 kg あたり 2259×10^3 J (1 mol に対して，40.7 kJ) の熱量 (蒸発熱) が必要となる．図 4.3 に様々な物質の融点や沸点，及び融解熱や蒸発熱を示している．融解熱や蒸発熱を

表**4.3** 1 atm での物質の融解熱と蒸発熱

物質	融解熱 kJ/kg (融点 °C)	蒸発熱 kJ/kg (沸点 °C)
アンモニア	333 (−77.7)	3265 (−33.5)
エタノール	109 (−114.5)	839 (78.3)
酸素	13.8 (−218.4)	338 (−183.0)
水銀	11.6 (−38.9)	290 (356.7)
塩素	90 (−101)	288 (−34.1)
ナフタレン	147 (80.5)	386 (217.9)
水	334 (0)	2259 (100)

潜熱と呼ぶ．潜熱を L [J/kg] とすると，質量 m [kg] の物体を全て相転移させる熱量 Q [J] は

$$Q = mL$$

という関係になっている． なお，物質の三態について，より詳細な解説は次の 4.2.3 で述べているので，参考にしてほしい．

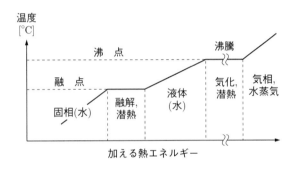

図**4.3** 水における温度と加える熱エネルギーの関係

4.2.3 物質の三態とエネルギー変化 *

一般に，蒸発熱や融解熱は物質中の結合力の違いにより，種類によって大きく異なる．結合力の大きさは，イオン結合や金属結合では大きく，分子性結晶では小さい．これまで，温度を上げることにより，分子 (元素) 間の結合を切り離すことを学んだが，この結合は，意図的に切り離すことができる．我々はそのことを物質を切断する，壊す，傷をつけると呼んでいる．たとえば，消しゴムをナイフで切るとき，消しゴムの結合力は，ナイフの結合力に負け，切り離される．このように，物質の世界は，結合力の強い物が結合力の弱い物を破壊 (切断) することができる世界である．表 4.3 に，上述した常温で気体や液体の融解熱 (融点) および蒸発熱 (沸点) を示す．融点や沸点は，物質により様々であり，物質の多様性がうかがえる．

通常，液体状態でしか見られない車のエンジンオイルやブレーキオイルは，寒冷地や熱いところでも性能が落ちないように，マイナス数十 °C 以下でしか固化や 100 °C 以上でも気化しないように工夫されている．一方，通常固体状態でしか見られない鉄 (Fe) は，1811 K(1538

°C, 2800 °F) 以上の温度で液体となる．このようにほとんどすべての物質が，三態を示すが，中には例外的に三態を示さない物質がある．たとえばドライアイスがその代表例である．ケーキやアイスクリームについてくるドライアイス (CO_2) は非常に冷たく，−79°C 以下で固体となる．これを温めると液体とはならずに，固体から気体へと変化する．このように，固体から気体に変化することを昇華という．この昇華の特性を生かした，舞台などでの白煙の特殊効果は，お湯にドライアイスを一気に投入することにより得られる．一方，固体を示さない物質もある．室温・常圧ではガス状態でしか存在しないヘリウム (He) は唯一，常圧で固体状態をもたない物質である．He は温度を下げていくと 4.22 K (−268.93°C，−452.07°F) 以下で液体となる．すなわち，このとても低い温度が沸点である．しかし，さらに温度を下げても固体状態は存在せず，超流動状態へと変化する．He を固体状態にするためには，圧力を加えればよい．図 4.4 の He の圧力-温度相図に示されているように，1.5 K の液体 He に 2.5-3.5 MPa 程度の圧力を加えることにより，固体の He を得ることができる．このような例外を除いて，ほとんどの物質は常圧下で温度を変化させることにより，気体・液体・固体の三態を示す．

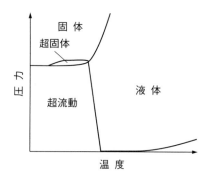

図 4.4 ヘリウム (He) の圧力 − 温度相図

4.2.4 体積と密度

前章で，温度を変えることにより気体・固体・液体と 3 つの状態が存在することを学んだ．このとき，物体の重さや体積はどのように変化しているのだろうか？金属球と，金属球がぎりぎり通過できる金属の輪を用意し金属球を熱した後，この金属球が輪を通過できるだろうか？答えは，通過できない！である．熱することにより，金属球が膨張し，金属球の直径が輪の直径よりも大きくなるためである．このように金属は，温度を上昇させると分子 (元素) の振動が激しくなり，分子間の距離が大きくなり全体の体積が膨張する．このときの体積と密度の関係を考えてみる．密度 (ρ) は単位体積 (V) あたりの質量 (m) であるので，

$$\rho = \frac{m}{V} \tag{4.7}$$

で表される．したがって，体積が膨張すると質量が変化しない限り，密度は減少する．すなわち，密度と体積は反比例の関係にある．次に，液体状態（水：0 °C から 100 °C）について考えてみる．図 4.5 に水 1 g の体積 (a) と密度 (b) の温度依存性のグラフを示す．

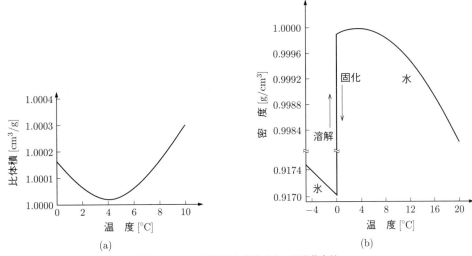

図 **4.5**　水の体積 (a) と密度 (b) の温度依存性

　0 °C の水を温めると，体積は収縮し 3.98 °C で最小となりさらに温めると再び膨張する．すなわち，3.98 °C を中心に温めても冷やしても膨張する．密度で考えると，3.98 °C で密度は 0.999973×10^3 kg/m^3 と最大となり，冷やしても温めても密度は減少する．この特異な性質は，以下の 2 つの現象を引き起こしている．

1)　お風呂の湯を沸かすと，上層部から温まる．これは，温度の高い水の密度が小さくなり，上昇し上側に集まるためである．慌てて，沸かし立てのお風呂に入ると中はまだ水の温度ということになる．

2)　湖の水は，表面から凍り始める．温かい水は上部，冷たい水は下部と考えがちだが，この現象は 3.98 °C 以上でしか起こらない．3.98 °C 以下の水は密度が小さくなるため再び上昇し表面にとどまり氷となる．表面が凍りついていても，水の一番底は 3.98 °C と意外に温かい．

液体と固体 (氷) を比較する．水の入ったコップに氷を入れると浮かぶ．これは，誰でも知っている現象であり，0 °C の水の密度 0.999840×10^3 kg/m^3 よりも 0 °C の氷の密度が 0.91671×10^3 kg/m^3 と小さいから起こる．液体より固体状態の方が密度が小さいのが一般的であるが，氷の場合はかなり特殊な例である．水や氷は我々の回りに常に存在するものであり，容易に手に入れることができる身近な存在物であるが，これまで述べたように多くの特異な性質をもっており，またいまだによく理解されていないところも多い．

4.2.5　熱伝導と断熱 *

　熱はどのように伝わって行くのだろうか？ 熱が高温部から低温部へ，または低温部から高温部へ伝わることを "熱伝達" という．熱伝達には，"熱伝導"，"対流"，"放射 (輻射)" の 3 つのタイプがある．物体の一端を加熱すると加熱されたところの分子の運動が激しくなり，分子振動

が激しくなる．分子同士が衝突するとき，エネルギーの低い分子はエネルギーの高い分子からエネルギーを獲得し，エネルギーの高い部分からエネルギーの低い部分へと熱が伝達される．これを"熱伝導"と呼び，どれくらいよく熱を伝導できるかを表す数値を"熱伝導率"と呼ぶ．この熱伝導率は，物質により様々な値を示す．また，いろいろな温度の物体があり，お互いに接触しているとき，温度の高い物体から低い物体へ熱量が移動する．このとき，温度の高い物体の温度は減少し，温度の低い物体の温度は上昇し，最終的にある温度になる．このようにすべての物体の温度が一緒になる現象を"熱平衡"になるという．すなわち，温かい物質からみると熱伝導を使い冷やすことになり，冷たい物質からみると熱伝導を使い温めることになる．では，この熱伝達が起こらないようにするにはどうすればよいだろうか？簡単には，熱の移動が起こらないようにすればよい．すなわち，温度の違う物質を接触しないようにすればよい．このような状態を"断熱"状態という．この断熱を上手に使うと，物体の温度を保つことが可能となる．すなわち，"熱伝導"，"対流"，"放射(輻射)"が起こらないようにすればよいのである．実際，断熱をうまく利用している例として，ステンレス製のタンブラーを使って説明する．

　図4.6にタンブラーの断面図を示す．普通のコップの中のお湯の熱は，外部に伝わりすぐ冷めてしまう．図のタンブラーは，熱伝導を防ぐために熱伝導の悪いステンレスで作られている．最近は，プラスチック製のタンブラーも作られている．このステンレスやプラスチック等の断熱材料は，タンブラーの他にも，魔法瓶，冷房・暖房のエネルギー効率を高めるための建材，熱伝達を遅らせることが重要な炊飯器・冷蔵庫・冷凍庫・湯沸かし器等，多くの製品に使用されている．また，空気のない真空状態の場合，分子が存在しないので熱伝導はない．したがって，図中に示されているように，2重ステンレスの間は真空になり熱伝導はほとんどゼロである．前節の

ステンレス

真空断熱

図4.6　一般的な魔法瓶の断面図

水のところでも述べたが，加熱された物質が移動し熱が伝達される現象を"対流"と呼ぶ．空気(水)が熱せられると，膨張し密度が低くなり上部へ移動し，上部の周囲の温度の低い部分に熱を伝える．たとえば，部屋を暖房するときは上部空間だけ暖まりやすく，冷房するときは下部空間だけ冷えやすい．このため，扇風機などで強制循環してやれば部屋全体を効率よく暖めたり冷やしたりすることができる．

　しかし，気体が存在しない真空中では，この対流による熱伝達を心配する必要はない．対流現象は"浮力(密度の違い)"が原因で起こる現象である．熱伝導や対流は分子を媒介として熱が伝達されていたが，電磁放射(輻射)により熱エネルギーが伝達されることを"放射(輻射)"

と呼ぶ．太陽の熱が地球に届く現象がこれに起因している．放射は真空中でも熱が伝わる．そのため魔法瓶では，内面が鏡面加工され，熱放射を反射させて熱を内部に保つように工夫されている．

トピックス 4(a)　温室効果

　寒い地方で暖かい地方の作物を栽培するためには，温室がよく使われる．図 4.7 に示されているように，温室は熱を温室内部に閉じ込める働きをもっている．その原理を考えてみる．温室の周りはたいていガラスかビニールなどの光を通す材料で作られている．これは，太陽からの放射熱のほとんどが，可視光であるからである．したがって，ガラスを通過した光は，内部の物体に吸収される．内部の物体からも放射熱は出ているが，このほとんどが赤外線である．赤外線は，ガラスを通りにくく内部にとどまるため温室の中に熱は閉じ込められる．この現象を地球規模で考えてみる．ガラスやビニールの代わりの役割をしている物質が二酸化炭素などの特定の気体である．この特定の気体のために地球上の熱が閉じ込められ，我々が生きていけるような温度に保たれている．このような効果は温室効果と呼ばれている．この効果により，我々は快適に過ごせるのであるが，この気体の割合や状態が人工的に壊されると，地球温暖化や異常気象の原因となる．特に最近は，温室効果による地球温暖化が心配されている．

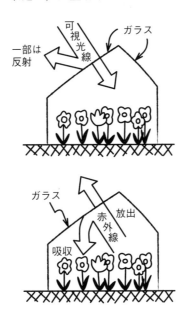

図 4.7　温室効果の模式図

4.3 温度，体積，そして圧力 ～ 理想気体の状態方程式 ～

前節では，物質に熱量を与えることにより温度や体積が変化することを学んだ．温度や体積と並んで，熱力学的に物質の状態を表す重要な変数に，「圧力」がある．本節では圧力とその単位についての確認をし，温度，体積，圧力の間にどのような法則性があるのかを学ぶ．

4.3.1 圧力

はじめに図4.8に煉瓦を置き方を変えてスポンジの上に置いた場合を考える．煉瓦は6つの面をもつが一番広い面をA面とし，一番狭い面をB面と名づける．A面をスポンジの上に乗せた．図4.8(a)ではスポンジがほとんどへこんでいない．他方，B面を乗せた図4.8(b)ではスポンジが大きくへこんでいる．両者とも煉瓦の重さは同じなのでこの事実は「スポンジをへこませる力」が異なっていることを示している．この「力」はAの方が小さく，Bの方が大きい．すなわち面積に逆比例するような力であることになる．この力を圧力Pといい，以下の式で定義する．

$$P = \frac{F}{S} \tag{4.8}$$

ここで，Fは面にかかる力，Sは面積である．この式は面積Sが小さければ同じ力Fでも圧力は高くなることを意味している．図4.8の結果はA面の圧力がB面より小さいために起きた現象であることになる．上の式でFの単位はN，Sの単位はm^2なので圧力の単位はN/m^2(ニュートン毎平方メートル)となり，これをPaで表す．

$$1\,\text{Pa} = 1\,\text{N/m}^2 \tag{4.9}$$

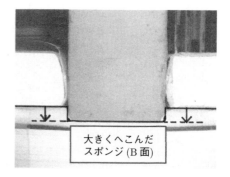

図4.8 スポンジの上に置いたレンガ．左(a)，A面を下に置いた，右(b)，B面を下に置いた．それぞれの場合でスポンジのへこみ方が違う．

例題 4-4

鉛直方向に滑らかに動くピストンのついた容器内に気体を封入し，ピストンの上におもりを置いた．ピストンとおもりの質量の和を M (kg)，ピストンの断面積を S (m²)，大気圧を P_0 (Pa) とするとき，容器内の気体の圧力はいくらか．ただし重力加速度の大きさを g (m/s²) とする．

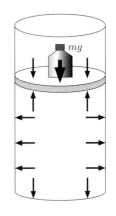

解

図 4.9 に示されるように，ピストンとおもりが作る力は，Mg である．圧力は，式 $P = F/S$ を用いると，Mg/S である．もともと，P_0 の大気圧があるので，容器内に発生する圧力は，$P_0 + (Mg/S)$，となる．

図 4.9 ピストンとおもりが作る容器内の圧力

4.3.2 大気圧

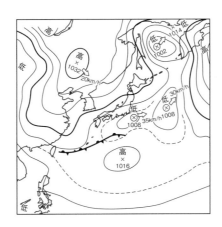

図 4.10 天気図の中の圧力（大気圧）．

　地球は空気の厚い層，すなわち大気に取り囲まれているのである．大気は当然上空ほど薄くなっているが重さがあるため地上には力を及ぼしていることになる．地上ではこの力が大気圧として観測される．大気圧の単位には気圧 (atm)，水銀柱 (mmHg) などが単位として用いられてきたが[4]，最近では Pa が用いられるようになった．図 4.10 によく新聞などでみられる天気図を示した．この図の中での 4 桁の数字の意味を考えてみる．"1016 hPa" はこれまで使ってきた "気圧" とどんな関係があるのだろうか．

$$1 \text{ 気圧} = 1.01325 \times 10^5 \text{ N/m}^2 = 1.01325 \times 10^5 \text{ Pa} \simeq 1013 \text{ hPa} \tag{4.10}$$

となる．ここで 1 hPa = 100 Pa を使った．他方圧力の国際単位として "bar"（バール）もよく

---

[4] なお，1 atm = 760 mmHg という関係にある．詳しく知りたいものは「トリチェリの実験」で調べてほしい．

用いられてきた．特に気象分野では "mbar" が用いられた．Pa とは以下の関係がある．

$$1\ \text{bar} = 10^5\ \text{Pa} = 10^3\ \text{hPa} \tag{4.11}$$

すなわち，1 mbar = 1 hPa となり，昔 1 気圧を 1013 mbar と呼んでいたがそれはそのまま 1013 hPa となるということである．

例題 4-5

　　1 N とはどのような力か．また 1013 hPa とは 1 m² あたりにどれくらいの力がかかっているのか計算せよ．

解

　　約 100 g の質量に働く重力である．中ぐらいの大きさのジャガイモとか単 1 の乾電池などがこれに近い．また 1013 hPa は約 10 ton の重さが 1 平米にかかることになり，大型トラックが畳半畳の上に載ったようなことになる．上の例で言えば畳半畳の上にジャガイモを 10 万個置いたことになる．

4.3.3　ボイルの法則

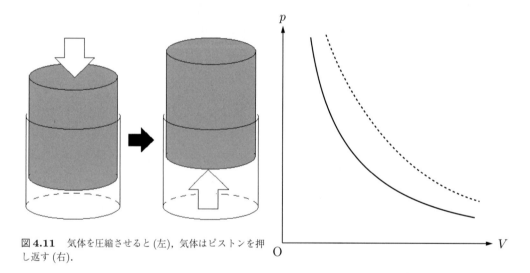

図 4.11　気体を圧縮させると (左)，気体はピストンを押し返す (右).

図 4.12　温度一定のときの圧力と体積の関係

　図 4.11 のように，一定量の気体を容器の中に入れ，温度を一定に保ちながら気体の体積を小さく (圧縮) すると圧力は大きくなる．すなわち，温度一定のとき気体の圧力 P は体積 V に反比例することが，17 世紀にアイルランドの物理学者ロバート・ボイルによって実験的に発見され，"ボイルの法則" として知られている．式に表すと，

$$PV = a\ (\text{定数}) \tag{4.12}$$

と書ける．グラフで表すと，図 4.12 のように反比例のグラフとなる．温度が高かったり質量 (= 分子の数) が大きかったりするとグラフの曲線は点線の位置に移動する．これはボイルの法

則の式における a の値が，温度や気体の種類によって変化することを意味している．すなわち，温度や質量が大きくなると a が大きくなり，グラフの曲線は原点から遠ざかる．ボイルの法則のように，気体の温度が一定で圧力や体積が変化することを"等温変化"という．

4.3.4　シャルルの法則

　図 4.13 のように，へこみのあるピンポン球を熱湯にいれると球に戻る．これは，ピンポン球内の気体が温められ，体積が増えているのである．気体の体積と温度にも法則性がある．18 世紀にフランスの物理学者ジャック・シャルルは，一定の圧力において，温度 0 (°C) の気体の体積を V_0 (m³)，セルシウス温度を t (°C)，そのときの体積を V (m³) としたとき，

$$V = V_0 \left(1 + \left(\frac{1}{273.15} \right) t \right) \tag{4.13}$$

の関係があることを発見した．すなわち，体積は温度が 1 度上昇すると 1/273.15 だけ膨張する．絶対温度 ($T = t + 273.15$) で書き直すと，

$$V = \left(\frac{V_0}{273.15} \right) T \tag{4.14}$$

と書け，$V_0/273.15 = b$ は定数であるので，

$$\frac{V}{T} = b \,(\text{定数}) \tag{4.15}$$

と書ける．これは，"シャルルの法則"として知られている．グラフで表すと，図 4.14 のように体積 V は温度 T に比例するグラフとなる．圧力が高いとグラフの曲線は温度軸に近づき (図の右点線)，質量 (= 分子の数) が大きいとグラフの曲線は体積軸に近づく (図の左点線)．シャルルの法則のように，気体の圧力が一定で温度や体積が変化することを等圧変化という．

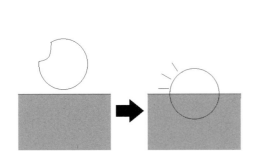

図 4.13　へこんだピンポン球を (左)，お湯に入れると元に戻る (右).

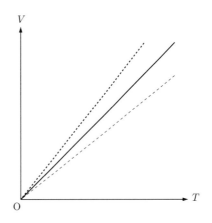

図 4.14　圧力一定の時の体積と温度の関係

例題 4-6

1. 飛行機は，上空では内部の気圧は 0.8 atm ($\simeq 8.1 \times 10^4$ Pa) 程度に調節している．飛行機が地上 (1.0 atm ($\simeq 1.0 \times 10^5$ Pa)) 滞在中に，500 mL のペットボトルに気体を入れて密閉した．上空 1000 m に達した時，機内の気圧が 0.8 atm だったと

すると，ペットボトル内の気体の体積はいくらになるか．なお，ペットボトル内の気圧と飛行機内部の気圧が同じとすると，飛行機内の温度は変化していないものとする．

2. 気温 27°C の状況下で，3.0×10^{-2} m^3 の気体をある冷凍庫に入れると，体積が 2.5×10^{-2} m^3 になった．冷凍庫内の温度は何 K か．なお，気体の圧力は変化していないものとする．

解

1. 温度を一定とみなしているので，ボイルの法則を使う．$pV = $ 一定なので，$1.0\,(\mathrm{atm}) \times 5.0 \times 10^2\,(\mathrm{mL}) = 0.8\,(\mathrm{atm}) \times V$ であるので，$V \simeq 6.3 \times 10^2$ mL.

2. 圧力が一定なので，シャルルの法則を使う．$V/T = 3.0 \times 10^{-2}/300 = 2.5 \times 10^{-2}/T = $ 一定．$T = 250$ K.

4.3.5　ボイル・シャルルの法則

上述のボイルの法則 $PV = a$ と，シャルルの法則 $V/T = b$ は組み合わせることができ，**ボイル・シャルルの法則** として一般に知られている．熱力学において最も有名な法則の 1 つである．

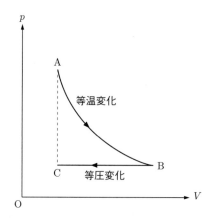

図 4.15　圧力と体積の関係の図

一定量の気体を図 4.15 のように変化させる場合，一定温度で状態 A から状態 B の変化を等温変化，一定圧力での状態 B から状態 C への変化を等圧変化という．状態 A から状態 B の変化は等温変化なのでボイルの法則，$P_A V_A = P_B V_B$ である．また，状態 B から状態 C は等圧変化なのでシャルルの法則が成り立ち $V_B/T_B = V_C/T_C$ である．したがって，

$$P_A V_A = \frac{P_B V_C T_B}{T_C} \tag{4.16}$$

が得られる．ここで，状態 A から状態 B の変化は $T_A = T_B$，状態 B から状態 C の変化は

$P_B = P_C$ であるので,

$$\frac{P_A V_A}{T_A} = \frac{P_B V_B}{T_B} = k \text{ (定数)} \tag{4.17}$$

となる. これが, ボイル・シャルルの法則である. すなわち, 質量が一定の場合, 気体の体積 V は, 圧力 P に反比例し, 絶対温度 T に比例する.

$$\frac{PV}{T} = k \text{ (定数)} \tag{4.18}$$

また, 比例定数 k は, 気体の量に比例する. 1 mol の気体の場合 (原子の個数は, $\sim 6.0221 \times 10^{23}$ 個 (アボガドロ数)), k は気体の種類によらず定数 $R = 8.31$ J/mol·K となり, この定数 R を気体定数と呼ぶ. 気体が n [mol] あるとすると, k はモル数 n と気体定数 R をかけたものに等しくなる. すなわち,

$$PV = nRT \tag{4.19}$$

と書ける. このように, ボイル・シャルルの法則に従うような気体を **理想気体** といい, (4.19) を理想気体の **状態方程式** という. 理想気体は理論上, 絶対零度 0 K において体積が 0 m^3 になる.

例題 4-7

注射器に温度 27°C, 圧力 1 気圧の空気 5 cm^3 を閉じ込め, 温度を 87°C, 圧力を 2 気圧にすると, 空気の体積はいくらになるか.

解

温度を上げる前は絶対温度で 300 K, 上げた後は 360 K となる. 求める体積を V とする. ボイル・シャルルの法則を使えば $1 \times 5/300 = 2 \times V/360$ が成り立つ. これを解いて $V = 3$ cm^3 を得る.

4.4 熱力学第 1 法則

4.4.1 熱と仕事とエネルギー 〜熱力学第一法則〜

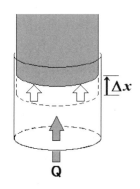

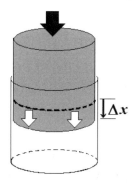

図 4.16 容器内の気体に熱量 Q を加えると・・・気体は膨張して, 外部に仕事をする.

図 4.17 容器内の気体を圧縮させると・・・気体は仕事をされて内部エネルギーが増える!

図 4.16 のように, 摩擦のないシリンダー内に, 圧力 P, 体積 V, 温度 T の気体が入ってい

る．その気体に外部から熱量 Q を加えてみよう，すると気体の温度は上昇する．さらに温度が上昇 → 圧力と体積 (どちらか，または両方) が上昇する．結果として，ピストンが押されるため，シリンダー内の気体は，外部に対して仕事をしていることになる．では，気体が行う仕事を見積もってみよう．ピストンが Δx だけ動いたとしよう．すると，気体がした仕事 W は

$$W = F\Delta x$$

であるので，ピストンの面積を S とすると，圧力 $P = F/S$ と書けるので，

$$W = PS\Delta x = P\Delta V \tag{4.20}$$

が得られる．すなわち，体積の変化量が仕事の大きさを示すことがわかる．

さて，「力学」の章で学んだように，**外部に対してどれだけ仕事ができるか** を示すのが，**エネルギー** であった．図 4.16 の場合も，気体は外部に対して仕事をしているので，あるエネルギーをもっていることになる．そのエネルギーを**内部エネルギー** と呼ぼう．

熱量 Q を与える前の気体の内部エネルギーを U_1，加熱した後の内部エネルギーを U_2 とする．直感的に考えて，気体は加熱したとき内部エネルギーが増えて，仕事をした分内部エネルギーが減少する．よって内部エネルギーの変化量 ΔU ($\equiv U_2 - U_1$)，気体がした仕事 W，気体に加えた熱量 Q の間には

$$\Delta U = Q - W \tag{4.21}$$

という関係がある．(4.21) を**熱力学第 1 法則** という．熱力学第 1 法則は，(熱まで含めた) エネルギー保存則である．なお，図 4.17 のように，気体を圧縮した場合は，気体は仕事をされていることになる．気体"に"した仕事を w とすると，(4.21) は

$$\Delta U = Q + w$$

となる．

例題 4-8

1. 滑らかに動くピストンをもつシリンダー内に閉じ込められた気体に，105 J の熱量を与えたら，気体の体積が 0.5 L(リットル) だけ膨張した．内部エネルギーの増加は何 J か？ ただし気体の圧力は 1.0 atm である．

2. シリンダー内に気体を入れて，ピストンを動かないように固定した．そして 1.5×10^2 J の熱量を気体に加えた．気体の内部エネルギーの増加量は何 J か．

解

1. 熱力学第 1 法則を使う．外から与えた熱力 = 気体が外へする仕事 + 内部エネルギーの増加，0.5 L $= 0.5 \times 10^{-3}$ m^3 および，1.0 atm $\simeq 1.0 \times 10^5$ N/m^2 である．気体が外へした仕事 $= 1.0 \times 10^5 \times 0.5 \times 10^{-3} = 50$ J，であるので，内部エネルギーの増加 $= 105 - 50 = 55$ J.

2. 気体が外部にした仕事=0 J．よって内部エネルギーの増加量=1.5×10^2 J.

4.4.2 理想気体の内部エネルギー

内部エネルギーについて, 詳細は後の章で解説するが, 気体を構成する分子の持つ運動エネルギーとポテンシャルエネルギー[5] の総和である. n [mol] の理想気体の場合, 内部エネルギーの大きさは, 絶対温度 T で決まる. ヘリウムやアルゴンなどの単原子分子の気体の場合,

$$U = \frac{3}{2}nRT \tag{4.22}$$

となり, 酸素や窒素などの二原子分子の場合は

$$U = \frac{5}{2}nRT \tag{4.23}$$

と表される. (4.22), (4.23) から分かる通り, 理想気体の内部エネルギーは気体分子の数と温度で決まる.

4.4.3 様々な変化

定積変化

それでは, 熱力学第一法則を気体が様々な変化をする場合に当てはめてみよう. 簡単のため, 容器内に単原子分子の理想気体が入っているものとしよう.

まずは, 図 4.16 において, ピストンが固定されている場合はどうなるだろうか. その場合は, ピストンの変化量 $\Delta x = 0$ なので, 当然体積の変化量 $\Delta V = 0$ である. よって, 気体がした仕事も $W = 0$ となる. したがって, (4.21) から $Q = \Delta U$ となることがわかる. さらに, 容器が密閉されて, 気体分子の外部との出入りが無いとすると, $\Delta U = \frac{3}{2}nR\Delta T$ となり,

$$Q = \frac{3}{2}nR\Delta T$$

が得られる. よって, 外部から加えた熱量は全て容器内の気体の温度変化に使われる.

ここで, 熱量 Q が, 比熱 c, モル質量 M, モル数 n を用いて, $Q = nMc\Delta T$ とも書けたことを思い出そう. そして, モル比熱 Mc を c_v と表すことにしよう. すると

$$Q = nMc\Delta T = \quad nc_v\Delta T = \frac{3}{2}nR\Delta T$$

$$c_v = \frac{3}{2}R \tag{4.24}$$

ここで定義した, c_v を **定積モル比熱** と呼ぶ. (4.24) は単原子分子の場合である. 二原子分子の場合だと, $c_v = \frac{5}{2}R$ となる.

定圧変化

ここでは, ピストンが固定しておらず, 圧力 $P =$ 一定で変化した場合を考えよう. この場合, 気体は体積が変化し, 外部に対して仕事をすることができる. よって, (4.21) は

$$\Delta U = Q - W = Q - P\Delta V$$

$$Q = \Delta U + P\Delta V \tag{4.25}$$

---

[5] 分子の間にはたらく力 (分子間力という) の位置エネルギーである.

となり，与えた熱は気体の内部エネルギーの変化と体積変化の両方に使われることがわかる．

ここで，ΔU を決めるのは，ΔT であり，定積変化なのか定圧変化なのかは関係ない．よって，ΔT について，(4.24) を適用できる．さらに，定積変化の時と同様，熱量 Q をモル比熱を用いて表そう．新たなモル比熱 **定圧モル比熱** c_p を導入すると

$$Q = nc_p\Delta T$$

と書くことができるので，(4.25) は

$$c_p = c_v + R \tag{4.26}$$

と表される．定積モル比熱が分子の状態で決まる定数であることから，定圧モル比熱も同様に，分子の状態で決まる定数となる．

等温変化

ここでは，図4.16 のように，熱量 Q を気体に与えた時，温度が変化しない場合を考えよう．すなわち，ボイルの法則が成り立つ場合である．温度が変化しない場合を，等温変化という．等温変化 ($\Delta T = 0$) の場合，気体の内部エネルギーは変化しないので，$\Delta U = 0$ である．よって，(4.21) から，以下のようになる．

$$Q = W.$$

つまり，加えた熱は全て外部への仕事に使われる．

断熱変化

4.3.3 で，ボイルの法則は等温変化，4.3.4 でシャルルの法則は等圧変化であることを述べた．ここでは，もう1つ熱力学的な変化で重要な**断熱変化**について解説をする．断熱変化は外部と熱の出入りがない[6]変化である．

ここで，4.4 で出てきた熱力学第1法則 (4.21) を思い出そう．

$$\Delta U = Q - W$$

ここで，ΔU は気体の内部エネルギーの変化量，W と Q はそれぞれ気体がした仕事と気体に与えた熱量であった．断熱変化を考えた場合 $Q = 0$ である．さらに理想気体を考えた場合，内部エネルギー $U = (3/2)nRT$ となるので，熱力学第1法則は

$$\frac{3}{2}nR\Delta T = W \tag{4.27}$$

となり，外部から与えられた仕事が，すべて気体の温度変化に使われることがわかる．ここで，(4.20) を用いると

$$\frac{3}{2}nR\Delta T = -P\Delta V \tag{4.28}$$

という式が導かれる．ここで，右辺と左辺で符号が違うことに注意をしてほしい．温度 − 圧力の傾き $\Delta V/\Delta T < 0$ となることを意味している．すなわち，気体は圧縮される ($\Delta V < 0$) 場

---

[6] 図4.6のタンブラーや魔法瓶を思い浮かべてほしい．コップなどに入れた場合に比べて，中の飲料の温度が長時間持続しているだろう．あれは，外部に熱が逃げていきにくいためである．

合に温度が上昇 ($\Delta T > 0$) し，気体が膨張 ($\Delta V > 0$) する場合，温度が低下 ($\Delta T < 0$) となるのである．

断熱変化の場合であるので，等温変化・定圧変化を想定したボイル・シャルルの法則は使えない．圧力 − 体積関係，体積 − 温度関係は，それぞれ

$$P \propto V^{-5/3}, \quad T \propto V^{-2/3} \tag{4.29}$$

となる．特に (4.29) の前者に注目してみよう．ボイルの法則 $P \propto V^{-1}$ よりも傾きが大きくなることがわかる．

4.4.4 熱して冷ましてぐるぐる回せ〜カルノーサイクル〜

さて，これまで習ってきた熱力学第 1 法則がどのように役立ってくるかをみてみよう．ここで図 4.18(a) を見てみよう．摩擦のないシリンダー内に，理想気体を閉じ込めてある．シリンダーを加熱し，気体に熱量 Q_1 を加えたとする．すると気体は温度が一定のまま膨張をする．そこで図 4.18(b) のように加熱をやめる．しかし，気体は膨張をし続ける．そのときは，外部から熱量を与えていないので，断熱膨張を行い気体の温度は下がる．その間，シリンダー内の気体は外部に仕事をしていることになる．

続いて図 4.18(c) のようにシリンダーを冷却し熱量 Q_2 が気体から奪われたとする．すると，気体は温度が一定のまま収縮をする．図 4.18(d) のように冷却をやめても，気体は断熱収縮をする．結果として，シリンダー内の気体は，加えた熱量 Q_1 と奪われた熱量 Q_2 の差 $Q_1 - Q_2$ と同じだけの仕事を外部にしていることになる．図 4.18(a)-(d) のプロセスを繰り返すと，外部に仕事をし続けることになる．

その過程で圧力 − 体積の関係をグラフにしたのが，図 4.19 である．A → B の過程が図 4.18(a) に対応している．同様に B → C が図 4.18(b)，C → D が図 4.18(c)，D → A が図 4.18(d) にそれぞれ対応している．ここからわかる通り，A から始まりまた A に戻ってきていることがわかる．これを**サイクル**と呼んでいる．特に，ここで紹介している理想気体を利用したサイクルのことをカルノーサイクルと呼ぶ．これは，物理学者のニコラ・カルノーによって，このサイクルの原型が考えられたことに由来をしており，カルノーの研究によって，熱力学が本格的に始まり，同時に機関の効率に対する理論的な研究も行われるようになったのである．

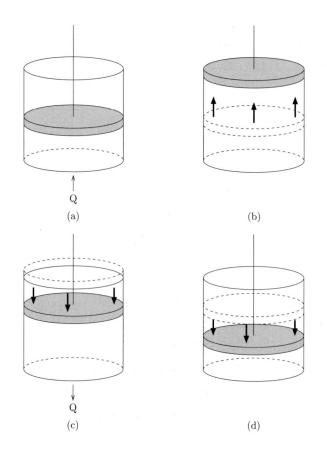

図 4.18　カルノーサイクルのイメージ図．(a) シリンダーに高温熱源を接すると，熱量 Q が気体に加わる．その結果，気体の体積が膨張し外部に仕事をする．(b) 熱源を外すと，気体が断熱膨張をし外部に仕事をする．(c) 低温熱源をシリンダーに接して熱量 Q が気体から奪われる．結果，温度が低下し体積が収縮する．(d) 低温熱源を外すと，気体が断熱収縮をする．

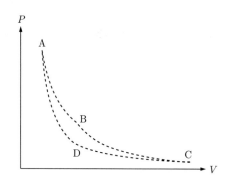

図 4.19　カルノーサイクルの P–V 図．

4.4.5　食べた分すらはたらきません!!〜 熱効率 〜

　前節では，カルノーサイクルを紹介した．カルノーサイクルは，カルノーによって理論的に考えられたものであるが，現代では応用した例が数多く見られる．ガソリンエンジンのオットーサイクル，ディーゼルエンジンのディーゼルサイクルなどである．それらの共通点は，『気体 (作業気体と呼ぶ) に熱量を与えて，外部に仕事をし続ける』という点である．逆にいうと**熱量を気体に与えなければ，仕事をしてくれない** のである．

　ここで，熱量を Q_1 [J] を与えると，外部に熱量 Q_2 [J] を放出して，W [J] の仕事をする熱機関を考えよう．さらに，気体がどれだけ仕事をできるかを表す量として，**熱効率** と呼ばれる量を導入しよう．熱効率を e で表すと，以下のように定義される．

$$e \equiv \frac{W}{Q_1} = \frac{Q_1 - Q_2}{Q_1} = 1 - \frac{Q_2}{Q_1}. \tag{4.30}$$

熱効率の値は $0 \le e < 1$ である．つまり $W \ge Q_1$ となることは無い．

4.5　熱力学第 0, 2, 3 法則

　前節では，熱力学第 1 法則について紹介したが，ここでは他にも熱力学の法則はある．ここでは，それを簡単にではあるが，紹介したい．

4.5.1　熱力学の第 0 法則

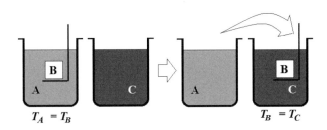

$T_A = T_B$　　　　　$T_B = T_C$

図 4.20　物体 A と物体 B を接触させて熱平衡にする．そして，物体 B と物体 C を接触させて温度が変わらなかったら，物体 A と C は同じ温度！

　熱力学第 1 法則があるからには，読者の方々は，当然『熱力学第 2 法則』もあるのではないかと，思うことだろう．当然ある．それについては後述するとして，最初に**熱力学第 0 法則** を紹介しよう．

　図 4.20 のように，3 つの物体，A, B, C があるとする．物体 C を見ることも触ることもできなくても，物体 A と物体 B が熱平衡 (同じ温度) になっており，同時に物体 B と物体 C が熱平衡 (同じ温度) になっているならば，物体 A と物体 C も熱平衡 (同じ温度) になっている．「え？当たり前じゃね？」と鼻で笑いたくなるぐらい当たり前である気がするが，基本的な不変な法則である．すなわち，物体 A と B の温度を知ることができれば，物体 C の温度を知ることができるということを保証してくれる，便利な法則である．当たり前の話だが，物体 C に見ることも触れることもなく，その情報を得ることができるということである．この常識的な法

則は, 熱力学の第 1, 第 2, 第 3 法則の範囲では, 説明できないような事柄がこの法則によって説明されている. この熱力学第 0 法則は, 熱力学が成り立つ上での大前提である.

4.5.2　熱力学第 2 法則

熱がどのように, 物体を移動するのかを表した法則である. 高い温度 T_1 の物体 A と低い温度 T_2 の物体 B が存在するとき,

熱は, 外部に何の変化も残さずに, 低温の物体から高温の物体へ移ることはできない.

すなわち, 非可逆性 (温度の低い状態から高い状態に熱が伝わり, 物体 B は温度 T_1 に戻ることはできない) の存在を示す法則である. 例えると, 『温かい料理を食べずに置いておくと, 冷めることはあっても, ひとりでに温まることは無い. 元の温度にするには, 電子レンジやコンロが必要だが, ガス代や電気代という『形跡』は残る』ということである.

また, エントロピーという熱力学でよく使われる物理量を用いて, 物体 B からみると高熱源 (物体 A) の熱を低熱源 (物体 B) が得る, すなわちエントロピー増大の法則 (温度が T_2 から上昇する:$\Delta S > 0$) を表している. ここではエントロピーについては詳しくは説明しないが, 不均一さを表す量として用いられる. ドイツの物理学者クラウジウスが, 熱力学における可逆性と不可逆性を研究するために導入した. 言い方を変えると,

外部に変化を及ぼすことなく, 熱源よりも熱を得, それを循環的に作動させ仕事を行わせることのできる第 2 種永久機関[7] を作ることはできない

ということになる. すなわち, 熱効率 (4.30) はどんな熱機関も $e = 1$ とはなりえないことを表している.

4.5.3　熱力学第 3 法則

熱力学第 3 法則は, 熱力学第 2 法則を拡張させたような法則であり, 理想気体に対して, 量子論的な考えを持ち込む. 少し詳しく議論することが必要となるので興味ある人は, 他の専門書を参考にしてほしい. ここでは, 重要な結果のみを書いておく. この熱力学第 3 法則を認めると, そこから 3 つの重要な結果,

1. 絶対零度に近づくと比熱は 0 に近づく,
2. 絶対零度に近づくと膨張率は 0 に近づく,
3. 絶対零度に到達することは不可能である,

が自動的に導かれる. すなわち, 絶対 0 度ではすべての物体のエントロピーは 0(ゼロ) となることを表している.

---

[7] なお, 第一種永久機関は, 『熱量を加えずに, 仕事をし続ける熱機関』である. 熱力学第 1 法則で, $\Delta U = Q = 0$ かつ $W \neq 0$ ということになる. 無論, エネルギー保存の法則に反するから, 第一種永久機関もまたありえない.

トピックス 4(b)　圧力鍋

　日本人の主食であるご飯を，富士山のような高い山の頂上で炊くと，圧力が低いため 100°C 以下で水が沸騰し，芯が残ったご飯ができあがる．このように，水の沸騰する温度と圧力は，密接に関係している．水は 0°C で氷から水になり，100°C で沸騰して蒸気になることを学んだ．しかし，圧力が低いと沸騰温度は低くなり，高いと沸騰温度は高くなる．この性質を利用しているのが圧力鍋であり，ここではこの原理について考えてみる．

　鍋を密閉して，火にかけると鍋の中の水が 100°C で蒸気が発生するが，蒸気は鍋の外に出られないので，鍋の中の圧力が高くなり蒸発しづらくなり終いには蒸発しなくなり，鍋の温度は 100°C 以上に上昇する．したがって，鍋を密閉すると圧力が高くなり沸騰温度も高くなる．原理的には，温め続けると鍋が壊れるまで圧力は上昇するので，料理に適した圧力で鍋の圧力をコントロールしなければならない．鍋の圧力が高くなると蒸気を逃がし，鍋の中の圧力がある圧力以上に上がらないように，図 4.21 の蓋の中心についている小さな穴の上のおもりでコントロールしている．おもりの重さと蒸気圧のバランスが圧力鍋の圧力を一定にするための原理である．圧力鍋の圧力は鍋によって違うが，圧力 1.8 気圧で，温度は 120°C になる．また，高温で調理するので，短時間に調理することができ，普通の鍋の 3 分の 1 の時間，光熱費は，普通の鍋の 4 分の 1 に省エネ可能となる．図 4.22 に圧力鍋の圧力と温度の関係のグラフを示す．最近は，圧力の高い活力鍋も販売されている．

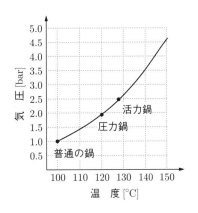

図 4.21　圧力鍋の写真 (株式会社ワンダーシェフ提供)　　図 4.22　圧力鍋中の圧力と温度の関係.

トピックス 4(c)　水と氷

　よく知られているように，私たちが日常生活をしている一気圧下において，H_2O は 0 °C 以上の温度で液体の状態，すなわち，水である．また，0 °C 以下では固体の状態，すなわち，氷である．それでは，この H_2O に圧力を加えていくとどうなるのであろうか．その状態変化を示したのが，図 4.23 に示した H_2O の温度 – 圧力相図である．この図からわかるように，H_2O は温度-圧力に対して実に様々な状態をとる．温度一定の条件では，圧力が高くなるにつれ体積

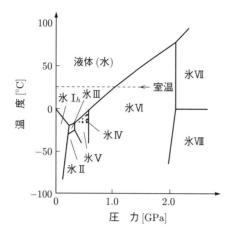

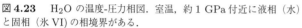

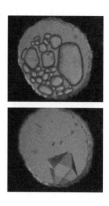

図 **4.24**　約 1 GPa(一万気圧) の圧力下の H_2O. 融解しながら水に沈む氷 VI 多結晶 (上) と成長した氷 VI 単結晶 (下)

図 **4.23**　H_2O の温度-圧力相図. 室温, 約 1 GPa 付近に液相（水）と固相（氷 VI) の相境界がある.

が減少するので，高い圧力下であるほど密度が高い状態であることを意味している．たとえば，私たちが通常目にする氷は，この相図において氷 I_h と呼ばれているものである．この氷 I_h よりも高い圧力側に液体状態である水の状態がある．つまり，氷 I_h よりも水のほうが密度が高いのである．これが氷 I_h が水に浮く理由である．また，温度約 25°C(室温)，圧力約 1 GPa 付近に水と氷 VI の相境界があることがわかる．これは温度を室温に保ったまま水を加圧してくと，液体の水が固体の氷 VI に相転移することを表している．実際この様子は比較的簡単な高圧実験で観察することができる[8]．その写真を図 4.24 に示す．上の写真は，氷 VI 多結晶が融解しながら，水に沈む様子を表している．氷 VI は水よりも密度が高いためである．下の写真は，圧力下で成長する氷 VI 単結晶である．図 4.24 の状態のとき，H_2O は液体と固体が共存している相境界上にある．

4.6　気体分子運動論

4.6.1　気体分子の運動と圧力 **

　ここでは圧力を古典力学を用いてミクロな立場で考える．質量 m の気体の分子が一辺 L の立方体の容器に入っているとする．その容器の中で分子は直線的に，速度 v で運動し，容器の壁に衝突して常に力を及ぼしている．衝突の際に分子から壁に与えられた力の分だけ分子の運動量は変化する．力学の章で学んだように，運動量 p は質量 (p) と速度 (v) の積 $p = mv$ で定義される．この運動量から，圧力 P がどのように表されるかを考えてみよう．一辺 L の立方体の中を分子は 3 次元に自由に飛び回っている．分子の速度を v_i，質量を m_i とする．ここで i は，x, y, z 座標を表す．

8 中西 剛司，一ノ瀬 幸裕，窪 誠也：高圧力の科学と技術 Vol.20, No.4 (2010) 377.

　手始めに，図 4.25 のように，y 軸と平行に 1 個の分子が
壁に垂直に，しかも一直線上での衝突を考える．このとき，
壁との衝突が弾性衝突 (衝突の前後でエネルギーが等しい
(非弾性衝突だと，壁にキズがつくか，分子自体が変形す
ることになる)) であり，分子の速度は，v_y から衝突後に
$-v_i$(反対向き) となる．したがって，分子が衝突して跳ね
返るときの，運動量の変化は，

$$mv_y - (-mv_y) = 2mv_y \tag{4.31}$$

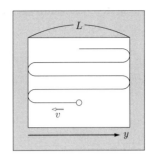

図 **4.25**　一辺 L の立方体の中の分子
の運動の様子.

である．運動量の変化は力積に等しいので，

$$2mv_y = F\Delta t \tag{4.32}$$

であるので，壁が 1 個の分子から受ける力を f とすると，

$$f = \frac{2mv_y}{\Delta t} \tag{4.33}$$

である．ここで，Δt は 1 回の衝突にかかる時間である．よって，$1/\Delta t$ は 1 秒あたりの衝突回
数になる．さらに 1 秒間に分子が壁に衝突する回数は，$v_y/2L$ 回とも表せるので，(4.33) は

$$f = \frac{2mv_y \times v_y}{2L} = \frac{mv_y{}^2}{L} \tag{4.34}$$

である．これまで，y 方向のみを考慮したが，x および z 方向も考慮すると，$v_x = v_y = v_z$ で
あり，$v^2 = v_x{}^2 + v_y{}^2 + v_z{}^2$ と書けるので，

$$v_y{}^2 = \frac{1}{3}v^2$$

となり，(4.34) は，

$$F = \frac{1}{3}\frac{mv^2}{L} \tag{4.35}$$

である．これが 1 個の分子が壁に速度 v で垂直に衝突した際の力である．

　また，容器の中には N 個の分子が入っているとすると，分子全体での力 F は，

$$F = \frac{1}{3}\frac{Nmv^2}{L} \tag{4.36}$$

となる．(4.8) 式により，圧力 P [Pa] は，単位面積 S [m^2] あたりの力 F [N]，$P = F/S$ とし
て定義される．この式を用いると，$S = L^2$ であるので，

$$P = \frac{1}{3}\frac{Nmv^2}{L^3} = \frac{1}{3}\rho v^2 \tag{4.37}$$

と書ける．ここで，分母の Nm は箱内部の気体の質量であり，L^3 は体積であることから，密
度 $\rho = Nm/L^3$ と表されることを用いている．圧力は分子の速度の 2 乗と密度を用いて表され
ることがわかる．即ち，気体の圧力は分子の熱運動により生じている．

4.6.2 気体分子の運動と理想気体の状態方程式 **

前節では，気体の圧力は，分子の運動によって生じていることが示された．ここでは，理想気体の内部エネルギーや状態方程式も，求められることを示そう．

手始めに，(4.37) を以下のように変形する．

$$P = \frac{1}{3}\frac{Nmv^2}{L^3} = \frac{2N}{3V} \times \frac{1}{2}mv^2$$

$$\frac{3}{2}PV = \frac{N}{2}mv^2 \tag{4.38}$$

ここで，(4.38) の右辺の $(1/2)mv^2$ は，分子 1 個当たりの運動エネルギーである．分子間の位置エネルギーが運動エネルギーに比べて十分無視できると仮定すると，**粒子のもっている全エネルギー ＝ 運動エネルギー** となる．つまり，全気体分子がもっているエネルギーの総和 ((4.38) の右辺) は，内部エネルギー U なのである!! よって，(4.19) と (4.38) より，

$$U = \frac{N}{2}mv^2 \tag{4.39}$$

$$= \frac{3}{2}nRT. \tag{4.40}$$

よって，理想気体の内部エネルギー (4.22) が得られる．特に，理想気体の内部エネルギーは温度に比例することがわかる．なお，二原子分子については，分子の回転の効果があるため，(4.40) より大きくなる．

ここでモル質量 $M = mN_A$ を導入しよう．さらに，分子数 N はモル数 n を用いて，$N = nN_A$ と書ける．すると，(4.39), (4.40) より，

$$\frac{N}{2}mv^2 = \frac{nN_A{}^2}{m} = \frac{nM}{2}v^2 = \frac{3}{2}nRT$$

$$v = \sqrt{\frac{3R}{M}T} \tag{4.41}$$

即ち，気体分子の速さ (なお，この v の値は分子 1 個当たりの平均値である) は，絶対温度の $T^{1/2}$ に比例することがわかる．さらに，(4.37) と (4.41) から，理想気体の状態方程式 $PV = nRT$ が得られるのである．

第 4 章・章末問題

演習問題 A

1. お湯 $68°C$, 50 g と冷たい水 $26°C$, 25 g を混合させたときの温度変化と求めよ．

2. 水が $26°C$, 50 cc，お湯が $68°C$, 25 cc を混合したとき，水の温度は何度になるか．

3. $100°C$ の銅 65 g を 130 g の水 ($24°C$) に入れたところ，しばらくすると，全体の温度が $27°C$ になった．水の比熱を 1 cal/g·K として，銅の比熱を求めよ．

4. $25°C$, 40 g の石を $85°C$, 100 g の水に入れたところ，両方とも $78°C$ になった．石の比熱の大きさを求めよ．

5. 鉄の比熱は $c = 0.435 \times 10^3$ (J/kg·K) である. 以下の問いに答えよ.

　1) 鉄の比熱を, cal/g·K で表せ.

　2) 鉄 2 kg を 10 度上げるのに必要な熱量 Q を求めよ.

6. 20°C, 200 g の水に 100°C の鉄 100 g を入れる. これらが熱平衡になったときの温度はいくらか. 熱は外部に逃げないものとし, 水と鉄の比熱 はそれぞれ 4.19 J/g·K, 0.45 J/g·K とする.

7. 陸地と海の日中と夜間の温度の違いについて述べよ. 海水の比熱は 3.9 J/g·K, 陸地の比熱は 0.84 J/g·K とする.

8. 水の融解熱, 334 kJ/kg と蒸発熱, 2259 kJ/kg を cal/g の単位で表せ.

9. 0°C の氷 0.200 kg を 0°C の水に変えるのに必要な熱量 (cal または J) を計算せよ.

10. -5°C の氷 0.200 kg を 0°C の水に変えるのに必要な全熱量を計算せよ. ただし熱の損失はないとしてよい.

11. 20°C の水 0.50 kg を沸騰させて, 完全に水蒸気に変えるのに必要な熱量はどれだけか. ただし熱の損失はないとしてよい.

12. 1 気圧の理想気体 1 L を圧縮した結果, 体積が 800 mL になった. そのとき等温に変化したとして, 理想気体の圧力は何気圧になるか.

13. 理想気体の体積が 0.5 L で, 温度が 27°C だったとする. その体積を 0.6 L にするためには, 何度にすればよいか. ただし, 気体の圧力は一定に保たれているとする.

14. 気圧の温度が 0°C, 体積が 22.4 L, 圧力が 1 気圧の状態を標準状態という. 理想気体が標準状態であるとき, $R = 8.31$ J/mol·K であることを確かめよ.

15. 1 気圧, 27°C の理想気体が 1m^3 ある. それを変化させ, 1.5 気圧で 177°C にした. 体積は何 m^3 になるか.

演習問題 B

1. 熱機関が高温物体から吸収した熱量が 500 J, 低温物体に放出した熱量が 350 J であった. 得られた仕事とこの熱機関の効率を求めよ.

2. 速さ 72 km/h で走っていた質量 2.2×10^3 kg の小型トラックがブレーキをかけて止まった.

　(1) このとき, 発生した熱量 Q は何 J か.

　(2) (1) の熱量が, すべて比熱 0.44 J/(g·K) の金属 4.0 kg でできたブレーキ板に与えられたとする. このとき, ブレーキ板の温度は何度上昇するか.

　(ヒント:質量 m, 速さ v の物体のもつ運動エネルギーは $(1/2)mv^2$ である.)

3. バスタブに入れた水 80 kg を 12°C から 42°C に温めるのに必要な熱量はどれだけか. 熱が周囲に逃げ去ることはないとして計算せよ. また電気料金はキロワット時 (kWh) 単位になっている. 1 キロワット時を 25 円として 1 か月あたりの電気代を計算せよ. 関係式

W = J/s を考慮せよ．

4. ヘリウムガス 1 mol は 4 g である．ヘリウムガス 200 g を 27°C に保たれた 10 m³ の容器に入れた．圧力は何 Pa を示すか．

第5章

波動入門

　ここでは，波 (波動) を理解するための基礎知識および考え方の初歩を解説する．そのため，現象を観察することからはじめ，波の本質的なところを直感的に理解できるように記述した上で，波動の基本的な性質を学ぶ．次に，音波および波としての光の性質について簡単に触れる．特に，音波と光は日常生活においても非常に重要である．なぜなら，人が得る情報のほとんどは，耳が音波を検知し，目が光を検知することによって入ってくるからである．また，人と人が会話できるのも声帯によって音波が発生しているからである．さらに情報そのものも媒体 (メディア) を通じて，遠くの人へと伝わっていく波のような存在であると考えることができる．また，テレビ・インターネット・携帯電話など，現代社会の主な通信手段は光の波としての性質を利用したものなのである．

5.1　波動の基本的性質

5.1.1　波とは何か

　身近な波として，まず思い起こすのは水面に起こる波紋ではないだろうか．たとえば，池に石を落とすと，石を落とした位置を中心に波紋が広がっていく様子は誰でも一度は見たことがあると思う (図 5.1)．その際，ボールが浮いていたとすると，ボールはどのような動きをするであろうか．図 5.2 はこの様子を表している．図 5.2(a) のように，波が左側から広がってくるとする．このとき，ボールは右側の水面上に静止しているとする．図 5.2(b), (c) に示すように，ボールのところに波紋がくるとボールは波紋とともに流れていくのではなく，ボールはその位置で少し上下に振動するだけである．言い換えると，水面の振動がボールに伝わり，ボールを振動させているのである．このように，振動が次々と広がっていく現象を波または波動という．また，物質は運ばれずに，振動のエネルギーが運ばれていく現象を波ということもできる．この振動を伝えるもの，あるいは振動が伝わっていくものを媒質という．池の例の場合，水が媒質である．また，ボールが振動したのは，波によって振動のエネルギーがボールに伝わったからである．このように，波は振動と密接に関わっている．したがって，波を理解するためには，まず振動という現象を考えることからはじめるとよい．それから，振動が波という現象にどのように関わっていくのかを考えると理解しやすい．まずは，一番単純な振動，す

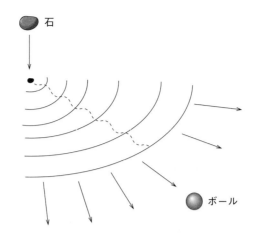

図5.1 池に石を落とすとそこを中心に波紋が広がっていく.

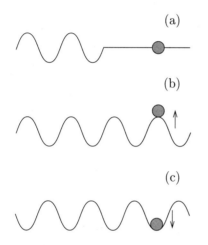

図5.2 水面上で静止しているボールの位置に波紋が左から右に広がってきたときのボールの運動

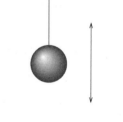

図5.3 バネにつながれたボールの上下運動

なわち単振動を考え,それから波を考えていくことにする.

振動現象で一番単純なものは,第3章にも出てきた単振動である.繰り返しになるがここでもう一度単振動について復習しておく.たとえば,図5.3に示すように,ボールにバネを取りつけて天井につるし,上下に振動させる場合を考える.このとき,ボールはある位置(平衡位置)を中心に上下に周期運動をする.つまり,ボールの位置のある一点だけに注目すると,ボールが一定時間後にまた同じ位置にくる,そしてまたその運動を繰り返す.この様子をもう少し詳しくみるために,単振動の一例を模式的に描いたのが図5.4である.この図では,ボールに記号 A をつけている.この例の場合では,時刻 $t=0$ 秒で $y=0$ の位置にあったボール A は $t=1$ 秒には $y=a$, $t=2$ 秒には $y=b$, $t=3$ 秒には再び $y=a$, $t=4$ 秒には再び $y=0$ の位置にくる.同様に,$t=5$ 秒には $y=-a$, $t=6$ 秒には $y=-b$, $t=7$ 秒には再び $y=-a$, そして $t=8$ 秒には $y=0$ の位置にくる.これが1回分の振動である.つまり,8秒間で1回

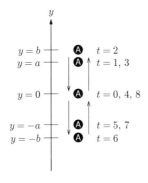

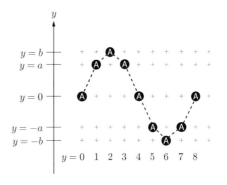

図5.4 単振動の例

図5.5 単振動における位置の時間 (秒) 変化

の振動をする. この後は, この運動を 8 秒ごとに繰り返す. この様子を縦軸に y, 横軸に時間をとり, 少しずつずらして描くと, 図 5.5 のようになる. また, その変化を線でつなぐと (図では破線), 正弦曲線のように変化していることがわかる. この図をさらに拡張し, 任意の時刻 t について連続的に描くと, いわゆる y–t グラフとしてボール A の位置 y が時間 t によってどのように変化しているかを表すことができる. したがって, 時間間隔をさらに小さくしていけば, きれいな正弦曲線になり, この運動は三角関数を用いて表すことができることがわかる (実際, バネに代表されるような弾性的性質に起因する振動は, 運動方程式を解くことによりその解が三角関数で表されることが示される : 第 3 章参照).

（a）　単振動と横波

次に, この振動運動が波動にどのように関わっていくのかみていこう. ここでは簡単のために, 1 つの振動が伝わっていき, パルス波[1]が生成される様子をみていく. 図 5.4 に示したボール A と全く同じ振動をする性質をもつボールを, 9 個等間隔で並べた場合の 10 個のボール全体の運動の様子を考える. わかりやすくするために, ボール B, ボール C というように, 順番にボール J まで名前をつけておく. 図 5.6 の $t = 0$ 秒では, 10 個のボールすべてが静止している状態を表している. 次に, $t = 1$ 秒でボール A が最初に示した図 5.4 のように振動をはじめ, $t = 2$ 秒で今度はボール B が同様に振動を始める. その後, 順次 1 秒遅れで, 各ボールが振動し始めるとする. つまり, $t = 3$ 秒でボール C, $t = 4$ 秒でボール D という具合に. すると, $t = 8$ 秒でボール A が最初に位置に戻ってくると同時にボール I が振動を始めることがわかる. このように, 各ボールが順番に変位した位置をたどっていけば波の形をしており, その変位の動きが左から進入してきているようにみえるのがわかる. 時刻 $t = 8$ 秒の図では, いわゆる正弦曲線になっていることがわかるが, さらにボールの数を増やしていった場合を考えればきれいな正弦曲線になることは容易に想像できる. また, さらに時間が進むと, 図 5.7 に示したように, 変位は右向きに移動していき, $t = 17$ 秒では変位はなくなってしまう. ここで注意すべき点は, 各ボールは x 軸上 (横軸) では全く動いておらず, y 軸上 (縦軸) での位置が

---

[1] 短い振動が起こり, それが伝わっていく波をパルス波という. これに対して, 次々と振動が連続的に起こり, それが伝わっていく波を連続波ということがある.

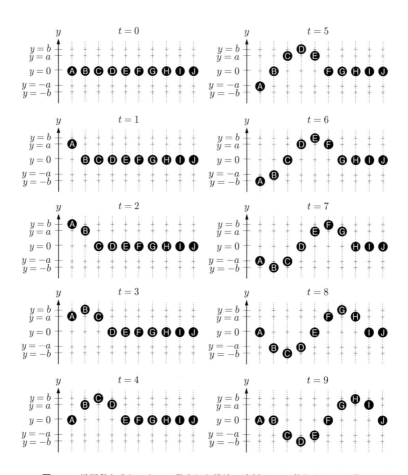

図 **5.6** 単振動とそれによって発生した横波. 時刻 $t = 0$ 秒から $t = 9$ 秒.

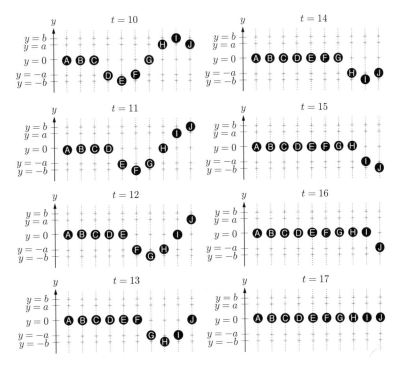

図 **5.7**　単振動とそれによって発生した横波. 時刻 $t = 10$ 秒から $t = 17$ 秒.

変化しているだけである. つまり, x 軸上 (横軸) では振動しているだけであるということである. このように波は, 媒質 (この例の場合は, 各ボール) は振動しているだけであるが, その変位 (この例の場合は, 各ボールの縦方向の変位) だけが横方向 (x 軸方向) に伝わっていく現象である. また, この例のように, 振動方向と変位が伝わっていく方向が垂直であるような波を横波という.

　もう少し詳しくみるために, 時刻 $t = 8$ 秒と時刻 $t = 9$ 秒のときのボールの位置を同時に示したのが図 5.8 である. 時刻 $t = 8$ 秒におけるボールの位置を実線で結んであり, 時刻 $t = 9$ 秒におけるボールの位置を破線で結んである. 同じアルファベットのボールに注目すると, それぞれのボールは時刻が $t = 8$ 秒 から $t = 9$ 秒に変わると, 上または下に位置が変化していることがわかる. つまり, 各ボール自体は上下に運動しているだけである. たとえば, ボール B は上へ移動し, ボール F は下へ移動している. 次に, その変位の大きさに注意すると, たとえば, 時刻 $t = 8$ 秒におけるボール B の変位の大きさと同じ変位は時刻 $t = 9$ 秒におけるボール C の変位であり, 時刻 $t = 8$ 秒におけるボール C の変位の大きさと同じ変位は時刻 $t = 9$ 秒におけるボール D の変位である. このように, 各ボールの位置の変化, すなわちそれぞれの変位が右向きに移動している様子がわかる. つまり, 全体の変位 (波形) が右向きに移動していることがわかる. この様子をさらに拡張して, 連続的な振動による連続的な波の場合を示したのが, 図 5.9 である.

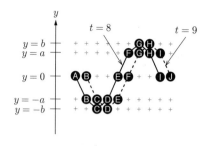

図 **5.8** 時刻 $t = 8$ 秒と時刻 $t = 9$ 秒における各ボールの位置.

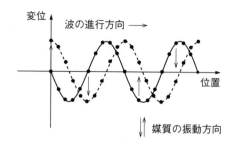

図 **5.9** ある時刻の横波の進行方向と媒質の振動方向

（b）　単振動と縦波

　今度は，それぞれのボールが横軸 (x 軸) 方向に振動することを考え，さらに，隣同士の振動が 1 秒おきに発生した場合，どういうことが起きるのかみていこう．ここでも簡単のために，1 つの振動が伝わっていき，パルス波が生成される様子をみていく．この様子を示したのが図 5.10 と図 5.11 である．これらの図でわかりやすくするために，各ボールの変位の大きさと向きを図中の矢印で示してある．このように，はじめ $t = 1$ 秒でボール A に発生した変位は次々と右向きに伝わっていく様子がわかる．このとき，ボールの間隔に注意してほしい．一番左端のボール A に振動が起こり，順番に振動が起こっていくと，ボールの間隔が狭いところと広いところが時間が進むにつれて右向きに伝わっていくのがわかるだろうか．この例のように，振動方向と変位が伝わっていく方向が同じ方向であるような波を縦波という．実は，この縦波も横波として表すことができるのである (演習問題)．

例題 5-1　地震は P 波と S 波に分けられるが，P 波は縦波で，S 波は横波である．地震が起きるときに，P 波の音が聞こえるが S 波の音が聞こえないのはなぜか．

解

　　　P 波は縦波であり，地面から空気中に伝わると，音波になり聞くことができる．しかし，S 波は横波であるため，空気に伝わる際に波になることができない[2]．そのため，S 波は音として聞くことはできない．

5.1.2　波の表し方と波を特徴づける物理量

　これまでみてきたように，波形は図 5.12 のように表すことができる．この図では，波の進行方向を x 軸方向，媒質の変位の方向を y 軸方向として表したもので，横波を表している．進行方向と変位方向が同じである縦波の場合も変位方向を進行方向に垂直な方向で表せば図 5.12 のように表すことができるので，ここではこの横波[3]を例にとって説明していく．図の中の波形で，y 軸方向の変位，すなわち波形の最も大きいところを山，最も小さいところを谷という．

---

[2] 空気に振動を与えても，振動方向からずれた向きの空気を動かすことができないため
[3] 物体内部を伝わる波は横波と縦波であるが，固体や液体の表面を伝わる波は横波でも縦波でもなく，実際は複雑な運動をしている．

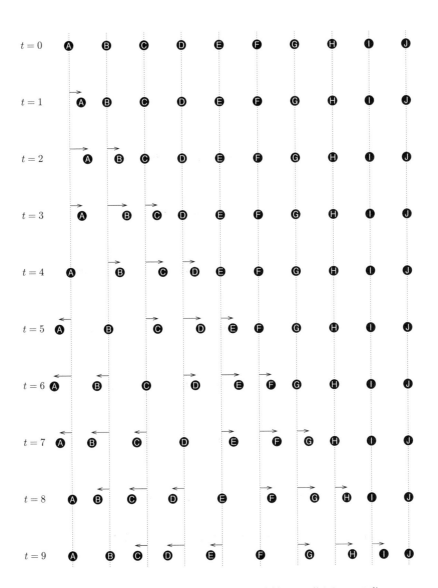

図 **5.10** 単振動とそれによって発生した縦波. 時刻 $t = 0$ 秒から $t = 9$ 秒.

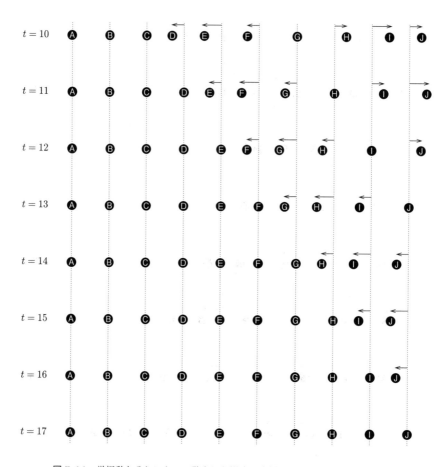

図 5.11 単振動とそれによって発生した縦波. 時刻 $t = 10$ 秒から $t = 17$ 秒.

隣合う山と山 (あるいは谷と谷) の間の距離を波長といい,通常ギリシャ文字の λ (ラムダ) を使って表す.また,最大の変位を波の振幅といい,通常 A で表す.λ も A も長さの単位 [m] をもつ.波のエネルギーは振幅の 2 乗に比例することがわかっている (演習問題).また,波長 λ は波を特徴づける重要な物理量の 1 つである.図 5.12 の x 軸上のある一点の媒質の動きに注目すると,既に学んだようにそこは時間とともに振動している.このとき,単位時間 (1 秒間) に振動する回数を振動数 (あるいは周波数) といい,通常 f で表す.また,振幅が同じであれば,波のエネルギーは振動数の 2 乗に比例することも示される (演習問題).振動数の意味をそのまま単位にすると,[回数/秒] あるいは [回数/s] であるが,記号 Hz で表し,ヘルツと読む.1 回の振動で媒質の位置は山から変位して,また山に戻るので 1 回の振動で 1 波長分だけ波は進行する.つまり,振動数 f [Hz] の波は 1 秒間に f 回振動するので,その波は 1 秒間に (1 波長分の長さ) $\times f$ 回 の距離だけ進むことになる.これは 1 秒間に進む距離なので,それがすなわち波の進む速さになる.この波の速さを V と書くと,波長 λ と振動数 f を用いて

$$V = f\lambda \tag{5.1}$$

と表すことができる.これは同一媒質中であればどの波に対しても成り立つ重要な公式である.このことにより,同一媒質中であれば波の速さは変化しないので,いろいろな波は振動数

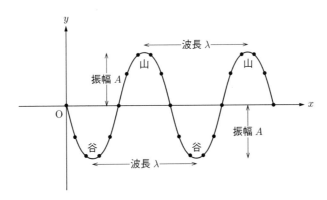

図 5.12 波の表し方と波を特徴づける物理量

あるいは波長を用いて区別することができるのである.また,1 回振動するのに要する時間を周期といって T で表し,$T = 1/f$ であるので,式 (5.1) は

$$V = \frac{\lambda}{T} \tag{5.2}$$

と表すこともできる.

例題 5-2 波長が 3.0×10^{-1} m,振動数が 100 Hz の波がある.この波の速度を求めよ.

解

$V = f\lambda$ より,$3.0 \times 10^{-1} \times 100 = 30$ m/s となる.

5.1.3　単振動の式と正弦波の式 *

図 5.5 に示したように，単振動の変位と時間の関係は正弦関数で表されることがわかる．もう少し詳しく書くと，時刻 $t = 0$ で変位 $y = 0$ である単振動の任意の時刻 t 秒における変位 $y(t)$ は，周期を T，振幅を A とした場合

$$y(t) = A \sin 2\pi \frac{t}{T} \tag{5.3}$$

と表される (第3章参照)．次に，この単振動が横波として，$x = 0$ の位置から x 軸の正の方向に伝わる場合を考える．このとき，波の速さを V とする．さて，任意の位置 x での任意の時刻 t 秒における変位 $y(x,t)$ はどのように表すことができるだろうか．いま，波は速さ V で距離 x だけ移動するのに，時間 x/V 秒だけ要するので，$x = 0$ の位置での単振動が時間 x/V 秒だけ遅れて起こることを意味する．したがって，任意の位置 x における変位 y の時間変化 $y(x,t)$ は，時間 x/V 秒後に $x = 0$ における変位 (式 (5.3)) と同じ変位になると考えることができる．したがって，式 (5.3) の t を $t - x/V$ でおきかえて

$$y(x,t) = A \sin \frac{2\pi}{T}(t - x/V) = A \sin 2\pi \left(\frac{t}{T} - \frac{x}{\lambda} \right) \tag{5.4}$$

と表せる．ここで，$V = \lambda/T$ より，$VT = \lambda$ の関係を用いた．これは任意の位置 x における媒質の時間変化 (振動) を表す式である．特に，式 (5.4) で表せるような波を正弦波という．また，角振動数 ω という量を思い出すと (第3章参照)，これは1秒間あたりの回転数である．つまり，1回転は 2π(360度) に対応し，1周期で1回転すると考えるので，周期 T とは次の関係にある：

$$\omega = \frac{2\pi}{T} \tag{5.5}$$

ここで，次のように定義される波数[4] k を導入する：

$$k = \frac{2\pi}{\lambda} \tag{5.6}$$

これらを使うと，式 (5.4) は

$$y(x,t) = A \sin 2\pi \left(\frac{t}{T} - \frac{x}{\lambda} \right) = A \sin (\omega t - kx) \tag{5.7}$$

と表すこともできる[5]．

(参考例): 図 5.6 において，$t = 0$ 秒における各ボールの間隔が 2 m の場合を考える．そうすると，1秒後に隣のボールに変位が伝わるので，このとき波の速さは $V = 2$ m/s である．時刻 $t = 2$ のボール A の位置を例にとって考えると，このとき $y = b$ の位置にボール A がある．これと同じ位置にあるボールは，ボール A から距離 $x = 10$ m 離れたところにある時刻 $t = 7$ のときのボール F である．すなわち，時刻 $t = 7$ のボール F の位置は，時刻 $t - x/V = 7 - 10/2 = 7 - 5 = 2$ のボール A の位置と同じ位置にあるのである．同様に，時刻 $t = 9$ のボール D の位置を考えると，ボール D の位置はボール A から $x = 6$ m 離れてい

---

[4] 長さ 2π あたりの波の数と考えればよい．
[5] 物理の世界ではむしろ角振動数 ω と波数 k を使って表すことのほうが多い．

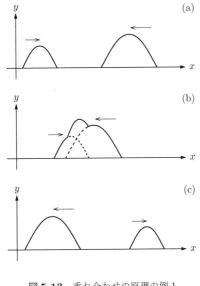

図 5.13 重ね合わせの原理の例 1

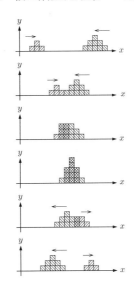

図 5.14 重ね合わせの原理の例 2

るので，時刻 $t - x/V = 9 - 6/2 = 9 - 3 = 6$ のときのボール A の位置と同じ $y = -b$ の位置にある．

5.2 波に特徴的な現象

5.2.1 波の干渉と回折現象

ここでは，波特有の現象について説明する．図 5.13 (a) に示すように，左右からパルス波を送った場合を考える．お互いに波がぶつかるとどうなるであろうか．これがもし，粒子や物体であれば，衝突してお互いに跳ね返ることが生じる．しかし，波の場合は図 5.13 (c) に示したように，お互い何も影響を受けずにそれぞれの波形を保ったまま通り過ぎていってしまう．これを波の独立性という．また，波が重なり合っているときの波の様子はどうなるであろうか．図 5.13 (b) に示したように，それぞれの波の媒質の変位を足し合わせたようになることがわかっており，これを波の重ね合わせの原理という．また，重ね合わせてできた波のことを合成波という．図 5.13 に示した重ね合わせの原理をもっとわかりやすく模式的に描いたのが図 5.14 である．この図でははじめ左側から 4 個のブロックの波が進入し，右側から 9 個のブロックの波が進入してきた様子を表している．この図のように，お互いにぶつかりあっても単にブロックが積み重なりながら影響を受けずに通り過ぎていく様子がわかる．また，これらの図において，ブロックの総数は変化せずに $4 + 9 = 13$ 個のままである．

波長の等しい 2 つの波が 1 つの場所にきた場合を考える．このとき，重ね合わせの原理により，波の山と山 (あるいは谷と谷) が重なり合うとその場所において波が大きく振動する．また，波の山と谷が重なり合うと打ち消し合って，その場所では波は振動しない．このように，波が重なり合って振動が大きくなったり，逆に振動が打ち消し合う現象を波の干渉という．特

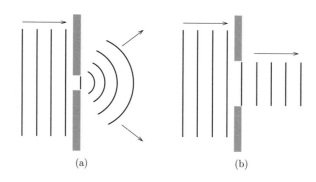

図 5.15　(a) 波の波長に比べスリットの幅が小さい場合，回折が起こり障害物の背後にも波が伝わる．(b) 波の波長に比べスリットの幅が大きい場合，回折はほとんど起こらず波はそのまま直進する．

に，互いに反対向きに進む，振幅も波長も等しい波が重なると，左右どちらにも進まない波ができる．この波のことを定常波あるいは定在波という (演習問題)．

　波の特徴的な現象の1つに回折現象がある．これは，波が通過する地点に隙間や障害物などがあった場合，それらの背後に回り込む現象である．また，その隙間や障害物の幅に対して到達した波の波長の大きさが同程度以上になると回折現象は大きくなる．図 5.15 は，この様子を模式的に示している．この回折は波に共通する現象であるので，音や光においてもみられる現象である．たとえば，非常に波長の短い光 (電磁波) である X 線の波長は結晶格子を形成する原子間の間隔程度であるが，この結晶に X 線を照射すると，X 線は各原子によって回折される．すなわち，各原子の裏側に X 線が回り込む．これら回折された X 線はお互いに干渉し，入射角によっては結晶から透過あるいは反射された X 線が強め合う．このことを利用して，物質の結晶構造解析に X 線が利用されている．

5.2.2　ホイヘンスの原理

　ここでは，波が伝わる様子を簡単に描く方法として，ホイヘンス (Christiaan Huygens：1629-1695, オランダ) が考えた原理の概略を解説する．ホイヘンスは波の波面の進行を表すための作図法として，次のような原理を考えた：

> ある時刻の1つの波面上のすべての点が波源となり，そこから球面状の素元波 (2次波あるいは要素波ともいう) が発生する．このとき，素元波は波面と同じ速さで伝搬する．そして，次の時刻における波面はこれら無数の素元波の波面に共通に接する曲面 (包絡面) となる．

この素元波を2次波というのに対して，その波源となっている波を1次波という．また，それぞれの素元波は目には見えず，観測されるのはこの1次波と考える．図 5.16 に，平面波の場合について，その伝搬の様子をホイヘンスの原理を用いて描いた模式図を示す．この図では，時刻 $t = 0$ 秒において，ある媒質中を速さ v で右側に進行している平面波を考える．このとき

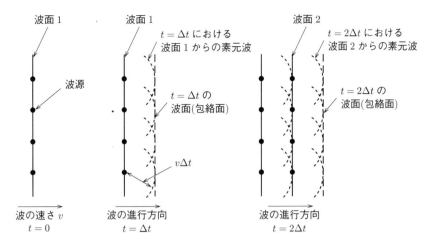

図5.16 ホイヘンスの原理を用いて平面波の伝搬の様子を描いた模式図.ここでは波の速さを v としており,時間間隔 Δt 秒の間に素元波は距離 $v\Delta t$ だけ進む.実際には,各波面上の各波源は無数にあり,時間間隔 Δt 秒は非常に短いと考える.

の波面を波面1とし,波源として4つの点を代表させて描いている(実際には波面上のすべての点が波源となる).これらの波源から素元波が発生し,波面と同じ速さ v で伝搬する.ある短い時間 Δt 秒だけ経過した後(時刻 $t = \Delta t$ 秒),素元波は半径 $v\Delta t$ の円形状に広がっている.そして,その素元波の波面に共通に接する曲面(包絡面)が $t = \Delta t$ 秒での波面となる.図ではこれを新たな波面として波面2としている.さらに,Δt 秒だけ経過すると(時刻 $t = 2\Delta t$ 秒),次の素元波がこの波面2から発生し,次の波面を形成する.実際には,無数の素元波が重なり合って波面が形成される.同様に,同心円状に広がって行く球面波の進行の様子も描くことができる.この作図法により,波の屈折や反射の様子をうまく描くことができる.しかしながら,この方法では図5.15(a)に示したような回折現象をうまく描くことができない.なぜなら,新たに形成される波面は直前の時刻に形成された波面から発生した素元波による包絡面で作られるため,広がりに限界が生じるのである.そこで,フレネル(Augustin Jean Fresnel:1788-1827,フランス)はホイヘンスの原理に重ね合わせの原理を組み合わせて拡張した.その概要は次のようなものである.新たに形成される波面は直前の時刻の波面からの素元波の包絡面ではなく,直前の時刻の波面からの素元波も含めてそれより前に発生した素元波の中でその時刻において同じ場所にきたすべての素元波が重ね合わされて干渉するとする.そして,それがその時刻で形成される波面となると考える.この様子を模式的に示したのが図5.17である.この図は,左側から平面波がスリットのある壁に入射してくる様子を表している.平面波がスリットに到達した時刻を $t = 0$ 秒とし,そこでの波面上の波源として3つの点を代表させて描いている.それぞれの波源から素元波が発生し,円形状に伝搬していく.時刻 $t = \Delta t$ 秒では,波源からの素元波により包絡面(波面1)ができる.時刻 $t = 2\Delta t$ 秒では,時刻 $t = \Delta t$ 秒の素元波による波面1から新たに発生した素元波(図には示していない)と時刻 $t = 0$ 秒に波源から発生した $t = 2\Delta t$ 秒の素元波が重なり合って干渉して包絡面(波面2)ができる.同様に,

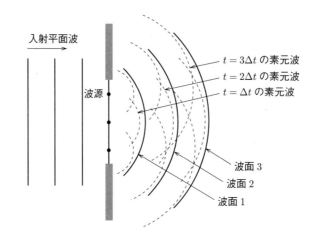

入射平面波

波源

$t = 3\Delta t$ の素元波
$t = 2\Delta t$ の素元波
$t = \Delta t$ の素元波

波面3
波面2
波面1

図 **5.17** ホイヘンスの原理にフレネルの考え方を用いた素元波の伝搬の様子を描いた模式図. ここでは, 時刻 $t = 0$ 秒にスリット内にある波源から発生した素元波のみが描いてある. 同じ波源からの素元波間の距離とそれぞれの波面間の距離はともに $v\Delta t$ である. この図ではイメージ的にわかりやすいように素元波と波面は少しずらして描いている. 実際には, 各波面上の各波源は無数にあり, 時間間隔 Δt 秒は非常に短いと考え, またスリットの幅は波長に比べ小さい.

時刻 $t = 3\Delta t$ 秒では, 時刻 $t = 0$ 秒に波源から発生した $t = 3\Delta t$ 秒の素元波と過去2つの波面 (波面1と波面2) から発生した素元波 (図には示していない) が重なり合って干渉して包絡面 (波面3) ができる. このようにして, 図5.15(a) に示したような波の回折の様子が描かれる. このフレネルの考え方も加えた原理をホイヘンス－フレネルの原理ということもあるが, これも含めてホイヘンスの原理ということが多い.

5.3 音波：空気の振動 (密度変化) による縦波

5.3.1 音波の正体

音波は空気を媒質として伝わる縦波である. 空気を振動させるもとになっている音源の振動により, すぐ近くの空気が圧縮されて空気の密度が大きくなり, するとすぐ近くの空気は膨張するのでその空気の密度は小さくなる. これが空気中を交互に繰り返すことにより, 空気の密度変化が周期的に起こり, 縦波として伝わっていく. 音波は液体や固体を媒質としても伝わることができるが, 媒質のない真空中では伝わることができない.

空気中を伝わる音波の速さ, いわゆる音速は, 0°C のとき 331.5 m/s である. この音速は $-20 \sim 40$°C の間では温度に比例して大きくなり, 1°C あたり 0.6 m/s だけ大きくなる (図 5.18). この図に示すように, この温度領域では音速は温度に対して直線的に変化する. 温度 t [°C] のとき, 音速 V [m/s] は

$$V = 331.5 + 0.6t \tag{5.8}$$

と表される. たとえば, 20°C の乾燥した空気中での音速は約 343 m/s であるので, 室温ではおよそ 340 m/s であると覚えておくとよい. いわゆる音の高さと呼ばれているものが, 音波の

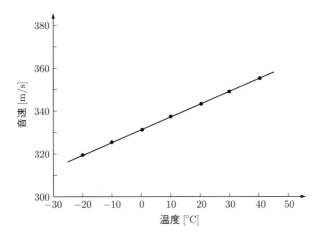

図 **5.18**　音速の温度依存性

振動数である．人が聞くことができる音の振動数，すなわち，可聴音の振動数は約 20 ～ 20000 Hz と言われている．

例題 5-3　雷が鳴っている．雷が光って 5 s 後に雷鳴が聞こえた．気温が 25°C であるとすると，雷が落ちた場所までの距離を求めよ．

解

　　　音速は $V = 331.5 + 0.6t$ で与えられるので，25°C の時の音速は，346.5 m/s となる．5 s 間に音の伝わる距離は，1730 m となる．

5.3.2　ドップラー効果

　救急車やパトカーがサイレンを鳴らしながら走行している状況を思い出そう．救急車やパトカーが近づいてくるとき，サイレンの音は高く聞こえ，遠ざかっているときはサイレンの音が低く聞こえることはよく経験することだと思う．また，電車に乗っているときに踏切を通過する状況を思い出すと，踏切の警報機の音は電車が踏切に近づくときは高く聞こえ，踏切を通り過ぎると警報機の音は低く聞こえる．このように，音源 (救急車やパトカーのサイレン) が動いたり，また観測者 (電車の中の人) が音源 (踏切の警報機) に対して動いたりするときに，音源の振動数 (音の高さ) とは異なる振動数が観測される現象をドップラー (Doppler) 効果という．この効果はドップラー (Johann Christian Doppler：1803-1853, オーストリア) によって初めて提唱された．ドップラー効果は，音波だけでなく水面上の波面や光波など，一般の波についてもみられる現象である．ここでは，音波を例にとってドップラー効果の説明をする．

　（a）　音源が動き，観測者は静止している場合

　まず，静止した音源から連続的に出る音波の空間的な広がりを考えてみる．現実には, 3 次元の空間を広がって行くが，ここでは簡単のために図 5.19 のように上から見た平面内での広がりとしてみていく．図 5.19 は，時刻 $t = 0$ 秒, $t = 1$ 秒, $\cdots$, $t = 5$ 秒までの 1 秒おきの音

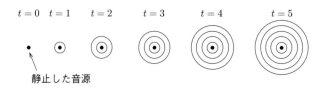

図 **5.19**　静止した音源による音波の時間 (秒) 変化

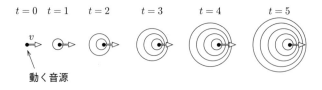

図 **5.20**　動く音源による音波の時間 (秒) 変化

波の広がりの様子を表している．たとえば，時刻 $t=1$ 秒の図において音源の周りに広がっている円は時刻 $t=0$ 秒に出た音波の先頭である．したがって，時刻 $t=5$ 秒の図においては音源の周りに広がっている 5 つの円は内側から時刻 $t=4$ 秒に出た音波の先頭で，一番外側の円は時刻 $t=0$ 秒に出た音波の先頭である．このように，音源が静止している場合，音源から出た音波はどの方向にも均等に広がって行く様子がわかる．それでは次に音源が (音速よりも遅い速さで) 動く場合はどうなるであろうか．この様子を表したのが図 5.20 である．図 5.20 において，音源は右方向に速さ v で動きながら，図 5.19 と同じように時刻 $t=0$ 秒，$t=1$ 秒，$\cdots$，$t=5$ 秒までの 1 秒おきに音波を出している．この図からわかるように，音源が運動している方向では各音波の先端の間隔が短くなり，その反対方向ではその間隔が広がっているのがわかる．つまり，音源が運動している方向では音波の波長が短くなり，その反対方向では音波の波長が長くなっていることを意味している．ここで音波の速さは変わらないことを思い出そう．そうすると，式 (5.1) より，波長が長くなれば振動数が小さくなり，波長が短くなれば振動数が大きくなる．したがって，音源が向かってくる方向にいる人がその音を聞くともとの音より高く聞こえ，音源が離れて行く方向にいる人がその音を聞くともとの音より低く聞こえるのである．これがドップラー効果である．

　このドップラー効果をもう少し詳しくみてみよう．そのために，図 5.19 と図 5.20 において時刻 $t=5$ 秒の様子を比較するために並べて描いたのが図 5.21 である．このとき，音波の速さを V，波長を λ，振動数を f とする．図 5.21 (a) は音源が静止している場合で時刻 $t=5$ 秒の様子を表しているので，音源から一番外側の音波の先頭まで距離は $V\times 5$ となる．それでは，図 5.21 (b) に示した音源が動いている場合はどうなるであろうか．このとき，音源は速さ $v(>0)$ で動いているとする．ただし，$v<V$ である．まず，音源が運動している方向に対して，音源から一番外側の音波の先頭までの距離は，音源そのものの移動距離 $v\times 5$ だけ短くなるので，$V\times 5 - v\times 5 = (V-v)\times 5$ になる．したがって，この方向での音波の波長を λ_{S_R}

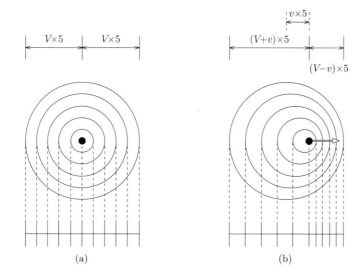

図 **5.21** (a) 音源が静止している場合. (b) 音源が動いている場合.

とすると，この $(V - v) \times 5$ 距離の中に $f \times 5$ 個の音波があることになるので

$$f \times 5 = \frac{(V - v) \times 5}{\lambda_{S_R}} \tag{5.9}$$

つまり

$$\lambda_{S_R} = \frac{V - v}{f} \tag{5.10}$$

ここで，式 (5.1) より，音源が運動している方向にいる人が聞く振動数を f_{S_R} とすると

$$f_{S_R} = \frac{V}{\lambda_{S_R}} = \frac{V}{\frac{V - v}{f}} = \frac{V}{V - v} f \tag{5.11}$$

したがって，音源が近づいてくる方向にいる人は音源の振動数より大きい振動数の音，すなわち，高い音を聞くことになるのである．一方，音源が離れていく方向にいる人が聞く振動数を f_{S_L} とすると，同様な議論で

$$f_{S_L} = \frac{V}{V + v} f \tag{5.12}$$

となることがわかる (演習問題). すなわち，音源が離れていく方向にいる人は音源の振動数より小さい振動数の音，すなわち，低い音を聞くことになるのである．

　以上のように，音源が動いていると，ドップラー効果が起こることがわかった．実は，音源が静止している場合でも観測者が音源に向かって動いたり，離れていったりする場合でもドップラー効果は起こる．これは最初に触れた電車の中にいる人が踏切の音を聞く場合である．このときには，音源は動かないので音波の波長は変化しない．このことに注意して少し詳しくみていこう．

例題 5-4　　救急車のサイレンの音は，「ピー」が 960 Hz，「ポー」が 770 Hz である．サイレンを鳴らした救急車が 20 m/s で接近する際の「ピー」の音，及び「ポー」の音の周波数

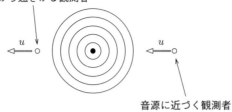

音源から遠ざかる観測者

音源に近づく観測者

図 **5.22**　静止した音源に近づく観測者と遠ざかる観測者

を求めよ．なお，気温は 25°C であるとする．

解

25°C の時の音速は，346.5 m/s となる．これを用い，$f_{S_L} = \frac{V}{V-v}f$ に代入すると，$f_{S_L} = 1.061f$ となる．したがって，「ピー」の音は 1019 Hz，「ポー」の音は 817.0 Hz で聞こえる．

（b）　観測者が動き，音源は静止している場合

図 5.22 のように，静止している音源に速さ $u(>0)$ で右から観測者が近づいてきて，速さ u で左側に通り過ぎていく場合を考えよう．これは，電車に乗った人 (観測者) が踏切の警報機 (音源) に近づいていき通過していく場合を思い浮かべるとよい．このとき，音源の波長は変化しないので，λ のままである．また，音源から出る音波の速さも変化しないので V のままである．ここで音波は空気の密度変化の伝わりであることを思いだそう．音波の速さは V であるが，観測者はその音波が向かってくる方向に速さ u で移動しているので，この動いている観測者が聞く音波の速さは見かけ上その相対速度となるので $V-(-u)=V+u$ となる (音波の進む方向を正とする)．したがって，このとき観測者が聞く音波の振動数を f_{O_R} とすると，式 (5.1) の関係より

$$V + u = f_{O_R} \cdot \lambda \tag{5.13}$$

となる．一方，音源の波長 λ と振動数 f の関係は同様に式 (5.1) より，$V = f\lambda$ であることに注意して，$\lambda = V/f$ を式 (5.13) に代入すると

$$V + u = f_{O_R} \cdot \frac{V}{f} \tag{5.14}$$

すなわち

$$f_{O_R} = \frac{V+u}{V}f \tag{5.15}$$

となる．つまり，音源に向かって近づいている観測者が聞く振動数はもとの音源の振動数より大きくなり，観測者は高い音を聞く．次に音源を通過した観測者の場合を考える．この場合，この動いている観測者が聞く音波の速さは見かけ上その相対速度となるので $V-u$ となる (音波の進む方向を正とする)．したがって，このとき観測者が聞く音波の振動数を f_{O_L} とすると

$$V - u = f_{O_L} \cdot \lambda \tag{5.16}$$

したがって

$$f_{\mathrm{O_L}} = \frac{V - u}{\lambda} = \frac{V - u}{V} f \tag{5.17}$$

となる．つまり，音源から遠ざかっている観測者が聞く振動数はもとの音源の振動数より小さくなり，観測者は低い音を聞く．

（c）　音源も観測者も動く場合 *

これまで述べてきたように，音源が動く場合，音源から出る音波の波長が変化するために観測者が聞く振動数が変化し (式 (5.11), (5.12))，一方，観測者が動く場合，音源から出る音波の波長は変化しないが観測者に届く音波の相対的速さが変化するために観測者が聞く振動数が変化する (式 (5.15), (5.17))．それでは，音源も観測者も両方動く場合，観測者の聞く振動数はどうなるであろうか．音源が観測者の方向に速さ v で動き，また観測者も音源に向かって速さ u で動く場合を考えてみよう．この場合，観測者は式 (5.11) の振動数 $f_{\mathrm{S_R}}$ を出している音源に向かって動いていることになるので，式 (5.15) の f を $f_{\mathrm{S_R}}$ におきかえた $f_{\mathrm{O_R}}$ を聞くことになる．したがって，このとき観測者の聞く振動数を f' とすると

$$f' = \frac{V + u}{V} f_{\mathrm{S_R}} = \frac{V + u}{V} \cdot \frac{V}{V - v} f = \frac{V + u}{V - v} f \tag{5.18}$$

となる．また，音源が観測者とは反対方向の場合はこの式で v を $-v$ でおきかえればよい．同様に，観測者も音源とは反対方向の場合は u を $-u$ でおきかえればよい．たとえば，音源が観測者から離れる方向に動き，かつ観測者も音源から離れる方向に動いている場合に観測者が聞く振動数を f'' とすると

$$f'' = \frac{V + (-u)}{V - (-v)} f = \frac{V - u}{V + v} f \tag{5.19}$$

となる．

5.4　光波：電場と磁場の振動による横波

5.4.1　光の正体

光は波としての性質をもつと同時に粒子としての性質をもっているが，ここでは波としての光の性質について述べる．光は電磁波であり，電場と磁場の大きさの変動が交互に生じ，空間を伝わっていく波であると理解することができる (第 6 章参照)．また，この電場と磁場の変動方向と垂直な方向に伝わっていくので横波である．光は音波などと違い媒質が全くない真空中でも伝わる波である．この光の真空中の速さ (光速度) c は正確に測定されており

$$c = 2.99792458 \times 10^8 \text{ m/s} \tag{5.20}$$

である．つまり，約 3×10^8 m/s と覚えておくとよい．光の速さは非常に速いように思えるが宇宙のスケールで考えると光の速さが有限であることを実感させられる．たとえば，地球から太陽までの距離は約 1.5×10^{11} m であるので，太陽の光が地球に届くまでには

$$\frac{1.5 \times 10^{11} \text{ m}}{3 \times 10^8 \text{ m/s}} = 5 \times 10^2 \text{ s} = 500 \text{ s} \tag{5.21}$$

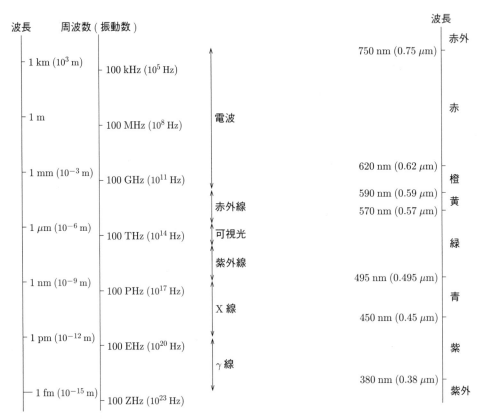

図 **5.23**　電磁波の波長と周波数 (振動数) による大まかな分類.

図 **5.24**　可視光の波長と色の関係.

つまり，約 500 秒 = 500/60 分 = 8.33 分 = 約 8 分 20 秒 かかる．したがって，私たちが日常見ている太陽は約 8 分 20 秒前の過去の太陽の姿なのである．また光の速さが有限であることはテレビなどでの衛星中継において現地とスタジオの人との会話に少し時間差が生じることからも理解することができる．また逆に，携帯電話における通話の例を考えればわかるように，数 km ≃ 10^3 m 程度の基地局との距離であればほとんど時間差を感じることはない.

　人が目で感じることができる光を可視光といい，その波長は真空中あるいは空気中においておよそ 0.38 ∼ 0.75 μm である．ナノ・メートル (10^{-9} m) の単位 n を使えば, 380 ∼ 750 nm である．人が目で感じる光の最短波長は 300 nm 程度であるので，光学顕微鏡ではそれより小さなものを見ることはできない．可視光も含む電磁波の種類の波長と周波数 (振動数) による大まかな分類[6]は図 5.23 のようになっている．また，可視光の波長と色の関係は図 5.24 のようになっている．ここで, n (nano ナノ) = 10^{-9}, p (pico ピコ) = 10^{-12}, f (femto フェムト) = 10^{-15}, M (mega メガ) = 10^6, G (giga ギガ) = 10^9, T (tera テラ) = 10^{12}, P (peta ペタ) = 10^{15}, E (exa エクサ) = 10^{18}, Z (zetta ゼタ) = 10^{21} である．なお，図 5.23 において，目盛

---

[6] 厳密には，波長領域が重なっている電磁波があり，その重なっている領域では波長だけでは区別できない．たとえば，X 線と γ 線では波長が重なっている領域があるので，その発生機構の違いにより分類される場合もある.

りが 1000 単位になっていることに気づいたであろうか．このように，10 のべき乗倍ごとに等間隔で目盛りをつける表示の仕方を対数スケールという (第 2 章の対数関数を参照)．これに対して，図 5.24 のような通常の表示の仕方を線形スケールという．対数スケールは非常に広範囲に及ぶ大きさのものを表すときに用いられる．また，波のエネルギーは周波数が高いほど大きいので (演習問題)，たとえば紫外線は可視光や赤外線より大きいエネルギーをもっていることになる．

5.4.2 光のドップラー効果 **

ドップラー効果は光波でも同様に観測される．音波の場合，動いている観測者の聞く音波の速さは見かけ上，音源と観測者の相対速度となることは既に述べた．しかし，光の場合は，音波の場合と違い相対速度の原因となっている媒質 (空気) は無関係である[7]．たとえば，振動数 f，波長 λ の光源が速さ v で観測者に近づいているとすると，観測者が観測する光の周波数 f' は，式 (5.18) において，V を c でおきかえればよく，また相対速度の部分 $c + u$ を c と考えればよいので

$$f' = \frac{c}{c - v} f \tag{5.22}$$

となる．また，このとき観測される光の波長 λ' は $c = f\lambda$ より

$$\lambda' = \frac{c}{f'} = \frac{f\lambda}{f'} = \frac{c - v}{c}\lambda = \left(1 - \frac{v}{c}\right)\lambda \tag{5.23}$$

である．すなわち，光源が観測者に近づいている場合，観測者は光源の光に比べ，大きな周波数の光あるいは短い波長の光を観測する．同様に，光源が速さ v で観測者から離れていく場合に観測者が観測する光の振動数 f'' および波長 λ'' は，それぞれ

$$f'' = \frac{c}{c + v} f \tag{5.24}$$

$$\lambda'' = \left(1 + \frac{v}{c}\right)\lambda \tag{5.25}$$

となり，光源が観測者から遠ざかっている場合，観測者は光源の光に比べ，小さな周波数の光あるいは長い波長の光を観測する．なお，厳密には，式 (5.22), (5.23), (5.24), (5.25) は $v \ll c$ の場合の近似式でしかない．

この光のドップラー効果を利用すると，運動している物体の速さを測定することができる．運動している物体に周波数がわかっている電磁波を照射すると，その電磁波は物体で反射される．このとき反射された電磁波は運動している物体が光源となって出ていると見なすことができる．したがって，物体から反射されてきた電磁波の周波数を観測することにより，物体が向かってきている場合には，式 (5.22) から物体が移動している速さを求めることができる．これを利用した身近な例は，自動車の速度違反取締で用いられる速度計や野球の投手が投げるボールの速さを計測する装置などである．また，この光のドップラー効果により，遠くの銀河が我々の太陽系がある銀河から遠ざかっていることをハッブル (Edwin Powell Hubble：

---

[7] 厳密には，特殊相対論の中で議論される光速度不変の原理による．

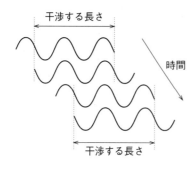

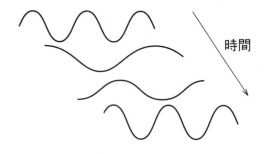

図 **5.25**　時間的コヒーレンスがある波連の模式図　　　　図 **5.26**　時間的コヒーレンスがない波連の模式図

1889-1953, アメリカ) は発見した. 式 (5.25) より, 地球から遠ざかっている天体からのいろいろな波長[8]の光は, 地球上では長い波長の光として観測される. この現象は可視光においては赤い光の波長側 (図 5.24 参照) にずれることに対応することから赤方偏移という. したがって, 遠くの天体からの光の波長のずれの大きさを調べることにより, どのくらいの速さで遠ざかっているかを知ることができる. このようにして, ハッブルは我々の太陽系がある銀河よりも遠くの銀河ほど大きい速さで遠ざかっていることをつきとめた. この発見により, 宇宙は膨張していると考えられている.

5.4.3　レーザーの原理 **

　光も波の性質をもっているので干渉・回折を示す. その応用例で典型的なものの 1 つはレーザーであろう. ここではレーザーの原理の中で波としての干渉・回折に関係する部分について簡単に説明する. なお, 光の放出過程もレーザーの原理の理解に本質的に重要であるが, 量子力学の知識を必要とするのでここでは省略する. 自然の光はいろいろな波長の光がランダムにいろいろな方向に放出している. また, 1 つの光に着目するとその光の波としての長さは有限である. このため, 自然の光がお互いに干渉し合うことはほとんどないと考えてよい. この有限の長さのため (あるいは有限の寿命と考えてもよい), 1 つの波を波連と呼ぶ. ある光源からこの波連が次々と放出される場合を考えてみる. このとき, この光源から同じ波長でかつ位相が揃った波連同士が放出され, 十分に干渉できる距離がある場合, これらの波は増幅される. これを時間的コヒーレンスのある光という. これに対し, 光源からいろいろな波長や位相が揃っていない波連が放出されている場合はお互いに干渉を起こさないため, 時間的コヒーレンスのない光となる. この様子を模式的に示したのが図 5.25 と図 5.26 である. レーザー光は図5.25 のように, 同じ波長・同じ位相の波が干渉し増幅されているので単色性に優れている.
　レーザー光のもう 1 つ重要な性質は空間的コヒーレンスに関係している. この空間的コヒーレンスを概念的に理解するにはヤングの干渉実験を思い出すとよい. 図 5.27 にはこの模式図を示す. これらの図では左側から波面の揃った平面波が 2 つのスリットのある障害物に到達す

---

[8] 光の波長による強度分布をスペクトルあるいは波長スペクトルという.

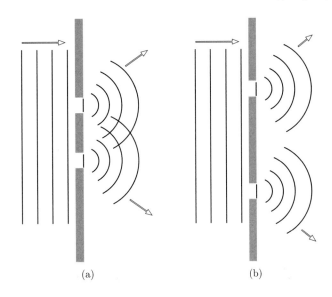

図 **5.27**　ヤングの干渉実験による空間的コヒーレンスの概念図. (a) 2 つのスリットの間隔が小さい場合, 2 つのスリットを通った波は回折した後, お互いに干渉する (空間的コヒーレンスがある). (b) 2 つのスリットの間隔が大きい場合, 2 つのスリットを通った波は回折するが, 距離が離れているためにお互いに干渉しない (空間的コヒーレンスがない).

る様子が描いてある. これらスリットの大きさは進入してきた波が回折する程度の大きさである. このとき, 図 5.27(a) では 2 つのスリットの間隔が小さいために, 2 つのスリットから回折して出てきた波同士が干渉することができる. 一方, 図 5.27(b) では 2 つのスリットの間隔が大きいために, 2 つのスリットから回折して出てきた波同士は干渉することはできない. このように, 2 つの空間的に異なる光源から出てきた光の波 (正確には波連) 同士が干渉してできた波を空間的コヒーレンスのある光という. レーザー光ではこのように空間的によい干渉も示すため, 指向性・集光性のある光となっているのである.

第 5 章・章末問題

演習問題 **A**

1. 波長 5.0 m, 周期 2.0 s の波の速さはいくらか.

2. ある媒質中に速さ 8.0 m/s, 振動数 4.0 Hz の波が観測された. この波の波長はいくらか.

3. 式 (5.8) より, 気温 20°C のときの音速は何 km/h か.

4. 人が聞くことができる音の振動数, すなわち, 可聴音の振動数は約 20 ～ 20000 Hz と言われている. 波長にすると, どれくらいの長さか. 音速を 340 m/s として計算してみよ.

5. 地球から月までの距離は約 3.84×10^8 m である. 地上から見ている月は何秒前の月を見ていることになるか.

6. 気温 10°C のとき遠くで落雷があり, 3 秒後に雷鳴が聞こえてきた. この落雷はどのくらい離れたところで起きたか.

7. 波長 1 m の電波の振動数はいくらか.

8. 次式のように表される正弦波の振幅, 波長, 振動数, 周期, 波の速さを求めよ.

$$y(x,t) = 5\sin\left(\frac{2\pi}{5}t - \frac{\pi}{3}x\right)$$

演習問題 B

1. 図 5.28 は, 図 5.10 における時刻 $t = 8$ 秒の縦波の様子である. この図の変位の大きさと向きを表す矢印だけを描いたものが図 5.29 である. 図 5.29 の矢印について, 左方向の矢印を下向きに, 右方向の矢印を上向きに, 描き直しその矢印の先端を線で結ぶと図 5.6 における時刻 $t = 8$ 秒の図と同じ横波になることを確かめよ.

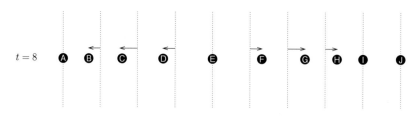

図 5.28 図 5.10 における時刻 $t = 8$ 秒の図

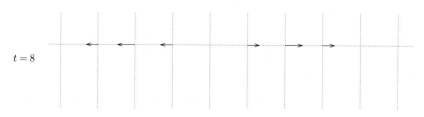

図 5.29 時刻 $t = 8$ 秒の図において変位を表す矢印

2. 次のような関数を考える.

$$y(x,t) = \frac{1}{(x-2t)^2 + 1} \tag{5.26}$$

この式 (5.26) において, $t = 0$ のときグラフを x-y 平面に描くと図 5.30 のようになる. このとき以下の問いに答えよ.

1). $t = 2$ 秒および $t = 4$ 秒のときのグラフを同様に図 5.30 に描け.

2). 問 1). の結果から, 式 (5.26) はパルス波を表す関数であると考えることもできる. この関数をパルス波と考えた場合, このパルス波の進む向きと速さを求めよ.

3. 正弦波を表す式 (5.4) が

$$y(x,t) = F(x - Vt)$$

の形になっていることを示せ.

4. 図 5.3 に示したように, バネにつながれたボールによる単振動を考える. バネ定数を k,

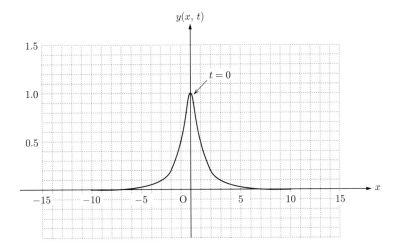

図 5.30 式 (5.26) において $t = 0$ のときのグラフ.

ボールの質量を m とすると, この単振動の振動数 f は

$$f = \frac{1}{2\pi}\sqrt{\frac{k}{m}} \tag{5.27}$$

で与えられる (第3章参照). ここで, 単振動の周期 T とは $f = \frac{1}{T}$ の関係にあるので, 式 (5.3) は

$$y(t) = A\sin 2\pi\frac{t}{T} = A\sin(2\pi f t) \tag{5.28}$$

と表せる. このとき, 全力学的エネルギー (運動エネルギーとポテンシャルエネルギーの和) を計算することにより, そのエネルギーが時間に依存せず, 振幅 A および振動数 f の 2 乗に比例することを示せ.

5. 式 (5.4) に示したように, x 軸上を振幅 A, 速さ V で進む波は, 波長 $\lambda = V/f = VT$ の関係を用いると

$$y_+(x,t) = A\sin\frac{2\pi}{T}(t - x/V) = A\sin 2\pi f\left(t - \frac{x}{\lambda}\right)$$

と表される. この波と振幅と波長が同じで反対方向に進む波は

$$y_-(x,t) = A\sin 2\pi f\left(t + \frac{x}{\lambda}\right)$$

である. このとき, これらの波の合成波 $y(x,t) = y_+(x,t) + y_-(x,t)$ を最も簡単な形で表わせ. ここで, 三角関数の加法定理: $\sin(\alpha \pm \beta) = \sin\alpha\cos\beta \pm \cos\alpha\sin\beta$ を用いよ.

6. 図 5.21 (b) のように, 音源が速さ v で動いているとき, 音源が動く方向と反対方向にいる静止した観測者が聞く音の振動数 f_{S_L} が式 (5.12) で表されることを示せ.

7. 時速 50 km/h の速さで自動車を運転していると, 前方から救急車が振動数 850 Hz のサイレンを鳴らしながら時速 80 km/h の速さで近づいてきた. このとき, 聞こえるサイレンの振動数 f' はいくらか. また, そのまま通り過ぎた後に聞こえるサイレンの振動数 f'' はいくらか. この時の音速を 340 m/s とする.

8. 光が波長よりも小さな粒子に散乱される現象をレイリー散乱といい，その散乱強度は光の波長 λ の 4 乗に反比例することが知られている．赤色の光に対する青色の光の散乱強度の比はいくらか．ここで，赤色の波長を 700 nm, 青色の波長を 470 nm とする．

第 6 章

電磁気学

6.1 静電気

6.1.1 静電気とは

我々の身の回りの物質は，電気的に中性である．物質を細かくみていくと，最終的には原子まで分解できる．原子は，中心に正の電気をもった原子核と，その周りを回る負の電気をもった電子で成り立っており，原子核はさらに細分でき，正の電気をもった陽子と電気をもたない中性子に分けることができる．通常の原子や分子では，それに含まれる陽子の数と電子の数は等しく，電気的な中性を維持している．

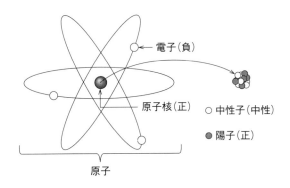

図 6.1 原子・原子核・電子

物体をこすり合わせると，その動作により，物体表面の原子・分子の電子がはぎとられたりくっついたりする．その結果，正と負のバランスが壊れ，物体は電気を帯びることになる．このように，物体が電気を帯びることを，帯電する，と呼ぶ．また，このようにして発生する電気のことを，静電気[1]と呼ぶ．帯電体がもつ電気を電荷，電荷の量を電気量と呼ぶ．電気量は単位 C（クーロン）を用いる．1 C は 1 A の電流が 1 秒間に運ぶ電気量に等しい．帯電体は，同種の電荷 (正と正，負と負) が接近すると斥力を生じ反発し，異種の電荷 (正と負) では引力を生じ引き合う．

電気現象は，電荷の移動によって起こる．電荷がある場所で増えると，他の場所で必ず同じ

---

[1] 動電気 (電流) は化学反応や電磁誘導によって生じる．

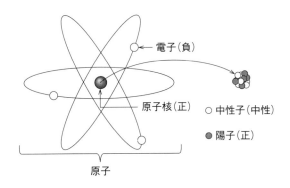161

量の電荷が減る．結果，どのような電気現象であっても，電気量の総量は一定となり，このことを電気量保存の法則[2]と呼ぶ．具体的な例として，化学反応を考えてみよう．塩化ナトリウム (NaCl) が水に溶解する際，イオン化するが，

$$NaCl + aq \rightarrow Na^+ + Cl^- + aq \tag{6.1}$$

となる．もともと電気的に中性な塩化ナトリウムが，正の電荷のナトリウムイオンと，負の電荷の塩素イオンに分かれたが，電気量の総和は反応の前後で 0 と保存している．

例題 6-1 10 秒間に 3.0×10^{-2} C の電荷を運ぶ電流の大きさを求めよ．

解

$\quad$ $I = Q/t$ より 3.0×10^{-3} A となる．

(a) 導体と不導体

物質には電気をよく通す導体と，通しにくい不導体 (絶縁体・誘電体) に分類できる．導体の代表例は金属であるが，金属中では，金属の結晶内を自由に動くことができる電子が存在する．この電子を自由電子と呼び，金属原子に含まれる電子が原子から離れたものであり，その金属結晶においても電気的中性は維持される．また，鉛筆の芯の素材として用いられる黒鉛も金属に近い導体として知られているが，同素体のダイヤモンドは不導体である．電解質はその中でイオン化しているため，正の電荷，負の電荷ともに自由に移動でき，やはり電気を通す．

不導体の例として，ガラスやゴムを挙げることができる．不導体において，原子に含まれる電子は容易にその原子を離れることができない．そのため，自由電子が存在せず電気を通しにくい．

自由電子や電解質中のイオンのように，電荷を運ぶことができるものをキャリアと呼ぶ．キャリアには荷電粒子以外に，正孔 (ホール) と呼ばれる電子がいない穴のようなものもなることができる．

なお，導体・不導体の中間の状態を半導体と呼ぶ．現在のエレクトロニクスにおいて，半導体は必要不可欠な材料であるため，極めて重要である．

(b) 静電誘導・誘電分極

帯電体を金属に近づけると引き合う．アルミ箔に帯電したプラスチック製定規を近づけると，アルミ箔は定規に引き寄せられる．帯電体を近づける前の金属中には，自由電子が比較的一様に分布している．正の帯電体を近づけると，金属中の自由電子は帯電体に引き寄せられ，金属の帯電体に近いところに集まる．金属の帯電体付近に着目すると，負の電荷が生じているため，正の帯電体と引き合うことになる．金属の反対側では，自由電子が欠乏した結果，正の電荷が生じることになるが，帯電体からの距離が遠くなるため，帯電体との斥力はさほど強くならない．このように，外部の帯電体からの影響で，金属中の電荷の分布が偏ることを静電誘導と呼ぶ．負に帯電した帯電体を近づけた場合でも同様に，帯電体の近くの自由電子が遠くに追い出され，帯電体側の金属は正に帯電し，引き合うことになる．

---

[2] 質量保存の法則より厳密．質量は原子核反応などにより減少する．

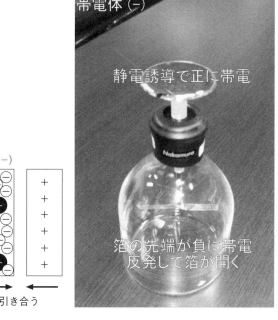

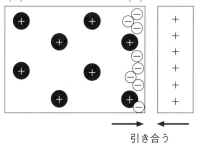

図 **6.2** 静電誘導

　この静電誘導を応用したものとして，箔検電器が挙げられる．帯電体を上の金属板に近づけると，金属板は静電誘導で帯電体と逆の電荷を帯びる．結果，内部の箔は帯電体と同じ電荷を帯び，箔同士が反発し，箔が開く．これにより，近づけた物体が帯電しているかどうか，知ることができる．

　不導体においても，帯電体を近づけると引き合う．不導体は，極性をもつ分子と極性のないものに分類することができる．

　極性とは，分子自身がもつ電荷の偏りであり，水 (H_2O) 分子は極性をもついい例である．水分子は，H-O-H の並びが直線形でなく角度がついており，また，水素原子が正に帯電しやすいため，水素原子側が正，その反対側の酸素原子が負に帯電した状態となる．そのため，細くしぼった水道の蛇口から流れる水に，帯電体を近づけると水分子が整列し，水流の帯電体側表面とその反対側表面に電荷が現れる．電荷が現れると，近い方が引きつけられるため，水流は帯電体に引きつけられる．

　極性がない分子に関しても，帯電体を近づけることで，分子内の電子分布が帯電体の影響を受け，帯電体が正なら近づく方向に，負なら離れる方向に，分布がずれる．正の原子核や結晶を担うイオンは動けないため，やはり表面[3]において電荷が現れ，帯電体に引きつけられる．

　このように不導体でも静電誘導と似た動きをするが，このことを誘電分極と呼んで区別する．

---

[3] 内部では隣同士のずれが打ち消し合う．

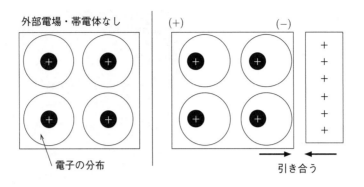

外部電場・帯電体なし

(+)   (−)

電子の分布

引き合う

図 6.3 極性のない分子の誘電分極

6.1.2 電気力と電場・電位

2 つの帯電体を近づけると力を生じ，この力を電気力や静電気力と呼ぶ．簡単のため，大きさが無視できるほど小さい帯電体を考え，これを点電荷と呼ぶ[4].

(a) クーロンの法則

距離 r [m] 離れた 2 つの点電荷 q_1 [C]，q_2 [C] の間に働く力 F [N] は，次のように記述できる．

$$F = k\frac{|q_1| \cdot |q_2|}{r^2} \tag{6.2}$$

ここで k は比例定数であり，真空中では $k_0 = 9.0 \times 10^9$ Nm^2/C^2 となる．真空の誘電率 $\varepsilon_0 = 8.85 \times 10^{-12}$ F/m を用いると，(6.2) は，

$$F = \frac{1}{4\pi\varepsilon_0}\frac{|q_1| \cdot |q_2|}{r^2} \tag{6.3}$$

と書ける．また，ある点から 2 つの点電荷までの位置ベクトルを $\vec{r}_1$，$\vec{r}_2$ として，

$$\vec{F} = \frac{1}{4\pi\varepsilon_0}\frac{q_1 q_2 (\vec{r}_1 - \vec{r}_2)}{|\vec{r}_1 - \vec{r}_2|^3} \tag{6.4}$$

と記述することもできる．このような関係で点電荷間の力を表すことができ，クーロンの法則と呼ぶ．また，この力をクーロン力と呼ぶこともある．

なお，クーロンの法則は万有引力の法則と式の形が極めて似ている．しかし，1 kg の質量と 1 C の電気量をもつ点電荷が 2 個存在している場合，万有引力による引力よりも，電気力による斥力がはるかに大きく (20 桁大きい) なり，強力な反発力を生じる．

例題 6-2 $+3.0 \times 10^{-8}$ C の点電荷が 2 つ，0.3 m 隔てて存在するとき，この電荷間にはたらく力の大きさと向きを求めよ．なお，真空中のクーロンの法則の比例定数を $k_0 = 9.0 \times 10^9$ Nm^2/C^2 とする．

解

クーロンの法則 $F = k_0\frac{|q_1| \cdot |q_2|}{r^2}$ に代入すると，9.0×10^{-5} N となる．また，力の向きは互いに反発する向きとなる．

---

[4] 力学における質点に相当.

(b) 電場

電気力や重力，磁気力は離れた物体間で働く力 (遠隔力) である．遠隔力の場合，途中の空間に**場**が存在すると考えたほうが都合がよい．電荷が存在するとき，その電荷はその周囲に電場 (「電界」とも呼ぶ) を作る[5]．電場を考慮することで，力を及ぼす側の電荷の電気量や形状について知る必要がなくなり，生じている力についての議論が簡単になる．

電場の大きさと向きは，正の点電荷が 1C あたりにその場所で受ける力の大きさと向き，と定義できる．また，電場はベクトル量であり，電場ベクトル $\vec{E}$ は，電場から力 $\vec{F}$ を受ける電気量 q [C] の点電荷を用い，

$$\vec{E} = \frac{\vec{F}}{q} \tag{6.5}$$

と書くことができる．電場の大きさの単位は N/C である．

複数の電場 $(\vec{E}_1, \vec{E}_2, \cdots, \vec{E}_n)$ が影響する場合，次のようにそれぞれの電場の成分を足し合わせ，その地点の電場とする．

$$\vec{E} = \sum_{i=1}^{n} \vec{E}_i \tag{6.6}$$

例題 6-3 東向きの大きさ 2.0×10^3 N/C の電場があるとき，この電場中に $+5.0 \times 10^{-9}$ C の点電荷を置いたときの，力の大きさと向きを求めよ．

解

電場から受ける力は，$F = qE$ であるため，力の大きさは 1.0×10^{-5} N となる．また，向きは正の電荷であるため，電場の向きと同じ東向きとなる．

(c) 点電荷が作る電場

点電荷が作る電場を考える．$q_1 = Q$, $q_2 = q$ とすると，クーロンの法則 (6.3) より，

$$F = \frac{1}{4\pi\varepsilon_0} \frac{|Q||q|}{r^2} \tag{6.7}$$

と書ける．(6.5) より力と電場ベクトルの大きさは $F = qE$ の関係になるため

$$F = \frac{1}{4\pi\varepsilon_0} \frac{|Q|}{r^2} |q| = qE \tag{6.8}$$

$$E = \frac{1}{4\pi\varepsilon_0} \frac{|Q|}{r^2} \tag{6.9}$$

となる．また，(6.4) からベクトルとして記述すると，

$$\vec{E} = \frac{1}{4\pi\varepsilon_0} \frac{Q}{|\vec{r}|^3} \vec{r} \tag{6.10}$$

となる．$\vec{r}$ は点電荷からの位置ベクトルである．この電場ベクトルの向きは，点電荷から見て放射状となる．

向きと強さが場所によらず同じ電場のことを，一様な電場と呼ぶ．このような電場は，平行な極板間 (片方が正，もう片方が負) に作られる．

例題 6-4 -1.6×10^{-19} C の点電荷が一つ存在するとき，その点電荷からの距離を r [m] として，電場の強さを r の関数として作れ．なお，真空中のクーロンの法則の比例定数を

---

[5] 同様に重力の場合は重力場，磁気力の場合は磁場を作る．

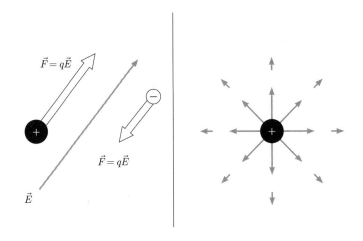

図 **6.4**　電場，点電荷がつくる電場

$k_0 = 9.0 \times 10^9 \ \mathrm{Nm^2/C^2}$ とする．

解

$E = k_0 \frac{q}{r^2}$ となるため，$\frac{1.44 \times 10^{-9}}{r^2}$ [N/C] となる．

（d）　電気力線

電場ベクトルに各点で接する曲線を電気力線と呼ぶ．電気力線には次のような特徴がある．

1. 電気力線の各点で接線の向きが電場ベクトルの向き

2. 電場が強いと電気力線は密に，弱いと疎に

3. 正の電荷から無限遠，正の電荷から負の電荷，無限遠から負の電荷

4. 線の途中で消えたり，折れ曲がったり，分岐や交差したりしない

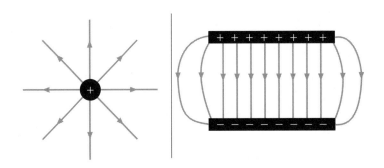

図 **6.5**　電気力線

　電気力線について，本数を以下のように定義する．電気力線が貫く部分の面積を S [m^2]，電気力線の本数を N，電場の強さを E [N/C] とすると，

$$N/S \equiv E \tag{6.11}$$

となる．

　$+Q$ [C] の点電荷から出る電気力線の本数を求める．点電荷から距離 r [m] の球面を考える．

電気力線の総本数を N，電場の強さを E とすると，

$$E \;=\; \frac{N}{4\pi r^2} = \frac{1}{4\pi\varepsilon_0}\frac{Q}{r^2} \tag{6.12}$$

$$N \;=\; \frac{Q}{\varepsilon_0} \tag{6.13}$$

となる．この際，N は r に依存しないため，どのような閉曲面をとっても，電気力線の本数はその閉曲面に含まれる電気量で決まる．したがって，電気量 Q [C] の帯電体からは，Q/ε_0 本の電気力線が出ることになる．このことをガウスの定理と呼ぶ．また，この際，閉曲面に含まれる電気量は，単一の点電荷である必要はなく，体積をもった電荷や複数の点電荷でもよい．電荷の分布に対称性がある場合には，ガウスの定理を用い容易に電場の強さを求めることができる．

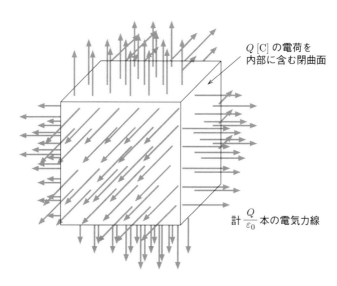

図 6.6 電荷の周りの電気力線とガウスの定理

例題 6-5　2 つの閉曲面があり，1 つは 1 つの点電荷 Q [C] を内包し，2 つめは N 個の q [C] の点電荷を内包する．いま，この 2 つの閉曲面から出てくる電気力線の本数が同じであるとすると，Q と q の間にはどのような関係があるか?

解

閉曲面から出てくる電気力線の本数が同じである場合，その面内の電荷の総和は等しくなる．よって，$Q = Nq$ という関係になる．

（e）　電位・電圧

電界中に電荷を置くと，電気力によって運動を行う．これは，重力場中に置かれた物体の運動とよく似ている．重力場中では，その高さに対応する位置エネルギーを得て，物体の運動エネルギーとするが，電場中でも同様の考えができる．電気力による位置エネルギーを定義することができる．下向きの一様な電場 E [N/C] がある状態で，基準点より上側に距離 d [m] の点から q [C] の電気量をもつ電荷を考えると，これは高さ h [m] の点にある質量 m [kg] の物体の

位置エネルギー mgh [J] と同様に，位置エネルギー

$$U = qEd \text{ [J]} \tag{6.14}$$

が求まる．つまり，$mg \to qE$，$h \to d$ という対応がある．

電場中の 1C あたりの電気力による位置エネルギーを電位と呼ぶ．電位 V は，

$$V = \frac{U}{q} \tag{6.15}$$

$$U = qV \tag{6.16}$$

と表され，その単位は J/C や V(ボルト) を用いる．

重力による位置エネルギーの基準が，無限に遠いところになるのと同様，電位についても基準がある．通常，電位の基準は，地球表面の電位を 0V とする．電気回路で電位を 0V にしたい場合，接地線 (アース) を該当箇所に接続する．2 点間の電位の差を電位差，もしくは電圧と呼ぶ．

電位の概念は，地球の重力場における標高と考えると理解しやすい．標高の高低差と水圧や気圧の関係は，電位差や電圧と等しいイメージとなる．

電気量 q [C] の点電荷を，電位 V_A [V] の位置 A から電位 V_B [V] の位置 B に移動させるときの仕事 W [J] を考える．電位差 V [V] を $V = V_B - V_A$ とすると，

$$W = q(V_B - V_A) = qV \tag{6.17}$$

と書ける．このとき，電場がした仕事 W' [J] は，

$$W' = -q(V_B - V_A) = q(V_A - V_B) = q(-V) \tag{6.18}$$

となる．

電位の高低差を用い，電子等の荷電粒子を加速させる装置を粒子加速器と呼ぶ．古いテレビに使われているブラウン管も，一種の粒子加速器である．また，この原理を宇宙機 (人工衛星や探査機) に用いたものは，イオンエンジンと呼ばれる．

また，電子 (電気量 $-e = -1.602 \times 10^{-19}$C) に電位差 1V で与えられるエネルギーを，1 電子ボルト (1 eV $= 1.602 \times 10^{-19}$ J) というエネルギーの単位として利用する．粒子 1 個のエネルギーなどの小さなエネルギーを扱う単位として使われる[6]．

(f)　電場と電位

一様な電場 $\vec{E}$ [N/C] 中で，q [C] の点電荷を距離 d [m] 離れた 2 点間 (A $\to$ B) で移動させることを考える．電荷が電場から受ける力は

$$\vec{F} = q\vec{E} \tag{6.19}$$

となる $\vec{F}$ に逆らって距離 d 移動させるとき，外力のする仕事は，

$$W = qEd \tag{6.20}$$

となる．A $\leftrightarrow$ B の電位差を V [V] とすると，(6.20) は

$$W = qV \tag{6.21}$$

---

[6] 1,000 eV を 1keV(ケヴ)，1,000 keV を 1MeV(メヴ)，1,000 MeV を 1GeV(ジェヴ)，1,000 GeV を 1TeV(テヴ) と呼ぶ．また，読みに関しては分野ごとに諸説ある．

となる. これらより,

$$V = Ed \tag{6.22}$$

$$E = \frac{V}{d} \tag{6.23}$$

となる. これから, 一様電場中では, 電位は電場の勾配になるということがわかり, また, 電場の単位は N/C だけでなく V/m でもよいことがわかる.

(g) 点電荷の作る電位

電気量 Q [C] の点電荷が, 距離 r [m] の点に作る電場は,

$$E = \frac{1}{4\pi\varepsilon_0}\frac{Q}{r^2} \tag{6.24}$$

である. $r = d$ とともに, $V = Ed$ に代入すると, この点電荷の作る電位は

$$V = \frac{1}{4\pi\varepsilon_0}\frac{Q}{r} \tag{6.25}$$

と書ける. なお, この場合, 点電荷から無限に遠い個所の電位を 0V とする.

(h) 等電位面

電場のある空間で, 等しい電位の点をつなぐと, 面を作ることができる. この面を, 等電位面と呼ぶ[7]. 電荷を等電位面に沿って移動させる場合, 等高線に沿った重力場中の運動が仕事をしないように, 仕事は 0 となる. 仕事をしていない運動は, 力と移動方向が直交するということになる. そのため, 電気力線と等電位面は直交する性質がある.

等電位面も, 電気力線と同様, 電場の強さと関係する. 等電位面が密であれば, その点での電位の勾配が大きいことを示すが, 電位の勾配はすなわち電場の強さであり, 等電位面が詰まったところは電場が強いということになる.

また, 教科書等では, 等電位面を記述する代わりに, その断面である等電位線を記載することが多い.

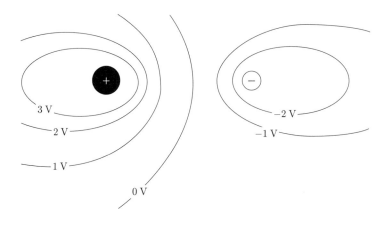

図 6.7 等電位面

例題 6-6 q_1 [C] の点電荷から距離 r [m] だけ離れた球面上の電位を求めよ. また, この球面上で q_2 [C] の点電荷を移動させた時の仕事を求めよ.

---

[7] 地図の等高線, 気圧図の等圧線のようなもの.

解

電位は $V = k_0 \frac{q_1}{r}$ [V] となる．また，q_2 の移動についての仕事は，等電位面上での移動となるため，0 J である．等電位面を移動させる場合，電場による力の向きと，移動方向が垂直になり，仕事 $\vec{F} \cdot \vec{l} = Fl \cos \theta$ の $\cos \theta$ が 0 となるためである．

（i） 導体内の電場と電位

導体に帯電体を近づけると，自由電子が帯電体の電場の影響を受け，静電誘導を起こす．静電誘導が起きると，導体内には帯電体が作る電界の逆向きの電界が作られ，結果的に導体内に電場が存在しなくなる．導体内に電場が存在しなければ，電位の勾配が 0 となり，導体全体の電位は同じ値となる．

導体を帯電させようとすると，導体の表面のみに帯電しようとする．導体に正または負の電荷を与える場合を考えると，導体内に電位差がないため，与えられた電荷は導体内を自由に移動できる．電荷は互いに反発するため，導体内の互いに最も遠くに移動しようとする．結果，電荷は導体内に一様に分布するのではなく，導体表面に一様に分布することになる．

導体がある状態の電気力線や等電位面を考える．導体表面は等電位のため，その表面は等電位面の一部であると考えることができる．導体が無視できない体積をもっていたとしても，電位が等しいため，どの向きから見ても，導体表面は等電位面と一致する[8]．そのため，電気力線は常に導体表面に垂直に出入りすることになる．

導体で覆われた領域は，外部の電場の影響を受けなくなる．外部の電場の影響で静電誘導が起こっても，静電誘導の結果導体内部 (内部の空洞も含む) では電場が 0 となるからである．このような現象を静電遮蔽と呼び，電場や電波の影響を除外したい場合によく用いる[9]．静電遮蔽するための導体のことをシールドと呼ぶが，パソコン等の電子機器や電子レンジのきょう体 (ケース，シャーシとも) は，静電遮蔽により内部と外部の電場の影響を防いでいる．また，電波の影響を受けやすい実験は，通常，シールドルーム (部屋の周囲を導体で覆った部屋) で行われる．

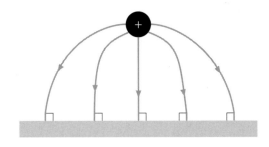

図 **6.8** 導体と電気力線

---

[8] 地図上で，等高線とちょうど一致する標高の平坦な地形をイメージするとよい．
[9] 携帯電話をアルミホイルで隙間なく包んでみると，着信できなくなる．

6.1.3　コンデンサ

電荷を蓄える方法について考える．別々の2枚の導体板に電圧をかけると，自由電子が極板に移動する．この際，導体板が十分離れていると，自由電子が移動し，移動した自由電子が作る電位差が電源の電圧となったところで移動が終了する．その状態で，この2枚の導体板を向き合わせて接近させると，導体板には互いに逆の電気が帯電しているため，引力を生じる．この引力で，離していたときよりもより多くの電荷をため込むことができるようになる．また，この状態で電源を切り離しても，この導体板間に働く引力のため，電荷は極板にとどまり続ける．

このように，2枚の導体板を接近させておいた装置は，電気を蓄えることができ，このような装置・素子をコンデンサ (キャパシタ) と呼ぶ．2枚の導体板は，互いに接触しないように配置されるか，間に不導体を挟むことで接触を防いでいる．コンデンサに電荷を蓄えることを充電，コンデンサから電荷を放出することを放電と呼ぶ．

コンデンサの一方の極板に $+Q$ [C] 帯電させると，反対側の極板は必ず $-Q$ [C] 帯電する．これは静電誘導によるもので，片方の極板だけに帯電させることはできない．両方の極板に，$+Q$ [C] と $-Q$ [C] が帯電した状態のことを，コンデンサに電気量 $+Q$ [C] を蓄えた状態と呼ぶ．蓄えられる電気量は，コンデンサにかける電圧 V [V] と比例関係にあり，

$$Q = CV \tag{6.26}$$

の関係になる．ここで C のことを電気容量 (静電容量・キャパシタンス) と呼ぶ．電気容量の単位は C/V ではなく F(ファラド) を用い，通常は $\mu F = 10^{-6}$ F(マイクロファラド) や $pF = 10^{-9}$ F(ピコファラド) を用いる[10]．

コンデンサにあまりにも高い電圧をかけると，極板間の絶縁を維持できなくなり壊れてしまう．コンデンサには，耐えられる電圧があり，このことを耐電圧と呼ぶ．

コンデンサはその充放電に化学反応を用いないため，電池とは異なり原理的には寿命がない．しかし，蓄えられるエネルギーの面で，まだ電池には劣っている．

例題 6-7　電気容量 1.0 pF のコンデンサに電圧 1200 V をかけたとき，コンデンサに蓄えられる電荷を求めよ．

解

$Q = CV$ より，$1.0 \times 10^{-12} * 1200 = 1.2 \times 10^{-9}$ C となる．

（a）　平行板コンデンサ

2枚の同じ面積の導体板を平行に配置したコンデンサを平行板コンデンサと呼ぶ．このようなコンデンサの電気容量は，極板間の間隔が狭ければ狭いほど極板間の電荷間に働く力が大きくなるため大きくなり，極板間の面積が広いと力を受ける部分が広くなるためやはり容量は大きくなる．すなわち，電気容量は極板の面積に比例し，極板間の間隔に反比例すると考えられる．極板の面積を S [m²]，極板間隔を d [m] とすると，電気容量 C [F] は，

$$C \propto \frac{S}{d} \tag{6.27}$$

---

[10] 近年，電気容量が 1F 程度のコンデンサも製品化されている．

となる.

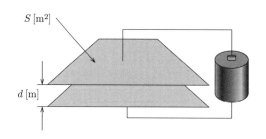

図 **6.9**　平行板コンデンサ

平行版コンデンサに電圧 V [V] をかけ, Q [C] 蓄えられたとする. このとき, 正に帯電した極板から出る電気力線の本数は, Q/ε_0 本となる. この極板のみを含み, 電気力線が貫く部分の面積が S [m²] となる閉曲面を考えると, コンデンサの極板間に作られる電場 E [C] の大きさは,

$$E = \frac{Q}{\varepsilon_0 S} \tag{6.28}$$

と書くことができる. なお, 電場は極板間のみしか存在しないため, 単純に面積で割ることができる. この電場は, かけた電圧 V と極板間隔 d から,

$$E = \frac{V}{d} \tag{6.29}$$

$$Q = \varepsilon_0 \frac{S}{d} V \tag{6.30}$$

と書ける. これを CV とすると, 平行板コンデンサの電気容量 C [F] は,

$$C = \varepsilon_0 \frac{S}{d} \tag{6.31}$$

と書くことができる.

（b）　コンデンサと誘電体

平行板コンデンサの極板間に誘電体を挿入すると電気容量を大きくすることができる. 平行板コンデンサの極板間には, 一様な電場が作られるが, ここに誘電体を挿入することで, 誘電体が誘電分極する. 誘電分極によって誘電体表面に現れた電荷は, 誘電体内部にコンデンサの電場と逆向きの弱い電場を作る. これにより, 極板間の電場が弱まり, $V = Ed$ となるため, 極板間の電位差が下がる. 極板間の電位差が下がると, 電源からの電流の形で電荷が供給され, 保持できる電荷の量が増える.

この場合, 誘電体の入ったコンデンサの電気容量は,

$$C = \varepsilon \frac{S}{d} \tag{6.32}$$

となり, ε はその物体の誘電率となる. 誘電率は, 誘電体ごとによって異なり, 誘電率の大きな物質を選択することで, 電気容量をどれくらい大きくできるかが決まる.

また, 物質の誘電率と真空の誘電率の比を, 比誘電率 ε_r と呼び,

$$\varepsilon_r = \frac{\varepsilon}{\varepsilon_0} \tag{6.33}$$

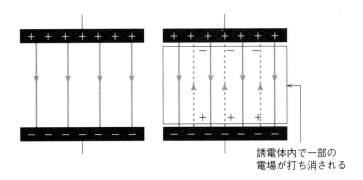

誘電体内で一部の
電場が打ち消される

図 6.10 誘電体とコンデンサ

と書ける. 比誘電率は, 雲母では 7.0, チタン酸バリウムでは数千[11]と, 物質によって大きく異なる. 比誘電率は, 平行板コンデンサの容量がわかっていれば, その何倍の容量になるか一目でわかるため, どれくらい容量が大きくなるかわかりやすいという利点がある.

表 6.1 物質の比誘電率

物質	ε_r	物質	ε_r
硫黄	$3.6 \sim 4.3$	ポリエチレン	2.3
雲母	$5 \sim 8$	ポリスチロール	$2.0 \sim 2.5$
エボナイト	$2.7 \sim 2.9$	チタン酸バリウム磁器	1500
ガラス	$5 \sim 16$	チタン酸バリウム・ストロンチウム磁器	12000
琥珀	2.8	空気 (1atm)	1.00059
石英ガラス	4	水素 (1atm)	1.00026

例題 6-8　半径 0.1 m の円形の金属版 2 枚を真空中で 1.0×10^{-3} m 離して設置し, 平行板コンデンサを作った. 真空の誘電率 $\varepsilon_0 = 8.85 \times 10^{-12}$ F/m を用い, 電気容量を求めよ. また, このコンデンサの極板間を比誘電率が 1000 の誘電体で満たした場合の電気容量を求めよ.

解

真空中の平行板コンデンサの電気容量は $C = \varepsilon_0 \frac{S}{d}$ で与えられるため, $8.85 \times 10^{-12} \frac{3.14 \times 0.1^2}{1.0 \times 10^{-3}} = 2.78 \times 10^{-10}$ F となる. 誘電体で満たした場合, $C' = \varepsilon_r \varepsilon_0 \frac{S}{d}$ となるため, 2.78×10^{-7} F となる.

（c）　コンデンサに蓄えられるエネルギー

コンデンサに電荷を蓄えることは, エネルギーを蓄えることである. この, コンデンサに蓄えられるエネルギーのことを, 静電エネルギーと呼ぶ.

C [F] のコンデンサに V [V] の電圧をかけて充電し, Q [C] の電荷が蓄えられたとする. このときのエネルギーは, 図 6.11 の斜線部の面積に相当する. 図 6.11 から, このときの静電エ

---

[11] 構造 (単結晶, セラミックス) や温度, 不純物によって変わる.

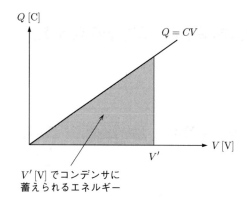

図 **6.11** コンデンサに蓄えられる電荷と電圧

ネルギーは,
$$U = \frac{1}{2}QV = \frac{1}{2}CV^2 = \frac{Q^2}{2C} \tag{6.34}$$
となる.

(**d**) コンデンサの接続

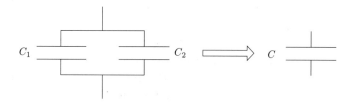

図 **6.12** コンデンサの並列接続

　複数のコンデンサを接続するとき, 全体を 1 つのコンデンサと考えると扱いが簡単になる. 全体を 1 つのコンデンサとしたときの電気容量を合成容量と呼ぶ.

並列接続

　図 6.12 のように容量が C_1 [F] と C_2 [F] のコンデンサを並列に接続する場合を考える. この C_1 と C_2 にかかる電圧は等しいため, 各コンデンサに蓄えられる電荷 Q_1 [C] と Q_2 [C], 全体に蓄えられる電荷 Q [C] は,

$$Q_1 = C_1 V, \ Q_2 = C_2 V \tag{6.35}$$
$$Q = Q_1 + Q_2 = (C_1 + C_2)\,V \tag{6.36}$$

と書ける. いま, 合成容量を C [F] とすると,

$$Q = CV = (C_1 + C_2)\,V \tag{6.37}$$
$$C = C_1 + C_2 \tag{6.38}$$

となる.

なお，平行板コンデンサに例えると，並列接続は極板の面積を増やすことと同じ働きであることがわかる．

直列接続

図 6.13 のようにに容量が C_1 [F] と C_2 [F] のコンデンサを直列に接続する場合を考える．直列であるため，各コンデンサにかかる電圧は，$V = V_1 + V_2$ となる．各コンデンサの容量と電荷の関係をみると，

$$Q_1 = C_1 V_1, \ Q_2 = C_2 V_2 \tag{6.39}$$

となる．また，合成容量と全体に蓄えられる電気量の関係は，

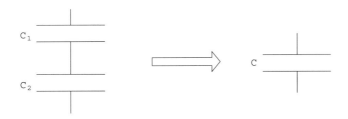

図 6.13 コンデンサの直列接続

$$Q = CV \tag{6.40}$$

と書ける．2 つのコンデンサの間の領域に注目すると，C_1 の下側の極板と C_2 の上側の極板からなる部分は，他の部分から電荷の供給は行われない．そのため，電気量が保存し，

$$-Q_1 + Q_2 = 0 \tag{6.41}$$

となり，結果的に，両コンデンサに蓄えられる電荷は等しくなり，全体に蓄えられる電荷も

$$Q_1 = Q_2 = Q \tag{6.42}$$

と等しくなる．そのため，

$$Q = C_1 V_1, \ Q = C_2 V_2, \ Q = CV \tag{6.43}$$

となる．これを電圧の関係に代入すると，

$$\frac{Q}{C} = \frac{Q}{C_1} + \frac{Q}{C_2} \tag{6.44}$$

となるため，

$$\frac{1}{C} = \frac{1}{C_1} + \frac{1}{C_2} \tag{6.45}$$

となる．

なお，平行板コンデンサに例えると，直列接続は極板の間隔を増やすことと同じ働きであることがわかる．

例題 6-9 電気容量が $100 \ \mu\mathrm{F}$ のコンデンサ C_1 と，電気容量が $10 \ \mu\mathrm{F}$ のコンデンサ C_2 がある．この 2 つを直列につないだ時と，並列につないだ時の合成容量をそれぞれ求めよ．

解

直列の場合，合成容量は $100 \times 10^{-6} + 10 \times 10^{-6} = 110 \times 10^{-6}$ F となるため，$110\ \mu$F となる．並列の場合，合成容量を C_p とすると，$\frac{1}{C-p} = \frac{1}{100 \times 10^{-6}} + \frac{1}{10 \times 10^{-6}}$ となる．これを計算すると，$C - p = 90.9\ \mu$F となる．

6.2　動く電荷

前節では電荷が静止した状態の議論をしたが本節では電荷が電場や磁場の作用で恒常的に動くときどのような現象が観測されまたその結果が日常生活にどのようにつながっているかについて考えていく．本節では微分方程式などは使わず平易に解説していきたい．

6.2.1　電子とは何か

電子の存在は陰極線などの性質の解明から古くから知られていた．電子の質量を m，電荷の大きさを e とすれば，ミリカン (1868-1953, アリカ) の実験より

$$e = -1.602095 \times 10^{-19} \text{C},\ m = 9.10904 \times 10^{-31} \text{kg} \tag{6.46}$$

であることが明らかにされている．つまり電子の質量は大体 10^{-30}kg である．これは一体どのような重さなのであろうか．髪の毛 1 本は長さにもよるが大体 10^{-6}kg(すなわち 1000 分の 1g) 程度と考えてよい．つまり髪の毛は電子の重さの 100 億倍 (10^{10}) の 100 億倍 (10^{10}) のさらに 1 万倍 (10^4) となる．また 1 ボーア磁子 μ_B の ($eh/4\pi m = 9.27 \times 10^{-24}$J/T) 大きさの磁気モーメント (磁石の基本単位) をもっている．

6.2.2　物質の電気抵抗─その大きさと温度変化

電気抵抗は，電流を流したときあるいは物質に電位差を与えたとき電気の流れにくさ，すなわち電子の動きにくさの目安を定量的に表したものと言ってよい．この現象の解明は日常生活と密接に結びついており，技術的な側面ばかりでなく物質の中の電子の輸送現象という物理学の基礎的側面からも大変重要な問題である．

電荷が移動するとき我々は「電流が流れた」という．電流の大きさはある導体の断面を単位時間に通過する電気の量で決め単位をアンペア (記号 A) で表す．いま図 6.14 に示すような断面積 S の導体に電流 I を流した場合を考えよう．時刻 t の間に Q[C] の電荷が通過したとすれば I は

$$I = \frac{Q}{t} \tag{6.47}$$

となる．ここで単位を考えると 1 A = 1 C/s となることがわかる．さらに導体内の電子の密度を n 個 /m^3 とし，これに電場をかけ，電子を動かしたときの速さを v とすれば時刻 t の間に導体の断面を通る電子の個数は $nSvt$ となる．したがって電流の大きさ I は上の式から，

$$I = \frac{enSvt}{t} = enSv \tag{6.48}$$

となる．この式は断面積が大きいほど電流はよく流れることと，電子の密度が大きい，すなわち金属などでは電流がよく流れるということを意味している．

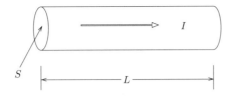

図 **6.14**　金属棒の電気抵抗

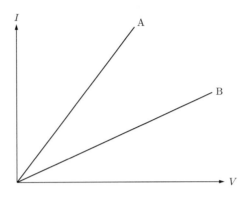

図 **6.15**　オームの法則

　図 6.14 の断面積 S の金属導体の両端に電位差 V をかけたとしよう．この電位差 V は図 6.15 に示すように電流 I の大きさに比例することが知られている．この法則を「オームの法則」といい電磁気学で最も重要な法則として知られている．$V \propto I$ となり比例定数を R とおけば

$$V = RI \tag{6.49}$$

と書けることになる．この R をその物質の電気抵抗という．V の単位をボルト，I の単位をアンペアで表すとき，R の単位はオーム (Ω) と定義する．したがって図 6.15 において抵抗は B が大きく，A が小さい．たとえば同質の金属であれば，A の断面積は B のそれより大きいことになる．この関係式はどんな物質でも成り立つわけではなく，半導体やその他特異な伝導機構をもつものに対しては成り立たない．

　図 6.14 の金属導体の抵抗が $R\,[\Omega]$ であるとする．上で述べたように R は S に反比例し，L に比例する．すなわち以下の式が成り立つ．

$$R = \rho \frac{L}{S} \tag{6.50}$$

ここで ρ は「電気抵抗率」と呼ばれ，物質固有の量である．単位は $\Omega \cdot \mathrm{m}$ または $\Omega \cdot \mathrm{cm}$ である．代表的な物質に対してそれらの値を表 6.2 にまとめた．銅や金などのいわゆる貴金属では ρ の値は小さく数 $\mu\Omega \cdot \mathrm{cm}$ ($\mu = 10^{-6}$) の程度であるがニクロムなどになると 100 を超えるものも少なくない．この合金に電流を流すとジュール熱が発生するため，ドライヤーや電熱器などの抵抗素子として使われており実生活と密接に関連した合金であると言える．

　いま，金属棒の両端にかかる電圧を V とすれば導体内の電場の大きさ E は $E = V/L$ とな

る．これとオームの法則 $V = RI$ を使えば (6.50) は以下のように書き換えることができる．

$$J = \sigma E \tag{6.51}$$

この σ は電気伝導率と呼ばれるもので抵抗率の逆数で，$\sigma = 1/\rho$ である．すなわち σ は電気の通りやすさを表している．式 (6.51) は広い意味のオームの法則である．ここで J は電流密度で $J = I/S$ で，単位面積あたりを流れる電流である．

表 6.2 いくつかの金属や合金の電気抵抗率

金属元素または合金 (記号)	測定温度 (°C)	抵抗率 ($10^{-6}\Omega \cdot$ cm)
アルミニウム (Al)	20	2.75
銀 (Ag)	20	1.62
白金 (Pt)	20	10.6
銅 (Cu)	20	1.72
鉄 (Fe)	0	8.9
鉛 (Pb)	0	19.3
ニクロム (Ni$_{80}$Cr$_{20}$)	0	107.3

例題 6-10 以下の 2 つの問いに答えよ．

1. 長さ 10 m で直径 2 mm の銅線の抵抗 R を求めよ．

2. 直径 0.5 mm で長さが 50 cm のニクロム線の抵抗を計ったら 2.7Ω であった．このニクロム線の抵抗率はいくらか．

解

いづれも (6.50) を使う．

1. 導線の半径を r とすれば，(6.50) で $S = \pi r^2$ となる．$2r = 2 \times 10^{-3}$ m，$L = 10$ m，ρ は表 6.2 より 1.72×10^{-8} $\Omega \cdot$ m なので，(6.50) より $R = 5.5 \times 10^{-2}$ Ω を得る．

2. (1) と全く同様にして $\rho = 106 \times 10^{-8}$ $\Omega \cdot$ m を得る．

※計算過程で単位の変換には気をつけること．

次に簡単な力学系の考え方を使って電気抵抗 (または電気伝導) を考えてみよう．結晶を作っている金属棒の中で電子は規則正しく並んだ原子の間を運動する．結晶中で原子は最外殻の電子 (価電子) が原子の束縛から離れ，イオンとなっている．この電子はいわゆる自由電子として周期的に並んだイオンのポテンシャルの中を電場の方向と逆に運動することになる．イオンは有限温度では振動している (格子振動という) ため電子はこれらにぶつかりながら運動していくことになる．電子が速く動けばぶつかる確率も大きくなる．すなわち抵抗も大きくなると考えられる．したがって電子はその速さに比例する抵抗を受けると考えてよい．したがって電場 E がかかっているときの運動方程式は，電子の加速度，質量，を a, m，電荷を e として，

$$ma = eE - \frac{m}{\tau}v \tag{6.52}$$

と書ける．τ は緩和時間と呼ばれるものである．その意味については後程説明することにする．この方程式は第 3 章力学の拘束運動で，空気中を落下する雨滴などで使われたものと同じである．E は時間によらない．金属中の電子に電場が働くと電子は加速される．実際は e が負であ

るので E の方向とは逆の方向に動くことになる．ところが電子が速度をもつと上に述べたような理由で抵抗力が働き，電子は減速される．この加速と減速がうまくつり合ったところで電子は一定の速度となるのである．今時間が十分たったときを考えると電子は等速運動をしている．したがって $a = 0$ とおけば，

$$v = \frac{e\tau}{m}E \tag{6.53}$$

を得る．雨滴の落下などでは (6.52) の速さに比例する抵抗は粘性抵抗と呼ばれ (6.53) の速度は終端速度と呼ばれている．

電流密度 J は，

$$J = nev \tag{6.54}$$

と書くことができる．ここで n は電子の密度である．(6.53) と (6.54) により，J は以下のようになる．

$$J = \frac{ne^2\tau}{m}E \tag{6.55}$$

(6.51) より，$\sigma = 1/\rho$ を使って抵抗率 ρ は

$$\rho = \frac{m}{ne^2\tau} \tag{6.56}$$

と書かれる．この結果より n が大きいほど抵抗は小さく，電流は流れやすいことがわかる．また τ が大きいほど電子は流れやすい．これは τ が電子の 1 回の衝突から次の衝突までの時間であることを考えると容易に理解できることである．このような時間を緩和時間と呼んでいる．抵抗の温度変化ではこの τ の変化が本質的に効いてくる．すなわち温度が高くなり，イオンなどの運動が活発になると衝突も多くなり，τ が短くなる．すると (6.56) に従って ρ は大きくなることになる．このような考え方によってほとんどの金属の高温における電気抵抗の温度変化は定性的に理解されることになる．半導体や半金属では n の値が小さく，したがって ρ の値は大きくなる．

例題 6-11　一価金属である銀の緩和時間を求める．以下の問いに答えよ．

1. 銀の密度は 10.5×10^3 kg/m^3 である．アボガドロ数を用いて電子密度の値 n を求めよ．

2. 式 (6.56) を用いて緩和時間 τ を求めよ．

解

1. 銀 1 モルの体積は，銀の原子量と密度から $V = 10.3 \times 10^{-6}$ m^3．従って，$n = \left(6.03 \times 10^{23}\right)/V = 5.8 \times 10^{28}$ m^{-3} となる．

2. (6.56) より $\tau = \frac{m}{ne^2\rho}$ なので，$m = 9.1 \times 10^{-31}$ kg，$e = 1.6 \times 10^{-19}$ C，$\rho = 1.62 \times 10^{-8}$ Ω·m を代入すれば，$\tau = 4 \times 10^{-14}$ s を得る．銀の中の自由電子はこれぐらいの時間間隔で障害物と衝突していることになる．

6.2.3 ジュール熱

上で述べたように金属の中でも電気抵抗率の値は多岐にわたっており，金や銀などの貴金属は小さくニクロムなどの合金は一般的に 1～2 桁大きい．日常生活をみると電気をよく通すか通さないということを人間はうまく使っていることに気づく．図 6.16 に見るように抵抗値 ρ の大きさは実に 10^{23} のスケールで変化している．世の中のすべての物質が電気をよく通すものであったら大変危険なことになり，日常生活は成立しない．かといってその逆の電気を全く通さない物質ばかりであったら発電所で発電しても一般家庭に電気は運ばれてこないことになり，これまた大変不便なことになる．このように考えると物質科学の分野は実にバランスよく構成されていることに気づく．以下では昔から我々の生活に密接にかかわり合っている電気の発熱作用について考えてみることにする．

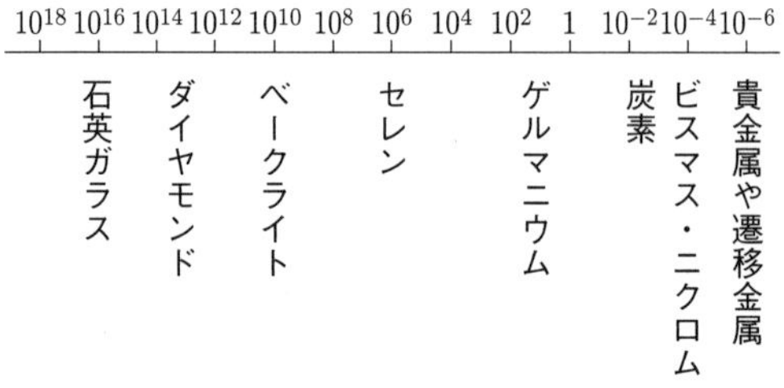

$10^{18}\ 10^{16}\ 10^{14}\ 10^{12}\ 10^{10}\ 10^{8}\ 10^{6}\ 10^{4}\ 10^{2}\ 1\ 10^{-2}10^{-4}10^{-6}$

石英ガラス　ダイヤモンド　ベークライト　セレン　ゲルマニウム　炭素　ビスマス・ニクロム　貴金属や遷移金属

図 6.16 物質の電気抵抗率 (大まかな値)

図 6.14 のように金属導体に電圧 V をかけ電流 I を流した場合を考えよう．自由電子は速度に比例する抵抗力を受けるがそれに打ち勝って運動している．この場合の仕事は最終的には金属導体を温める熱量 Q になる．この大きさを計算する．電子 1 個に電場がなす仕事 w は前節での結果より，

$$w = eE \times (vt) = \frac{eV}{l} \times (vt) \tag{6.57}$$

となる．ただし t は時間である．長さ l の導体中に存在する電子数は nlS なのでこれらの電子がなす仕事 W は

$$W = w \times (nlS) = (nevS) \times Vt = IVt \tag{6.58}$$

となる．これが上で述べた熱量 Q に等しくなる．この Q のことを「ジュール熱」という．W の単位は当然ジュール (J) である．単位時間の仕事を仕事率 (電力)P と定義する．

$$P = W/t = IV \tag{6.59}$$

となる．P の単位は J/s ＝ W(ワット) である．

例題 6-12　100 V の電圧を加えた時，消費電力 500 W の電熱器がある．これに 90 V の電源をつないだ．以下の問いに答えよ．但し電熱器の抵抗は温度変化しないものとする．

　　1. 電熱器の抵抗はいくらか．

　　2. 電熱器の消費する電力は何 W か．

解

　　1. 100 V の電圧を加えた時，流れる電流は 5 A である．これより抵抗 R は $R =$

$100/5 = 20 \ \Omega$ となる.

2. 消費電力は V^2/R より 405 W となる.

6.2.4 直流回路

（a） 抵抗の接続・・・直列接続と並列接続

図 6.14 で抵抗 R に電流 I が流れるとき，電位差ができることを述べた．この大きさはオームの法則から式 (6.49) で表される．電流は水の流れにたとえられる．すなわち水は高いところから低いところへ流れる．正電荷も同じで電位の高いところから低いところへ移動する．図 6.14 に従えば電流の流れ込む左側の点の電位が高く，電流が流れ出す右側の点の電位が低いことになり，その高低差 V がオームの法則で表される RI ということになる．このような抵抗の存在による電位の降下現象のことを電圧降下と名づける.

次に抵抗の接続の問題を考えよう．これは直流回路の基礎をなすもので実際の電気測定をするときに有用な情報を与える．以下の 2 つの典型的な場合を考える.

直列接続

いま 2 つの抵抗 R_1, R_2 を図 6.17 のように直列に接続し，電圧 V をかけたとする．合成抵抗を R とすれば以下の式が成り立つ.

$$V_1 = R_1 I \tag{6.60}$$
$$V_2 = R_2 I \tag{6.61}$$
$$V = RI \tag{6.62}$$

ただし，ここで V_1, V_2 はそれぞれ R_1, R_2 にかかる電圧であり，当然 $V = V_1 + V_2$ である．この関係式と上の 3 つの式から，

$$R = R_1 + R_2 \tag{6.63}$$

が導かれる．合成抵抗は単に 2 つの抵抗値を足し合わせたものに等しい．この関係式は抵抗をさらに多くつないだときも成り立ち，

$$R = \sum_i R_i \tag{6.64}$$

となる.

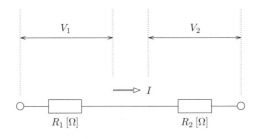

図 6.17 直列接続

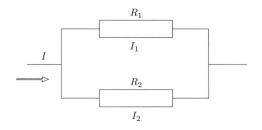

図 **6.18**　並列接続

並列接続

次に 2 つの抵抗を図 6.18 のように並列につなぎ V の電圧をかけた場合を考えよう．合成抵抗を R とすれば，

$$V = R_1 I_1 = R_2 I_2 \tag{6.65}$$

$$V = RI \tag{6.66}$$

$$I = I_1 + I_2 \tag{6.67}$$

となる．これらの式から，

$$\frac{1}{R} = \frac{1}{R_1} + \frac{1}{R_2} \tag{6.68}$$

が成り立つことがわかる．上の式は抵抗が n 個並列につながったときでも同様に成り立つ．

$$\frac{1}{R} = \sum_{i=1}^{n} \frac{1}{R_i} \tag{6.69}$$

例題 6-13　2 つの抵抗 A $(2\,\Omega)$，B $(3\,\Omega)$ がある．以下の問いに答えよ．

1. A,B を直列につないだ時，合成抵抗を求めよ．またその両端に 10 V の電池をつないだ時，A,B に流れる電流とかかる電圧はいくらか．

2. A,B を並列につないだ時，合成抵抗を求めよ．並列につないだ抵抗の両端に 10 V の電池をつないだ．A,B に流れる電流とかかる電圧を求めよ．

解

1. 合成抵抗は (6.63) より，5 Ω である．流れる電流は，A,B との同じで 2 A となる．かかる電圧 V_A，V_B はそれぞれ $V_A = 2 \times 2 = 4$ V，$V_B = 2 \times 3 = 6$ V となる．

2. (6.68) より，合成抵抗は 1.2 Ω となる．A,B にかかる電圧は同じで 10 V である．流れる電流を i_A, i_B とすれば，オームの法則より $i_A = 5$ A，$i_B = 3.3$ Ω となる．

6.2.5　キルヒホッフの法則 *

電源や抵抗が組み合わされた回路網においてどのような電流が流れるかあるいは電圧はどれくらいかを知りたいときに便利なのが以下に述べるキルヒホッフ (Kirchhoff, 1824-1887, ドイツ) の法則である．この法則は基本的にはオームの法則を発展させたものである．

キルヒホッフ第 1 法則・・・電流の保存

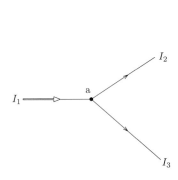

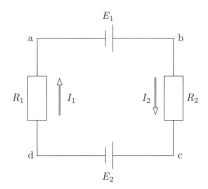

図 6.19 電流の保存  図 6.20 回路網

いま，ある回路で図 6.19 に示すような回路の 1 点 a を考える．この点では流れ込む電流 I_1 と a 点から出ていく電流の総和 $I_2 + I_3$ は等しく，$I_1 = I_2 + I_3$ となる．そこで a 点に流れ込む電流を正，a 点から流れ出る電流を負とすれば，a 点での電流の総和は 0 となる．上の場合は $I_1 + (-I_2) + (-I_3) = 0$ である．一般的には

$$\sum_i I_i = 0 \tag{6.70}$$

となる．これは a 点で電流の総和が 0，すなわち電流が保存されることを意味している．

キルヒホッフ第 2 法則・・・回路の起電力と電圧降下

回路網の中で図 6.20 で示すような任意の 1 つの回路 abcd を考えたとき，たとえば a から出発して a → b → c → d → a とたどるとき，電圧は最終的に a に戻ってきて電位差は 0 となる．すなわち以下の式が成り立つ．

$$R_1 I_1 + R_2 I_2 = E_1 - E_2 \tag{6.71}$$

ただしこの式を立てるとき，指定した経路の向きと逆向きの起電力は負の起電力と考えた．すると上の式の右辺は $E_1 + (-E_2)$ となり，起電力の総和となる．換言すればある任意の回路の中での起電力の総和と抵抗による電圧降下の和は等しい．すなわち以下の式が成り立つ．

$$\sum_i E_i = \sum_i R_i I_i \tag{6.72}$$

この場合も上で述べたように，指定した回路の向きと同じ向きの起電力は正とし，逆向きは負とし，逆向きの電流による電圧降下は負と考える．具体的には以下で例を示そう．

例．ホイートストンブリッジ

いま図 6.21 のような回路を考える．この回路は 4 つの抵抗 R_1, R_2, R_3, R_4 と検流計 G からなる．R_1 と R_2 は既知の抵抗とし R_3 は可変抵抗，R_4 を未知の抵抗とする．ここでは R_4 を求めることを考えよう．このような回路をホイートストンブリッジと呼んでいる．R_1, R_2, R_3, R_4 を流れる電流をそれぞれ i_1, i_2, i_3, i_4 とする．また連結された検流計を流れる電流を i_5，電池の電圧を V，電池を流れる電流を I とする．この回路に上で述べたキルヒホッフの法則を適用

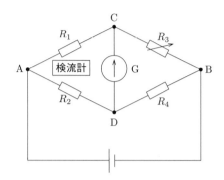

図**6.21**　ホイートストンブリッジ

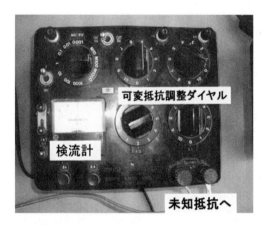

図**6.22**　ホイートストンブリッジの測定装置の例

する. いま R_3 を調整して $i_5 = 0$ としたとする. 以下の式が成り立つ.

$$i_1 = i_3, \; i_2 = i_4 \tag{6.73}$$

$$R_1 i_1 - R_2 i_2 = 0 \tag{6.74}$$

$$R_3 i_3 - R_4 i_4 = 0 \tag{6.75}$$

これらの式より未知抵抗 R_4 に対して

$$R_4 = \frac{R_2}{R_1} R_3 \tag{6.76}$$

が成り立つ. R_1, R_2, R_3 は既知なのでこの関係式から未知の抵抗値 R_4 を求めることができる. この方法を使った装置は古くから知られている電気抵抗測定の代表的なものである. その外観を少し古い型であるが図 6.22 に示した. この原理を用いた装置は現在も広く学生実験から最先端の精密抵抗測定まで用いられている. 精密な検流計を用いることにより $10^{-5} \sim 10^{-6}$ の精度で R を容易に測定できる. このようなことからいろいろな量が電気信号におき換えられて精密に測定されるのである.

6.2.6 電池の起電力と内部抵抗 *

種々の電気測定に使われる計器には固有の抵抗がある. これを一般に内部抵抗と呼んでいる. いま図 6.23 のように電池に抵抗 R をつないだ回路を考える. 電池の内部抵抗の大きさを r とする. 電池の両端の電圧 V を端子電圧という. 電流を流さないときの端子電圧の大きさを起電力といい E で表す. 流れる電流値を I とすれば, キルヒホッフの法則より

$$V = RI = E - rI \tag{6.77}$$

となる. これより電流値は

$$I = \frac{E}{R + r} \tag{6.78}$$

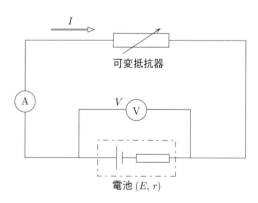

図 6.23 電池の内部抵抗を測る回路

となる. すなわち電池の起電力 V は電流が流れている場合, E より小さいことになる. 電池の内部抵抗を求めるには図 6.24 に示すような回路を用いる. この図中 A は可変抵抗器, B は電圧計, C は電流計である.

V と I を測定することにより, 図 6.25 に示すような結果が得られる. この図から $I = 0$ の

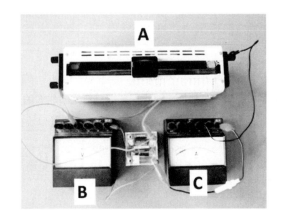

図 **6.24** 内部抵抗測定用回路

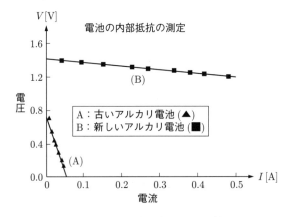

図 **6.25** 2 つの電池に対する測定結果

ところから E を，また負の傾きから r の値が求まる．A は古いアルカリ電池にまた B は新しいアルカリ電池と対応する．新しい電池ほど r は小さく古くなれば大きくなることがわかる．

6.2.7 抵抗の温度変化

これまでは室温における電気抵抗の値のみを問題にしてきた．しかし電気抵抗率あるいは電気抵抗は外力によって著しく変わることが知られている．この場合の外力とは典型的なものとして温度がある．前節で述べたように電気抵抗は物質によって多彩な変化をする．さらに物質は純粋な金属だけでなく，合金，金属間化合物，薄膜，半導体など実にこれまた多彩である．それらの中には人類社会の生活や福祉の向上に役立つ新しい機能をもつものも多く，現在このような物質の開発は日夜の隔てなく行われている．また外力には温度以外にも磁場や圧力があり，いわゆる物質科学にさらなる多彩さを付与することになる．ここでは電気抵抗の温度変化について考察する．

6.2.8 通常金属の抵抗の温度変化—室温より高い場合

金属では金属内部を自由に動き回れる自由電子によって電気が伝えられる．導体の電気抵抗率 ρ が小さいのは (6.56) より，自由電子の密度 n が大きくまた緩和時間 τ が短いためである．温度が高くなると原子の熱振動が高くなり，自由電子と原子の衝突が増加するので τ が減少し，金属の電気抵抗は増加することになる．原子が規則的に並び，結晶格子上に静止して並んでいると電子はそれに衝突して進路を曲げられることはないため，絶対 0 度では金属の抵抗は 0 になりそうである．しかし次節で述べるように実際には多くの金属や合金では電子の散乱機構が複雑なため 0 になることはない．絶対 0 度で有限な抵抗率を ρ_0 で表し，残留抵抗率と呼んである．しかしある物質では有限温度で $R = 0$ が実現される物質がある．これは「超伝導」と呼ばれている．これについては次節で詳しく述べる．一般に金属の $T°\text{C}$ における電気抵抗 R は $T = 0°\text{C}$ での値を R_0 として近似的に

$$R(t) = R_0(1 + \alpha T) \tag{6.79}$$

と書くことができる．これは物質にもよるが 100°C 以下で近似的に成り立つ．α を抵抗の温度係数と呼んでいる．表 6.3 に代表的な物質に対して温度と，電気抵抗率 $\rho(\Omega \cdot \text{m})$ および $\alpha(\text{K}^{-1})$ の値を示した．導線の抵抗は極めて高い精度で測定できるので抵抗を測定することによって逆に温度を高精度で測定することができる．このような温度計は抵抗温度計と呼ばれ，抵抗素子として白金などが用いられている．逆に標準抵抗素子などは温度変化したら困るので表からわかるように抵抗が温度に敏感でないコンスタンタン線やマンガニン線 (銅，マンガン，ニッケルの合金) などが使われている．ニクロム線はドライヤーなどの発熱体として使われている．α の値が小さく温度特性に秀でた発熱体である．

例題 6-14　0°C で 50.0 Ω の導線がある．この導線を 100°C にすると抵抗は 68.3 Ω となった．以下の問いに答えよ．

表6.3　抵抗率とその温度係数 $\alpha\,(\mathrm{K}^{-1})$

金属・合金	測定温度 (°C)	$\rho\,(\times10^{-8}\Omega\cdot\mathrm{m})$	$\alpha\,(\times10^{-3}\mathrm{K}^{-1})$
アルミニウム (Al)	20	2.75	4.2
銀 (Ag)	20	1.62	4.1
水銀 (Hg)	20	95.8	0.99
白金 (Pt)	20	10.6	3.9
ニクロム (Ni$_{80}$Cr$_{20}$)	20	109	0.1
コンスタンタン (Cu$_{55}$Ni$_{45}$)	–	50	0.02

1. 抵抗の温度係数を求めよ.
2. この導線を使って物体の温度を測定したところ, 抵抗値が 233 Ω となった. 物体の温度はいくらか.

解

1. (6.79) 式より, $68.3 = 50\,(1 + 100\alpha)$ なので, これより α を求めると, $\alpha = 3.7 \times 10^{-3}\ \mathrm{K}^{-1}$ を得る.
2. (1) の結果と (6.79) を使って T を計算すれば, $T = 990°\mathrm{C}$ を得る.

6.2.9　非直線抵抗・・・豆電球 *

通常金属では流す電流 I が大きくなると発熱により抵抗値は増大し I は小さくなる. このために I–V 直線が図 6.26 に示すように曲線となる振る舞いを示す. このような領域では発熱により抵抗線は 1000°C を超す高温となり, 輝くようになるため身近な例としては電球などとして使用が可能になる. 通常の電球の発熱体 (フィラメント) はタングステン (W) でできており, 抵抗値は数 10 オームであるが抵抗の温度係数が 5.3×10^{-3} であり, 表 6.3 からわかるように他の金属に比べて大きい. このため高温にすると光を放つようになる. このときの I–V 特性は図 6.26 に示すように直線から著しく離れている.

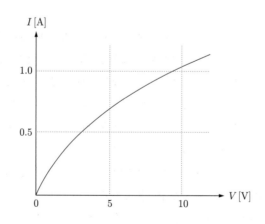

図6.26　白熱電球のフィラメントの I–V 特性

前節で述べたように電気抵抗は基本的に温度の関数であり，通常金属では抵抗が格子振動に支配されているため温度とともに抵抗値は増加する．ただしいくつかの例外がある．たとえば我が国の物理学者近藤淳が説明に成功した抵抗極小の現象（「近藤効果」とよばれている）などはその典型的な例であろう．あるいは磁気的な相転移があるときなど必ずしも抵抗は温度とともに大きくはならない．

6.2.10　室温より低い場合・・・超伝導 **

金属や合金の電気抵抗は前節で述べたように一般に温度が下がると下がることになる．絶対温度で数 10K の低温では下がり続けていた抵抗の温度変化はほとんど一定となり，中には低温でその電気抵抗が 0 になってしまうものがある．図 6.27 に銀の抵抗の温度変化を示した．低温での一定値になった抵抗値を特に残留抵抗と言っている．したがって一般的には金属や合金の抵抗率 ρ の温度変化は近似的に以下の式で表される．

$$\rho(T) = \rho_0 + \rho_{e,i}(T) \tag{6.80}$$

左辺は一般的な電気抵抗率を示し，右辺は第 1 項が残留抵抗率，第 2 項の $\rho_{e,i}(T)$ は電子的または不純物などによる寄与を表す．図 6.27 は純粋の銀の ρ_0 は小さいがそこに不純物を入れていくとそれに応じて残留抵抗値は大きくなっていくことを示している．$\rho_{e,i}(T)$ は物質によって多様な振る舞いをすることが知られている．それらの機構は大変複雑であるが金属の電子構造に敏感に依存するため，その解明にはこれまで多くの人が関与してきたが本稿のレベルを超えるのでこれ以上の議論はしないことにする．

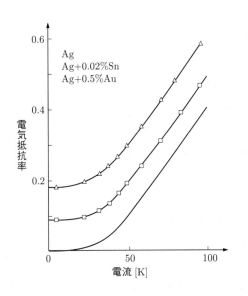

図 **6.27**　銀とその合金の電気抵抗率

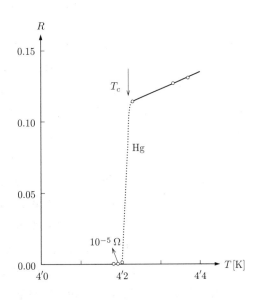

図 **6.28**　水銀の電気抵抗の温度変化

他方極端な例として $\rho(T)$ が有限の温度で 0 となる物質があることが知られている．図 6.28 に水銀 (Hg) の例を示した．水銀の電気抵抗 $R(\Omega)$ は絶対温度約 4 K 近傍で 0 となる．この現

象は「超伝導」と呼ばれており，1911 年オランダのカマリンオンネス (1853-1926) によって初めて発見された．超伝導が出現する温度 T_C (K) は物質によって違い，「超伝導転移温度」または単に「転移点」などと呼ばれている．T_C 以下の抵抗 0 の状態を超伝導状態と呼び，T_C 以上の有限な抵抗をもつ状態を常伝導状態といっている．その後，超伝導は多くの元素や化合物に対して発見された．図 6.29 にホウ素炭化物 $HoNi_2B_2C$ の電気抵抗率の温度変化を示した．低温の拡大を内装図に示した．9 K 以下で抵抗が 0 となり，超伝導状態になったことを示している．

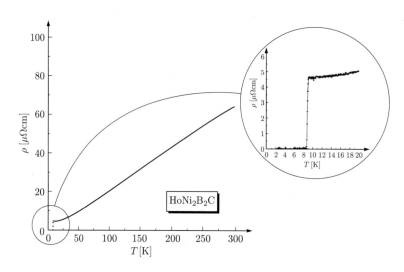

図 6.29　ホウ素炭化物 $HoNi_2B_2C$ の電気抵抗

　1985 年頃まで金属の超伝導体の転移点はいずれも 30 K を超えるものはなかった．この温度のことを「BCS の壁」(後述) といい長い間これを超える超伝導体は存在しないと考えられてきた．1986 年スイスの IBM チューリッヒ研究所のベドノルツとミューラーはペロブスカイト型構造をもつ LaBaCuO 化合物がセラミックスでありながら 30 K 付近で超伝導を示すことを見つけた．彼らの結果は当時の学界では必ずしもすぐ受け入れられたわけではなかったが我が国を中心とするグループが追試を行い超伝導を確かめてからは世界中で嵐のような超伝導材料の開発競争が起きた．当時の学界ではこれを「超伝導フィーバー」と呼んでいた．

　超伝導体の場合，転移点が液体窒素温度 (77.4 K) を超えるものがあるかどうかは実用的側面 (コスト面など) から，常に興味の的であった．通常使われる液体ヘリウム (沸点 4.2 K) は液体窒素の約 10 倍の価格である．そのような意味で上記の酸化物超伝導が発見されてからさらに研究者たちの挑戦は続き，アメリカのチューや日本の氷上らによってついに転移温度 T_C が 90K を超す高温超伝導体 YBaCuO が発見された．そして T_C が室温 (300 K 近傍) の室温超伝導体の実現を目指して物性物理学者の挑戦は現在も続いている．

　表 6.4 に代表的な超伝導体の T_C を挙げる．T_N は反強磁性秩序温度を，T_M は強磁性秩序温度を示す．つまりある特殊な物質ではこれらの温度では磁気秩序と超伝導が共存していること

になる．磁気秩序と超伝導は密接に関連していることを示している．歴史的には磁気秩序と超伝導は相反する性質であったがその後の物質科学の発展はこの常識を次々に破っていった．また表 6.4 にある UGe_2 に見られるように，圧力は超伝導を発現させる有力な手段であることが知られている．6.3 節のトピックスとして 6.7 節に圧力下で誘起される超伝導の例を示した．

表 6.4 いくつかの超伝導体の転移温度など．

物質	転移温度 (K)	磁気秩序温度 (K) など
ニオブ (Nb)	9.23	–
スズ (Sn)	3.72	–
水銀 (Hg)	4.13	–
鉛 (Pb)	7.20	–
インジウム (In)	3.4	–
Nb_3Sn	18.3	–
MgB_2	39	–
$HoNi_2B_2C$	8.5	$T_N = 5.5K$
UGe_2	0.8 at 1.3GPa	$T_M = 40K$ at 1.3GPa
$RBa_2Cu_3O_{7-\delta}$	90–95	R = 希土類元素
$HgBa_2Ca_2Cu_3O_x$	160	高圧下で

　超伝導の理論的な解明は 1956 年アメリカの 3 人の物理学者，バーデイーン (1908-1991)，クーパー (1930-) およびシュリーファー (1931-) によってなされた．この理論を彼らの頭文字をとって「BCS 理論」と名づけられている．オンネスの超伝導発見から約 50 年後のことであった．彼らはこの業績によって 1972 年度のノーベル物理学賞をもらっている．しかしこの理論で予測できるのは $T_C = 30$ K までであった (前述した「BCS の壁」)．したがって「高温超伝導がなぜ現れるのか？その機構は何か？」については現在のところ不明である．

6.2.11　バンド構造による物質の分類 **

　図 6.16 に示すように物質の電気抵抗率 ρ は多岐にわたっているが右側の貴金属は ρ が小さく，よく電気を通す．一方左側の石英ガラスなどは ρ が大きく，電気を通さない．我々は通常前者を「導体」と呼び，後者を「不導体あるいは絶縁体」と呼んでいる．またその間のゲルマニウムやセレンの ρ の値は絶縁体と導体の中間の値をもち，「半導体」と呼ばれている．本節ではこのような違いはどこから来るのかについて考えることにする．

　単独の原子内の電子のエネルギーはとびとびの値 (エネルギーレベル) しかとれない．しかしこのような原子が集合してできたものが金属や半導体である．ばらばらの原子が近づくと一番外側にある電子は隣の原子に飛び移ることができる伝導電子となる．それに伴って原子は正の電気を帯びることになり，これをイオンという．結晶状態の金属はこのようなイオンと伝導電子の集合体と言える．したがって伝導電子は周期的に並んだイオンの作る電場の中を動くことになる．これまでこれを金属内の電子は何の束縛もなく自由に動ける自由電子として近似的に取り扱ってきたが実際の金属中では周期的な電場 (あるいは周期的なポテンシャル) のため，

この近似法は成立しない. このような視点から, 金属導体中の電子は特異なエネルギー構造をもっていることが容易に想像できる. 原子を近づけた場合のエネルギーレベルを模式的に示したものを図 6.30 に示す. ここで d は原子間距離である.

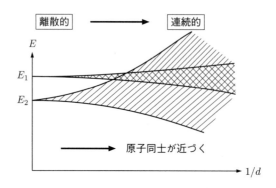

図 6.30　原子の位置とエネルギーレベル

　2 つの孤立原子のエネルギーレベル E_1, E_2 は原子が近づくにつれて (d が小さくなるにつれて) 広がり, エネルギーが幅をもってくる. この広がった幅をもったエネルギーを「エネルギーバンド」という. 金属内の電子は結晶内をこのような構造に従って動いている. このような電子をバンド電子と呼んでいる. バンド電子は図 6.30 からもわかるようにエネルギーレベル (準位) が連続的な完全な自由電子と準位が離散的な原子核に束縛された内殻電子との中間的なものである. 以下の節ではバンド描像の立場から, 物質がどのように分類されるかを見ることにする.

6.2.12　金属 (導体) **

　これまで結晶状態の金属や合金などはバンドを作ることを学んだ. いまバンドを図 6.31 のように簡単な箱型エネルギー構造で近似しよう. 箱の縦軸はエネルギーを表している. 横軸は単位エネルギーあたりの状態数 (状態密度という) に大体比例すると考えてよい. この場合電子で満たされたバンド (充満帯), 全く電子がないバンド, および中途半端に電子が入っているバンドを考える. 図中の影をつけた部分が電子に占められているところである. 金属導体のバンド構造は図 6.31(a) で代表される. これらの物質の特徴は電子で満たされた充満帯の上に電子が部分的に満たされたバンドがあるということである. このバンドに存在する電子の上には空の状態があり, 電子に小さい摂動 (つまり電圧を印可する) を加えると電子は容易に上のレベルに励起される. すなわち容易に加速され (6.54) 式に示されるように電流が流れることになる. この際電子はほとんど自由電子のように動き回ることになる. このような電子を伝導電子と呼ぼう. このバンドは「伝導バンド」と呼ばれ, 電子が詰まった一番上のエネルギーを「フェルミエネルギー」E_F と呼びその物質の電気的性質を評価するときの重要な物理量となっている. このフェルミエネルギーがバンドのどこに位置するかはその物質の電子物性を決める重要な因子となる. 自由電子モデルではその大きさは単位体積に含まれる伝導電子の数 (つま

り (6.55) 式の n) に依存することになる. このことから金属の E_F の値を見積もってみると大体数 eV (数万度) の程度であることがわかっている.

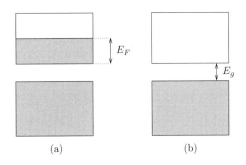

図**6.31** 物体のバンド構造, (a) 金属 (b) 絶縁体

6.2.13 絶縁体 **

一方上のバンドに全く電子が存在しない図 6.31(b) に示すような構造をもつ物質もある. すなわち充満帯とその上の空の伝導バンドが大きなエネルギー差で離されているときは電圧をかけて伝導電子を上のバンドに移そうとしてもその間が禁止帯 (あるいは禁制帯) となっているため電子は動かない. 伝導バンドの底と充満したバンドの上端とのエネルギー差 (禁止帯の幅) を「エネルギーギャップ」E_g という. このエネルギーギャップの大きさは電子が電場からもらうエネルギー ($= eE$) よりはるかに大きい (10 万度のオーダー) のが普通である. したがって電場をかけても電子は動かず電流も流れない. このような物質の電気抵抗は大きくたとえば石英ガラスの抵抗率は $10^{18}\Omega\cdot\mathrm{cm}$ にもなる. この大きさは貴金属 (10^{-6} のオーダー) の抵抗とは桁が違う. つまり電気抵抗は絶縁体から導体まで実に 10^{24} 以上の大きさのスケールで変化しているということになる. しかし物質の中にはこの E_g の値がそれほど大きくなく, 温度を上げていけば下のバンドの電子が簡単に励起される物質がある. これについては次節で説明する.

6.2.14 真性半導体と不純物半導体 **

図 6.31(b) ではエネルギーギャップ E_g が大きいため, 電子が充満帯から上のバンドへ励起されることはなかった. しかし E_g が小さくなりこれが可能になるような物質が存在する. 図 6.16 のセレンやゲルマニウムなどがその例である. 抵抗率が大体 $10^2 \sim 10^5 \ \Omega\cdot\mathrm{cm}$ 程度で金属と絶縁体の間に位置する物質であるため, これらを半導体と総称する. 通常の金属の電気抵抗は前節で述べたように温度とともに増加するが半導体の場合は温度が上がると抵抗は一般的に減少する. つまり半導体と金属では電気伝導の機構が違うのである. しかし半導体の中でも E_g の大きさによって真性半導体と不純物半導体に大別される. 電気が流れないので一見役に立たないように見えるがこれらの半導体は現代の技術社会を支えている重要な物質である. 以

下ではこれら2種類の半導体について述べることにする.

（a）　真性半導体

いろいろな種類の半導体のバンド構造を模式的に図6.32で示した. 禁止帯があるため, 絶対0度近傍では電子はこのエネルギー障壁を飛び越すことは容易にはできないが6.2.13で述べた絶縁体に比べれば絶対0度でのギャップの大きさは数千度から1万度と約1桁以上も小さい. したがって, 温度が上がれば図6.32(a)で示すように徐々に禁止帯を飛び越え, 伝導帯に電子が存在することになる. また電子が励起された後に充満帯には正孔(ホール)が残る. この電子と充満帯に残った電子の空孔(ホール)は自由に動けるため伝導に寄与し, 電流が流れることになる. この伝導に寄与する粒子を一般に「担体(キャリアー)」と呼ぶ. 図6.33にSiのキャリアー数の温度変化を示した. 約200 Kの温度変化に対してキャリアー数は10^5近くも変化する. (6.56)より$\rho \propto 1/n$なので抵抗もこの温度範囲で大きく変化する. このような半導体を「真性(または固有)半導体」と呼び, SiやGeなどはこれに属する. ただしこのような物質では励起された電子の数は金属に比べたら圧倒的に小さいため, 式(6.56)から, ρの値は金属に比べて数桁大きいものになる.

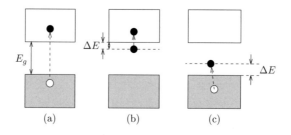

図 6.32　半導体のバンド構造. (a)真性半導体, (b) n型半導体, (c) p型半導体, 黒丸は電子, ○はホールを表す.

表 6.5　いくつかの真性半導体の E_g の大きさ

物質	300 K における E_g(eV)
Ge	0.66
Si	1.11
InSb	0.17
GaAs	1.43
CdS	2.42
AgCl	3.2

真性半導体の禁止帯の大きさを E_g とすれば Si や Ge では E_g が 1 eV(= 10000 K) 程度である. ギャップの大きさはその物質固有の量であり, 0.1 eV 程度の小さなギャップをもつものもある. またこの大きさは圧力等に依存することも知られており, Si や Ge も圧力下では半導体から金属へ転移する. E_g の値を表6.5に示した.

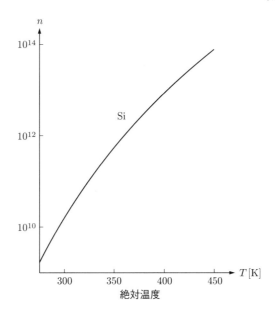

図 6.33　Si のキャリアー数 n の温度変化. 抵抗はこの逆数となる.

(b)　不純物半導体

　上で述べた真性半導体の Si や Ge は大変高純度の単結晶試料 (99.99999999% の程度, テンナインと呼ばれている) が得られる. このような物質に微量の不純物を入れると電気抵抗が劇的に変わることが知られている. これらは不純物半導体と言われており, ダイオードやトランジスターなど多くの素子に使われている. 応用的側面からは以下で述べるように真性半導体よりこちらの方が着目されている.

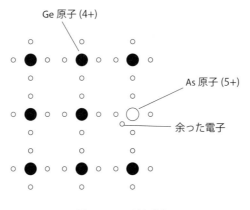

図 6.34　n 型半導体

　図 6.34 に示すように, 4 価の Ge に不純物として As(5 価) を入れた場合を考えよう. このとき, As の 4 個の電子は周囲の Si との結合に寄与する. しかし残りの 1 個の電子は図に示すように余り, As イオンから離れやすくなる. この電子は半導体のバンド構造で伝導帯の直下に準位を作る. この場合のバンド構造の概略を図 6.32(b) に示した. 図中の点線のレベルが不

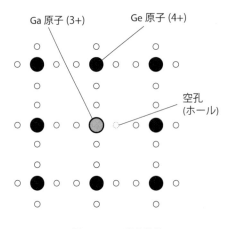

図 6.35　p 型半導体

純物準位を示しており，「ドナー準位」と呼ばれている．この準位と伝導体の間のエネルギー差 ΔE は $\Delta E \simeq 100$ K(~ 0.01 eV) 程度と小さく，室温で容易に電子はこの障壁を超えることができ，伝導体に入り伝導に寄与するようになる．このような不純物半導体を電子がキャリアーであることから「n 型半導体」という．

　次に，図 6.35 に示すように 4 価の Si に 3 価の Ga などが不純物として入った場合を考える．この場合上と違って結合には電子が 1 個不足することとなり他の結合に寄与している電子を奪い取ることになる．奪われた後には充満帯に正の穴すなわち正孔 (ホール) が残される．この場合図 6.32(c) に示されるように充満帯のすぐ上にアクセプターという準位 (「アクセプター準位」と言う) ができ，充満帯とのエネルギー差がやはり $\Delta E \simeq 100$ K(~ 0.01 eV) 程度と小さく室温付近では容易に電子が励起され後にホールが残り，キャリアーが結晶中を動き回り，伝導に寄与することになる．このような半導体をキャリアーが正であるということから「p 型半導体」と呼んでいる．

6.2.15　pn 接合とダイオード **

　図 6.36(a) のように p 型半導体と n 型半導体とを貼りあわせ，その両極に電極を取りつけて接合面を電流が流れるようにしたものを「半導体ダイオード」といい，接合部分を「pn 接合」という．大変広い応用範囲をもつ重要な半導体素子である．通常，図 6.36 (b) の AB のように略号をもって表される．

　pn 接合素子の接合面ではホールが n 型半導体の中へ，また n 型半導体中の電子は p 型半導体の中へと拡散していくため，ホールと電子が打ち消しあい，図 6.36(a) に示すようなキャリアーの存在しない空乏層ができる．空乏層にはキャリアーがなくなり，残された正負のイオンにより n 型から p 型に向かう電場 (電位差) が生じる．この電場は電子とホールの拡散を妨げる役目をする．この電場によりできた p 型と n 型の部分の電位差を「電位障壁」と呼ぶ．この空乏層がキャリアーの輸送に重要な役目をする．pn 接合ダイオードは通常図 6.36(b) の AB の

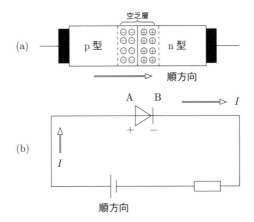

図 **6.36** ダイオードの構造 (a)，およびその略号 (b)

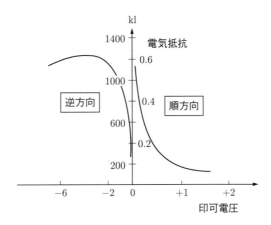

図 **6.37** ダイオードの抵抗 (微分抵抗) と印可電圧

ように略記される. 図 6.36(b) 図のように電圧をかける (順方向) と p 型の部分は正の電圧となり, n 型は負となる. この電圧は空乏層にできた電位障壁を打ち消す方向 (順方向) になり, ダイオードに電流が流れることになる. 言い換えれば AB 間の抵抗 (微分抵抗) は印可電圧が大きくなると小さくなる. 一方図 6.36(b) の矢印と逆に電圧をかけると障壁電位差は大きくなり電流は流れなくなり, 微分抵抗も大きくなる. 図 6.37 は順方向 (+) と逆方向 (−) に電圧をかけたときの AB 間の電気抵抗 (微分抵抗) の変化を印可電圧の関数として与えた. 抵抗値をみるとよくわかるように, 順方向の+2 ボルト近傍の抵抗値は 100 Ω 以下であるが − 側の抵抗値は 1000 kΩ をはるかに超えている. 抵抗の大きさが方向によって大きく変わることがわかる. 図 6.37 では順方向 (+ 側) と逆方向 (− 側) でスケールが違うことに気をつけよ.

　最後にダイオードと実生活との関係について簡単に述べる. pn 接合ダイオードは電流を流す方向により電流の方向を選択することができるので, たとえばこれに交流をつないだら, 一方向の電流しか流さなくなるため整流作用が出てくる. すなわちこの素子は整流器として使えることになる.

　太陽の光が pn 接合に当たると (電子・正孔) の対ができる. 正孔は p 型へ引き寄せられ, 電子は n 型へ引き寄せられる. この結果 n 型には電子, p 型には正孔が集まることになり, 両者の間に電位差が生じることになる. この原理を使ったのが「太陽電池」である.

　GaAs や GaP などの半導体を使って pn 接合を作り, 順方向に電圧をかけると接合面付近で電子とホールは結合し, 中和する. これを再結合という. 再結合後のエネルギーはホールと電子がもっていた結合前のエネルギーより小さいのでそのエネルギー差が光となって外へ出てくる. これが「発光ダイオード」である. このダイオードの特徴は発熱現象を伴わずに効率よく光を出すことにある. つまり低電力で効率のよい電球であると言える. このダイオードは light emitting diode を短縮して LED と呼ばれている.

　この他 n 型および p 型半導体素子はトランジスターの増幅作用など現在の高度情報化社会において非常に重要な役割を背負っている. たとえばダイオード, トランジスター, 抵抗などを組み合わせ, 小さなシリコン基板上に集積させたものを「集積回路」(integrated circuit:IC) といい, コンピューターのメモリーやマイクロプロセッサーまた我々の日常生活で使う電化製品など現代社会のあらゆる場面で使われている.

6.3　磁場と磁性体

　6.1 で電場という概念を勉強した. 正の電荷があるとき, その周りの空間では他の電荷を置くと力を受ける作用があるような空間をもって電場と呼んでいた. ここではそれと同様な概念として磁場 (磁界) について考えていく. 幼少時, 磁石で遊んだことのある人も多いだろう. また磁石は我々の日常生活のいたるところで使われている現代社会を支える重要なものである. 磁気という言葉に我々はどんなイメージをもつだろうか. そこには何か (主に鉄) をくっつけるとか引きつけるとかいうものを連想するのではなかろうか. "magnetic material" は通常「磁

性体」と訳されている．しかし英英辞典を引いてみると，たとえばランダムハウスの辞書では
"exerting a strong attractive power or charm"((人間を) 強く引きつける力または魅力をも
つ) と説明されている．したがって magnetic personality とは「魅力のある人柄」ということ
になる．実際磁性とは鉄などのある種の金属を引きつけるというイメージが強い．これが後に
いう磁気力あるいはクーロンの法則で表される引力または斥力に対応している．

　磁気は古い歴史をもっている．磁石が北を指すという性質「指北性」は中国で 11 世紀頃文献
の中に見ることができる．この装置を当時は指南魚といったらしい．しかし磁石に 2 つの極が
あることや同極同士は反発しあい，異種の極は引きつけ合うという磁石の基本的な性質を指摘
したのは 13 世紀でイタリアのベレグリヌスであると言われている．同じ頃，ヨーロッパでは
羅針盤が航海のとき使われていたという．その後本格的な磁性の研究は 16 世紀にイギリスの
ギルバートによってなされた．また古典的な電磁気学の集大成はやはりイギリスのマクスウェ
ル (1831–1879) によってなされ，現在に至っている．磁性の研究は我が国の寄与が最も大きい
分野の 1 つであり，これまで当該分野で多くの革新的な発見を行ってきた．そしてその歴史は
現在も続いている．

6.3.1 磁場とクーロンの法則

　磁石には S 極と N 極があり，これらを磁極という．同じ磁極同志は反発し合い，異種の磁
極は引きつけ合う．磁極の強さを表す量を「磁気量」といい，単位はウェーバー (Wb) を用い
る．1 Wb の定義は真空中で 1 メートル離しておいた等量の 2 つの磁極の間に働く力の大きさ
が $10^7/(4\pi)^2 = k_m$[N] であるときの磁気量を言う．この値は 6.33×10^4N に等しい．静電気
の章で電荷に正負をつけたがここでも同じように N 極の磁気量を正 (+)，S 極の磁気量を負
(−) と定義する．いま磁気量が m_1, m_2 の 2 つの磁極が距離 r[m] 離れて置かれているときに両
極間に働く力 F[N] は静電気の場合と同じように

$$F = k_m \frac{m_1 \times m_2}{r^2} \tag{6.81}$$

が成り立つ．これを静電気の場合と同じように (磁気力に関する)「クーロンの法則」と
いう．k_m はよく専門書では $k_m = 1/(4\pi\mu_0)$ と表されることがある．このときは $\mu_0 = 4\pi \times 10^{-7}$ Wb^2/N·m$^2 = 1.257 \times 10^{-6}$ Wb^2/N·m^2 となる．Wb^2/N·m^2 の単位は後で示
すが N/A^2 に等しい．単位断面積あたり磁気量はネオジム磁石が通常のフェライト磁石よりも
約 1 桁大きい．つまりネオジム磁石の引力 (または斥力) が大きいということである．

　磁石があるとその周りに磁気力が作用する空間ができる．これは 6.1 で扱った電場と全く同
じことである．この空間のことを磁場 (磁界) と呼ぶ．磁場の中に単位の磁荷を置くとき，それ
に作用する力のことを磁場の強さ H と定義する．したがって大きさ m の磁荷があるときに働
く力 F は以下の式で示される．

$$F = mH \tag{6.82}$$

F の単位は N，m は Wb なので H の単位は N/Wb である．しかし通常 H の単位としては

後で示すように A/m が用いられることが多い．また CGS 電磁単位系では Oe(エルステッド)
が用いられる．これらの間には $1\,\mathrm{A/m} = 4\pi \times 10^{-3}\,\mathrm{Oe}$ という関係がある．点磁荷の場合 H
は，

$$H = \frac{1}{4\pi\mu_0}\frac{m}{r^2} \tag{6.83}$$

のように表される．

　磁場の様子を表す手段として磁力線が用いられる．これは静電気で用いられた電気力線と同
じ概念である．磁場の中に磁針計を置いたとき磁針の N 極の向きがその点における磁場の向き
である．したがって磁石の周りの磁力線は図 6.38(磁石の周りの磁場) のようになる．磁力線は
以下の特徴がある．

1. 磁石の周りの磁力線は N 極から出て S 極で終わる．
2. N 極から出る磁力線，および S 極に入る磁力線の本数は磁極の強さに比例する．
3. 空間の各点での磁力線の密度はその点の磁場の強さに比例する．

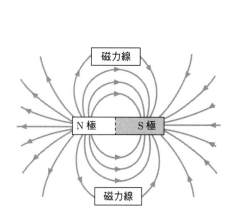

図 6.38　磁石の回りの磁力線

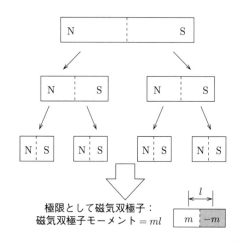

図 6.39　ミクロな磁石と磁気双極子

　磁石を細かくしていったらどうなるだろうか．よく知られているように磁石はどんなに小さ
くしても 2 つの磁極，S 極と N 極が同時に現れる．ミクロな磁石のモデルを図 6.39 に示した．
これは正負の電荷がありそれらがお互いに独立して取り出せることと大きく異なる点である．
S 極，N 極などの単独の磁荷を「磁気単極子」(モノポール) と呼ぶがこれらは独立して存在し
ないと言われている．これまで電荷で成立していた法則がそのまま磁石の世界でも成り立つよ
うな言い回しをしてきたがそうでない典型的な例であろう．ミクロなスケールでの磁石のこと
を「磁気双極子」あるいは「磁気モーメント」μ と呼ぶ．磁気双極子モーメントは，磁荷 $\pm m$
の 2 つのミクロな磁石を考え，磁荷の間の距離を l とするとき，$\mu = ml$ で定義される．した
がって μ の単位は Wb·m となる．また通常 μ はベクトルとして扱われる．その場合 μ の向き
は S 極から N 極へ向かうベクトルとして定義される．μ の作る磁場の強さ H はこのベクトル
とのなす角にもよるが距離に対しては μ/r^3 で変化する．また単位体積中に含まれる磁気モー

メントを「磁化」M という．単位は Wb/m^2 である．$M = \sum \mu$ である．M は磁性体の特徴を表す重要な量であり，これからの議論にもよく出てくることになる．

6.3.2 磁性と物質 *

　物質を磁場の中に置くと (6.82) 式で示されるような力が働く．その大きさや方向はまちまちであり，物質による．この反応の仕方で物質は大まかに次のように分類されている．磁場に対して大きな力を生じるものを「強磁性体」，磁場の方向に力は働くがそんなに大きくないものを「常磁性体」，さらに磁場を印可したら逆方向に力が働くものを「反磁性体」と呼んでいる．単位体積に含まれる磁気モーメントは磁化 M であった．単位は上で述べたように Wb/m^2 である．物質に磁場を印可すると M が誘起される．その大きさは H に比例する．そこでこの関係を以下のように表す．

$$M = \chi H \tag{6.84}$$

　ここで，比例定数 χ は磁気感受率または帯磁率と呼ばれている．これはその物質固有の量であり単位は M と H が同じ単位なので無次元である．すなわち磁場という 1 つの外力を物質に与えたならばそれに対する応答が M であり，それを媒介するあるいは特徴づけるのが χ であるということである．このような例はたとえば 6.2 で学んだ電流密度 J と電場 E の関係，$J = \sigma E$，にもみられる．そこでは電流と電場を媒介するものが伝導率 σ であった．このように応答 (J や M) が外力 (E や H) に比例すると仮定して外力と応答の関係を扱う理論を線形応答理論という．χ の値によって以下のように磁性体を大まかに分類することができる．

1. 反磁性体: χ の値が負で 10^{-6} 程度の値である．水や金，銀，銅などがこれに属する．反磁性の原因は 6.5 節で学ぶ電磁誘導 (レンツの法則) である．超伝導体なども反磁性を示す．

2. 常磁性体: χ の値は正であるが次に述べる強磁性体などに比べてその大きさは小さい．つまりこの物質では磁場を印可すると線形に磁化は増加していく．この様子を図 6.40 に示した．$H = 0$ ではばらばらだった磁気モーメントの方向 (a) は磁場の強さが大きくなるにつれてだんだん揃っていき (b)，大きな磁場で磁場の方向にすべてのモーメントが揃うようになる (c)．χ の値は $10^{-2} \sim 10^{-5}$ 程度である．また伝導電子も磁場に反応する．これによる常磁性を「パウリ常磁性」と呼ぶがこの大きさも小さい．この常磁性は温度にほとんど依存しない．常磁性にはこの他にもいくつかの起源があることが知られている．

3. 強磁性体: この物質の χ は非常に大きく，磁場の印可に対して図 6.41 に示すような複雑な振る舞いをするため，χ も磁場 H の関数となる．強磁性体の中には磁気モーメントが揃った小さな領域がありこの領域を「磁区」と呼んでいる．磁場を印可すると初めにこの磁区が磁場の方向に揃い，次に磁区の中のモーメントが磁場の方向に揃うのである．この変化を模式的に表したのが図 6.42 である．M はある磁場以上 (回転磁化範囲) で飽和現象を示し，図 6.41 に示すように磁場が大きいところで磁化が一定となる．このときの磁化の大きさを「飽和磁化」M_s と呼んでいる．また図中 OB の大きさを「残留磁化」M_r，OC の

大きさを「保持力」H_c と呼んでおり，磁性材料を特徴づける重要な物理量である．強磁性体の磁化の磁場 H に対する振る舞いは図 6.41 に示すように顕著な履歴を伴うため，この曲線のことを「磁気履歴 (ヒステリシス) 曲線」と呼んでいる．表 6.6 に代表的な磁性体の χ の値を常磁性体の Al の χ を 1 としてまとめた．大きさをよく比較してほしい．

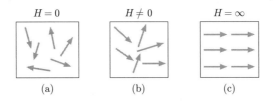

図 6.40　常磁性体に磁場を印可した時の概念図

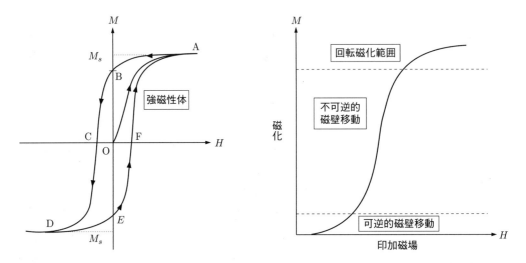

図 6.41　強磁性体の磁気ヒステリシス曲線　　　図 6.42　磁壁と磁化の関係

表 6.6　物質の磁化率 (Al の χ の値 ($= \chi_0$) を 1 とした)

物質	磁性	磁化率 (χ/χ_0)
アルミニウム (Al)	常磁性	1
白金 (Pt)	常磁性	14
蒼鉛 (Bi)	反磁性	-7.9
銅 (Cu)	反磁性	-0.045
鉄 (Fe)	強磁性	590×10^6
白銅 (Ni)	強磁性	29×10^6

6.3.3　強磁性体と温度 *

前節で強磁性体 (秩序磁性の 1 種) の磁気的性質について主に室温付近の温度範囲を前提として述べたがもともと物質の磁性は温度と密接な関係がある．鉄やニッケルなどは室温付近で

は磁石につくがこれらの温度を上げるとある温度を境にしてこのような性質が失われることが知られている. この温度は「キュリー温度」T_C [K] と呼ばれており, その磁性体の特徴を表す重要な特性温度の 1 つである. では磁化 M や帯磁率 χ は一般に温度に対してどのような依存をするのかを考えてみよう.

温度を上げていくとある温度でそれまで規則正しく並んでいた磁気モーメントあるいはスピンの方向がばらばらとなる. 図 6.40 の右図 (c) の秩序状態から左の (a) 図のばらばらな状態へ移ると考えればよい. このことは図 6.41 の飽和磁化 M_s が温度が上がるにつれて小さくなり, ばらばらな状態で 0 になることに対応する. この温度が上で学んだキュリー温度 T_C である. たとえば鉄では $T_C = 1043$ K$(= 770°C)$ である. これ以上の温度ではスピンは常磁性と同じばらばらの配列を取り, 帯磁率 χ は以下の式に従うことが知られている.

$$\chi = \frac{C}{T - T_C} \tag{6.85}$$

この法則を「キュリー・ワイスの法則」という.

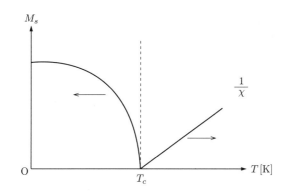

図 6.43 飽和磁化 M_s と帯磁率の逆数 $1/\chi$ の温度変化の模式図

常磁性体では形式的に $T_C = 0$ とおいて以下のようになる.

$$\chi = \frac{C}{T} \tag{6.86}$$

C をキュリー定数と呼びこの値から 1 原子あたりの磁気モーメントの大きさを求めることができる. (6.85) より, $1/\chi$ は温度の 1 次の関数であり, 有限の温度 T_C で 0 になることがわかる.

一方, T_C 近辺から温度を下げていくとばらばらだったスピンは次第に向きを揃えていく. それに従い磁化 (正確には自発磁化)M_s が出現してくる. M_s の大きさは温度を下げると大きくなり $T = 0$ K で最大値 $M_\mathrm{s}(0)$ をとるようになる. $M_\mathrm{s}(0)$ の値は強磁性体ごとに決まっており, 鉄の場合は 0.17 T となっている. このようなことを考慮し, $M_\mathrm{s}(T)$ と $1/\chi$ のグラフを温度の関数として模式的に書けば, 図 6.43 のようになる. 実際に $M_\mathrm{s}(T)$ や $1/\chi$ は $T = T_C$ で 0 になることはないが大まかな振る舞いはこの図のようになる. 表 6.7 に代表的な強磁性体の $M_\mathrm{s}(0)$ や T_C をまとめておいた.

表 **6.7**　代表的な強磁性体の飽和磁化 M_s とキュリー温度 T_C(K)

物質	$M_s(0)$(T)	M_s(室温)(T)	T_C(K)
鉄 (Fe)	0.17	0.17	1043
コバルト (Co)	0.14	0.14	1388
白銅 (Ni)	0.051	0.049	627
ガドリニウム (Gd)	0.21	–	292
マンガンヒ素 (MnAs)	0.087	0.067	318

6.4　電流の磁気作用・・・電流と磁石は同じである.

　電流は基本的に電子の流れであり,そこには何かが動くといったイメージがあった.他方磁石は静的なものであり,そこには何かが動くというイメージはない.しかし多くの実験結果は電流と磁石が実は同じものであるということを示している.この節ではそれがどのようにして起こっているかについて考えていくことにする.

6.4.1　直線電流の作る磁場

　いま図 6.44 のように 1 本の導線の近くに磁針計を置いてみる.導線に電流を流すと磁針計が動くことがわかる.すなわち導線の周りには磁場ができていることになる.この現象をさらによく観察してみると導線にたとえば下から上の方向に電流を流した場合,導線に垂直な紙面上では磁場の向きは図 6.45 のようになっていることがわかる.これはちょうど電流の向きに右ねじを回したとき,ねじの向きが磁場の向きとなっている.

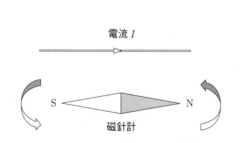
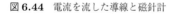

図 **6.44**　電流を流した導線と磁針計

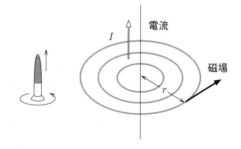

図 **6.45**　直線電流の作る磁場と右ねじの法則

　これらをまとめると以下のようになる.

　1. 導線の周りには電流に垂直な面内で同心円状の磁力線で表される磁場が存在する.

　2. この磁場の向きは電流の向きに右ねじを回すときのねじを回す向きとなっている.

ということがわかる.図 6.46 のようにおもちゃのミニカーの上に載せたホール素子で距離 r と磁場の大きさ H の関係を調べてみる.流す電流 I を増やせば図 6.47 のように H も増えることがわかる.つまりこの結果は H は I に比例していることを意味する.次にミニカーを動かし r を変化させて H を調べてみる.距離 r が増えると磁場の大きさは減少していく.この結果を図 6.48 に示した.H と r の関係を見るため H を $1/r$ の関数としてプロットしてみると図

6.49 のようになり H は $1/r$ に比例していることがわかる. これらをまとめて書けば,

$$H = k\frac{I}{r} \tag{6.87}$$

となる. ここに k は定数である.

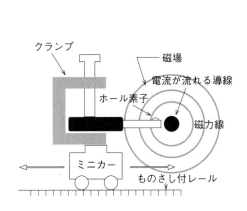

図 **6.46** ホール素子を用いた磁場測定

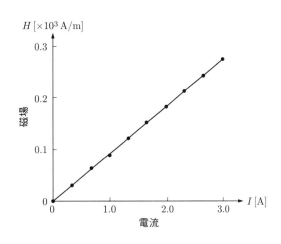

図 **6.47** 磁場の大きさの電流 I 依存

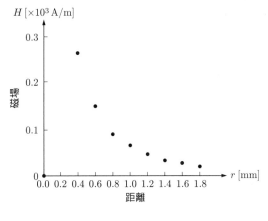

図 **6.48** 磁場と距離の関係

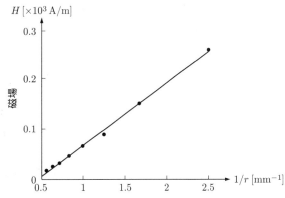

図 **6.49** H と $1/r$ の関係

理論的な計算により k は $1/2\pi$ であることが知られている. すなわち上の式は

$$H = \frac{I}{2\pi r} \tag{6.88}$$

となる. この式より H の単位はアンペア毎メートル (A/m) であることがわかる. この単位は N/Wb と同じである. このように電流はその周りに磁場を作ることがわかった.

次に図 6.50 のような 1 巻きの円電流による磁場を考えてみよう. 円の半径を r とし, 流れる電流は I とする. この場合も右ねじの法則が成り立つ. 直線電流に比べて磁場の分布はやや複雑であるが円の中心での磁場の大きさは

$$H = \frac{I}{2r} \tag{6.89}$$

となる.

次に導線を円筒状に巻いた図 6.51 のようないわゆるソレノイドコイルを考えよう. 流れる電流を I とし, 単位長あたりの巻き数を n とする. 密に巻いた十分長いソレノイドの中の磁場の強さ H は場所によらず大きさは一定であり, またその向きも図に示したように軸方向に平行でソレノイド内では一定値となる.

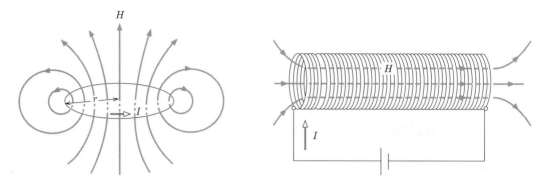

図 **6.50**　円電流の作る磁場　　　　図 **6.51**　ソレノイドコイルの作る磁場

$$H = nI \tag{6.90}$$

電流が流れているソレノイドは定まった向きの磁場をもつので 1 個の磁石として振る舞う. たとえば図 6.52 のようにソレノイド磁石と通常の磁石を置いたときにはソレノイドに通電したらソレノイドは右側が N 極, 左が S 極になるので, 通常の磁石は右側へ動くことになる.

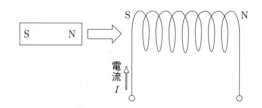

図 **6.52**　磁石とソレノイドコイル

これを具体的に示したのが図 6.53 である. (a) では左側にソレノイドが置いてある. ただし電流は流していない. 右側の白い糸にネオジム磁石がつり下げられている. 次にコイルに電流を流すと (b) のようになる. すなわち磁石はソレノイドコイルに引き寄せられる. このことは「通電したコイルが磁石と同じ作用をする」ことを示している. 図 6.50 の円電流も中心付近の磁場が上向きに出ることからもわかるように 1 つの磁石であると考えられる. この場合電流の大きさと円の面積の積が 6.3 節で学んだ磁気モーメントに対応する.

例題 6-15　電流の作る磁場について以下の各問いに答えよ.

　　1. 長い直線状の導線に 1.57 A の電流を流したとき, 導線から 5 cm 離れた点での磁場の強さはいくらか.

　　2. 半径 15 cm の円形導線に 3 A の電流を流したとき, 円の中心点での磁場の強さを求めよ.

図 **6.53** ソレノイドコイルと磁石 (左: 電流は流していない, 右:電流を流した)

3. 長さ 20 cm の円筒に導線を 1000 回巻いたソレノイドコイルがある. 内部の磁場を 50 A/m にするには流す電流はどれだけか.

解

1. 式 (6.88) より, $H = \frac{1.57}{2 \times 3.14 \times 0.05} = 5$ A/m となる.

2. 式 (6.89) より, $H = \frac{3}{2 \times 0.15} = 10$ A/m を得る.

3. ソレノイドコイルの巻数 n と磁場 H の関係は式 (6.90) より $H = nI$ なので, $50 = 5 \times 10^3 I$ より $I = 0.01$ A となる. (n は単位長さあたりの巻き数なので, $n = 1000/0.2 = 5 \times 10^3$ m^{-1})

6.4.2 電流が磁場から受ける力・・・モーターの仕組み

これまで磁石の磁極には 2 種類があり, 同種の磁極は反発し合い, 異種の磁極は引きつけ合うことを学んだ. また前節では電流が磁場を誘起することを示した. これらの事実から電流が磁場の中にあると当然そこに力が働くことがわかる. 本節では電流と磁場の作用について考えてみる. この作用は多くの応用がありその典型的な例としてモーターを挙げることにする. いま図 6.54 に示すように下側を N 極にした U 字型磁石の中に金属導体棒を振り子のようにして水平につり下げたとする. 磁場の向きはしたがって上向きとなる. 電流を矢印の方向に流すと金属棒は手前 (U 字型磁石から離れる方向) に動くことがわかる. もし電流を逆にしたら動く方向は逆となる. これはちょうど左手を図 6.55 のようにした場合, 中指を電流とし, 人差し指を磁場, そして親指を力と考えることに対応している. このようなことを「フレミング左手の法則」(フレミング:イギリスの物理学者, 1849-1945) と呼んでいる.

この力の大きさを F とし, 一様な磁場を H とするとき, 金属棒の磁場中の長さを l, 導線に流れる電流を I とすれば,

$$F = \mu I H l \tag{6.91}$$

となることが知られている. ここで μ[N/A^2] は周囲の物質の性質で決まる量で透磁率と言われている. また磁場と導線 (電流) の方向が θ の角度をなすならば, 上の式は

$$F = \mu I H l \sin\theta \tag{6.92}$$

となる. もし電流と磁場が平行なときは $F = 0$ となり, 導体棒は磁場から力を受けないこと

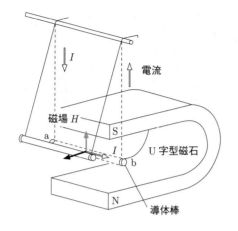

図 **6.54** 電流に働く力とその方向 　　　　　図 **6.55** フレミング左手の法則

がわかる．$\mu[\mathrm{N/A^2}]$ は物質固有の量であり，その値は表 6.6 の χ と以下で示す μ_0 の値から，$\mu = \mu_0(1 + \chi)$ を使って計算することができる．いわゆる強磁性体では大きな値をとる．真空中の μ は特に μ_0 と表し，その値は

$$\mu_0 = 4\pi \times 10^{-7} \ \mathrm{N/A^2} = 12.6 \times 10^{-7} \ \mathrm{N/A^2} \tag{6.93}$$

となる．空気の透磁率はほぼこの値に等しい．

μ と H の積を磁束密度 B と定義する．すなわち

$$B = \mu H \tag{6.94}$$

となる．B も H も基本的にベクトルなので上の式はベクトルで書かれることもある．この磁束密度 B を使うと上の式 (6.91) と (6.92) はそれぞれ以下のように表される．

$$F = BIl \tag{6.95}$$

$$F = BIl \sin\theta \tag{6.96}$$

磁場や電場を磁力線や電気力線で表したようにここでも「磁束線」を定義する．磁束線はベクトル $\vec{B}$ に垂直な単位面積 $(1\mathrm{m^2})$ に B 本の割合で書くことにする．この定義も電気力線と同じである．B が一様な磁場では $\vec{B}$ に垂直な面積 S には以下のような数の磁束線がある．

$$\Phi = BS \tag{6.97}$$

Φ を S を通る「磁束」という．Φ の単位は Wb であり，B の単位は $\mathrm{Wb/m^2}$ となる．これを T(テスラ) という．

電流は磁場を作りその磁場はもしその中に他の電流が流れていればそれに力を及ぼす．換言すれば 2 本の導線に電流が流れているとお互いに力を及ぼす．いま十分に長い 2 本の平行導線 A, B が $r[\mathrm{m}]$ 離れてあるとする．2 本の導線に流れる電流をそれぞれ I_1, I_2 とすれば，A が作る磁場 H は (6.88) より，

$$H = \frac{I_1}{2\pi r} \tag{6.98}$$

となる．この磁場は式 (6.91) によって I_2 に力を及ぼす．この力は

$$F = \mu I_2 H l \tag{6.99}$$

となる. 上の2つの式から

$$F = \frac{\mu_0 I_1 I_2}{2\pi r} l \tag{6.100}$$

を得る. 電流の向きが同じときは引力となり, 逆向きのときは斥力となる.

これまで学んだように電流を流した導線は磁場の中で力を受ける. これを利用してコイルが回転し続けるようにしたものがモーターである. この発明によって電気エネルギーが運動エネルギーに代わり, 動力源として現代の高度な技術社会を支えるようになった. モーターは図6.56に示すような構造をとっている. 図に示した整流子を用いてコイルが常に同じ向きに回転するように構成されている. AB では磁場 H と電流 I の向きからフレミング左手の法則より力は上向きに働く. 一方 CD では同様にして下向きに働くことがわかる. コイルが回転しても整流子の作用により常にコイルは図示されたように反時計回りに回転する. このようにしてモーターは電気的・磁気的なエネルギーを回転という機械的なエネルギーに変換しているのである. このようなモーターは簡単に手作りできる. 図6.57は磁石, 被覆された導線および乾電池を使ったよく知られた一巻モーターである.

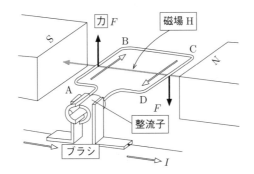

図 **6.56** モーターの模式図

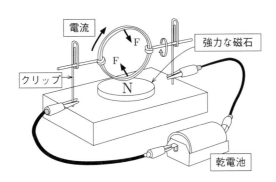

図 **6.57** クリップを使った簡単なモーター

例題 6-16 2本の長い平行な導線 A,B が距離 r [m] を隔てて置かれている. A,B にはそれぞれ逆向きの電流 I_A [A], I_B [A] が流れている. この時 A,B の中点 O における磁場の強さを求めよ.

解

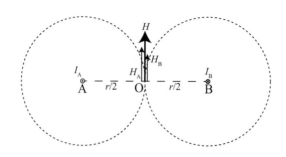

　図でAは紙面の下から上へ，Bは上から下への電流 I_A, I_B が流れているとする．右ネジの法則より，両方ともO点では同じ向きに磁場 H_A, H_B を作る．これらの大きさは (6.89) より，$H_A = \frac{I_A}{\pi r}$, $H_B = \frac{I_B}{\pi r}$ となる．したがって合成磁場 H は，$H = \frac{1}{\pi r}(I_A + I_B)$ となる．

6.5　電磁誘導とその応用・・・ファラデイの法則と渦電流

　1820年，エルステッド (1777-1851, デンマークの物理学者) が電流の磁気作用について明らかにしてから，その逆として磁場 (あるいは磁石) は電流を作ることができるのではないかという疑問は当然のことながら出てきた．多くの人がこの問題に挑んだ．単に磁石にコイルを巻けば自動的に電流が流れるのではないかと思われたがこの実験は当時の人たちにとってはそう簡単ではなかったようである．しかし1831年，イギリスの物理学者ファラデイ (1791-1867) によってついに電磁誘導の現象が明らかにされた．ファラデイは2つのコイル A, B を用いて，実験を行った．A に電流を定常的に流しているときは B に電流が生じることはなかったが，A の電流を入れた瞬間や切る瞬間などに電流は流れることがわかった．

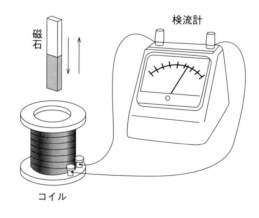

図 **6.58**　電磁誘導の実験

　この実験は図6.58と同じである．すなわちコイルに棒磁石を近づけると一瞬コイルに電流が流れ，また再び磁石を離すと一瞬電流が流れる．離したり近づけたりする速さが大きければ大きいほど大きな電流が流れることもわかる．このことは磁石からは磁束線が出ており，それ

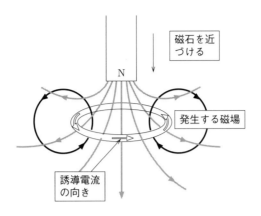

磁石を近づける

N

発生する磁場

誘導電流の向き

図 **6.59**　誘導電流の向き–レンツの法則

がコイルを貫いているがその変化が大きいときに大きな電流または大きな起電力が生じることを意味している．このようにコイル (広く回路) を貫く磁束の変化がコイル (回路) に誘導起電力を発生する現象を「電磁誘導」と呼ぶ．後にファラデイはこれらの実験事実を総合して電磁誘導に関する法則を体系化した．

6.5.1　ファラデイの電磁誘導の法則

　磁石をコイルに近づけたり，遠ざけたりするときコイルに電流が流れる．磁石の動きを止めると電流は流れない．この向きについては図 6.59 に示すように近づける (コイルを貫く磁束を増やす) 場合，磁石の運動を妨げるすなわち外からの磁束の変化を妨げる方向に誘導電流が流れることがわかっている．したがってこの電流により逆向き (図 6.59 では上向き) の磁場が生じる．磁石を遠ざける場合はこれとは逆方向に誘導電流は流れる．このような起電力を「誘導起電力」という．誘導起電力は外からくわえられたコイルを貫く磁束の変化を妨げる向きに生じる．これを「レンツの法則」という．

　磁石の磁束の定義は既に式 (6.97) で示したが磁束 Φ の変化が Δt 秒間に $\Delta\Phi$ であるとき，誘導起電力の大きさ V はコイルの巻き数を N として

$$V = -N\frac{\Delta\Phi}{\Delta t} \tag{6.101}$$

と表される．負の符号はレンツの法則を表すものである．これを「ファラデーの電磁誘導の法則」という．たとえば 100 回巻きのコイルを貫く磁束が 0.1 秒間に 2×10^{-4} Wb 変化した場合，コイルの両端に生じる誘導起電力の大きさは上の式より，$100\times 2\times 10^{-4}/0.1 = 0.2$ V となる．

　このように磁場や磁束が変化するとコイルに誘導起電力が生じる．このことは磁場の検出をするときはコイルを用いてその生じる起電力 (電圧) を測ればよいということを意味している．電圧は比較的容易にかつ精密に測ることができるので，磁気測定にはコイルを用いた手法が多用されることになる．

6.5.2 自己誘導 **

いま図 6.60 に示すように電球 B とコイル C を含む回路を考える．スイッチ S を入れたとき，回路に電流が流れるが電球 B はほとんど光ることはない．この場合 B にかかる電圧は乾電池の電圧 E に等しい．しかしスイッチを切った直後，電球は一瞬であるが明るく点灯する．つまり瞬間的に大きな電圧が B にかかることになる．

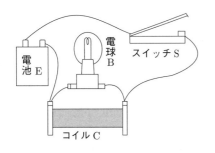

図 **6.60** 自己誘導の実験装置の例

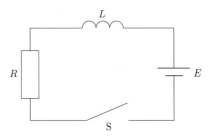

図 **6.61** 自己誘導を表す回路

これは S を切ったときに，コイルを流れる電流が急激に減少するため，コイルを貫く磁束が変化し大きな誘導起電力 V が発生したためであると考えられる．このようにコイルを流れている電流が増減するとコイルを貫く磁束が変化するため，誘導起電力が発生する．この誘導起電力の向きは電流の変化を妨げる向きである．この現象を「コイルの自己誘導」という．この現象のためコイルに流れる電流 I は急激に変化しにくくなる．

いま図 6.60 の回路は図 6.61 のようなコイルと抵抗，および電池を含む回路でおき換えて考えてみる．流す電流 I を大きくすればコイルを貫く磁束 Φ も大きくなる．Φ と I の比を自己インダクタンス L といい，以下の式で定義する．

$$\Phi = LI \tag{6.102}$$

L の単位はヘンリー (H) を用いる．これは上の式から 1 H = 1 Wb/A と書くこともできる．L の大きさはコイルの形や大きさ，および導線の太さによって決まる．またコイル内の物質にも依存する．コイルが真空中にあるとき，L は定数であるが強磁性体の場合は複雑である．

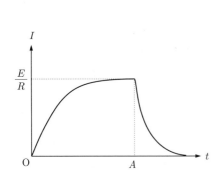

図 **6.62** スイッチを閉じたときと開いたときの電流 I の変化

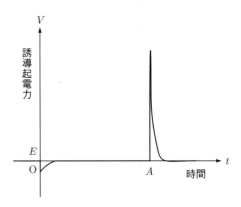

図 **6.63** 誘導起電力の変化，図 6.62 の O,A に対応

電流が変化すると Φ が変化するのでコイル内に誘導起電力 V が生じることになる. この誘導起電力は電流の変化を妨げる向きに生じるので逆起電力とも呼ばれている. V は

$$V = -L\frac{\Delta I}{\Delta t} \tag{6.103}$$

と書くことができる. 負号は逆であるということを意味する. 次に図 6.61 の回路について考えてみよう. スイッチを入れたとき ($t = 0$, $I = 0$, $V = 0$) から電流は流れ始める. このときの電流の時間変化は以下のキルヒホッフの法則から導かれる.

$$E + V = RI \tag{6.104}$$

この式より求められた電流 I は

$$I = \frac{E}{R}\left(1 - e^{-\frac{R}{L}t}\right) \tag{6.105}$$

である. これをグラフにしたのが図 6.62 である. この図から, コイルがないときに比べてゆっくりと電流は流れ始め, 十分時間がたつとある一定値 E/R になることがわかる. すなわちコイルがないとしたときの電流値である. 上の式より L が大きく, R が小さいときには I はゆっくりと増加することになる. 逆に R が大きすぎるとすぐ E/R となってしまう.

次にスイッチを開き, 電流を切った場合を考えよう. この場合, 当然電流は急激に減少していくがコイルの自己誘導により, (6.105) 式に従って大きな逆起電力が生じる. このときの関係を表したのが図 6.62 の点 A である. ここでは I の時間に対する変化は大きいので結果的には図 6.63 の A 点に示すような大きな起電力が生じ図 6.60 の電球 B を一瞬明るく点灯することになり, 実験結果をうまく説明することができる.

例題 6-17 　以下の問いに答えよ.

1. 断面積が 0.002 m^2 で巻き数が 600 回のコイルを貫く磁束密度が 1 秒間で 0 から 10 Wb/m^2 になった. コイルに生じる誘導起電力を求めよ.

2. 自己インダクタンスが 0.1 H のコイルに流れる電流が 0.04 秒の間に 0.08 A から 0 になった. コイルの自己誘導起電力はいくらか.

3. 断面積 S, 巻き数 N のコイルの磁束密度 B を以下の 3 つの過程 (1), (2) 及び (3) で変化させる. (1)～(3) で生じる誘導起電力の大きさを求めよ.

 (a) 時間 0 秒から a 秒までの間に $B = 0$ から $B = B_0$ まで増加させる.

 (b) 時間 a 秒から $2a$ 秒までの間 $B = B_0$ で一定である.

 (c) 時間 $2a$ 秒から $4a$ 秒までの間に $B = B_0$ から $B = 0$ に減少させる.

解

1. (6.101) より磁束の変化 $\Delta\Phi$ は

$$\Delta\Phi = (面積) \times \Delta B \tag{6.106}$$

$$= 0.002 \times 10 \tag{6.107}$$

$$= 2 \times 10^{-2} \text{ Wb} \tag{6.108}$$

なので, 誘導起電力 V は $V = 600 \times \frac{2 \times 10^{-2}}{1} = 12$ V となる.

2. (6.103) より, $L = 0.1$ H, $\Delta I = 0.08$ A, $\Delta t = 0.04$ s なので, $|V| = 2$ V を得る.

3. それぞれ以下のようになる.

  (a) $\Delta\Phi = B_0 S$, $\Delta t = a$ なので, $V = \frac{B_0 S N}{a}$ となる.

  (b) $\Delta\Phi = 0$ なので, $V = 0$ となる.

  (c) $\Delta\Phi = B_0 S$, $\Delta t = 2a$ なので, $V = \frac{B_0 S N}{2a}$ となる.

6.5.3　渦電流と電磁調理器 *

2つの実験例を紹介しよう. 図6.64のようにネオジム磁石で振り子を作りそれを振らせながら銅板に近づけると振り子の振幅が急激に小さくなり最終的には磁石振り子は止まってしまう.

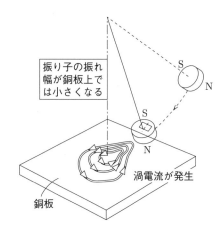

図6.64　金属板上でネオジウム磁石の振り子の運動

もう1つの例を図6.65 (a), (b) に示す. この図では銅板 (図の左側) と厚紙 (図の右側) で作った斜面の上を強い磁石の円板を滑らせる実験である. (a) は2つの磁石が動かないように固定している. それを離したのが (b) である. 滑らかな厚紙の上では磁石は何の抵抗も受けず $g\sin\theta$ (θ は斜面の傾き) の加速度で滑り落ちるが, 銅板の斜面上では磁石がゆっくりと滑り落ちる. つまり金属板の上では磁石が滑り落ちる運動を妨げる何らかの力が働いた結果, 下降速度が鈍ったと考えられる.

これは一体なぜなのだろうか. コイルに磁石を近づけると電磁誘導により, 誘導電流が流れ, 誘導磁場が生じる. 上の振り子や斜面上の磁石も同じで磁石が銅板に近づいたり, 移動したりすると誘導磁場が生じ, 銅板に渦巻き状の電流が流れる. この電流を「渦電流」と呼ぶ. 渦電流はレンツの法則から, 磁束の変化を妨げるような磁場を作り振り子や銅板の上の磁石の運動を妨げるのである. この渦電流はたとえば低温実験などで磁場を変えると生じ, その結果として導体中に電流が発生しジュール熱の効果により, 熱が発生しせっかく冷やしたはずの物体が温まってしまうという実験屋泣かせの厄介者であった. しかしこのような厄介者をうまく利用するのが人間の知恵である. その例を示そう. 図6.66に現在非常によく普及している電磁 (Induction Heating, 略して IH) 調理器を示している.

図6.66は水平な床の上に置かれた IH 調理器の上にステンレス製の容器を載せて, 水を入れ

図 **6.65**　銅板と厚紙の上のネオジム磁石 (左: 静止状態，右: 滑り落ちる様子．厚紙上の磁石は早く落ちて見えない)

図 **6.66**　電磁調理器でお湯を沸かす．

図 **6.67**   IH 調理器の裏側

てスイッチを入れると数分後に水の温度は上がり始める. この容器をアルミ製 (あるいは瀬戸物) の鍋にすると温度は全く上がらない. この理由は何だろうか. IH 調理器の裏側の覆いを外してみると図 6.67 のように幾重にも巻かれたコイルが出てくる. このコイルと交流電流が実は IH のもととなっている. 交流電流により作られた変動磁場は図 6.68 のように金属製の鍋底の中に磁束線が侵入する. これは時間とともに変動する磁束であるため金属内では電磁誘導により当然渦電流が生じる. ある程度の電気抵抗をもつ物質ならばここにジュール熱が生じ, 鍋底が温まることになる. ところがアルミニウムのように抵抗が低い (あるいは瀬戸物のように抵抗が大きい) とこのジュール熱は発生しないので温まることもない.

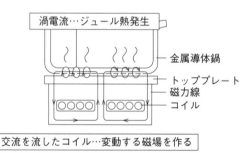

図 **6.68**   IH 調理器の原理

　すなわち IH 調理器は高周波の変動磁場により金属製の鍋の底に生じる渦電流がジュール熱発生の原因である. では図 6.69 に見る通常の電熱器やドライヤーとどのような違いがあるのだろうか. 以下にこのことについて考えてみる. 電熱器にはニクロム線などが発熱体として使われている. これに電流を流し 6.2.3 節で学んだジュール熱が発生して発熱体の温度が上がる. この高い温度が熱伝導や輻射により温めようとするもの (鍋に入れられた食品など) に伝えられ, 温度を上げることになる. つまり発熱体と鍋は別物である. 一方電磁調理器では鍋の底が

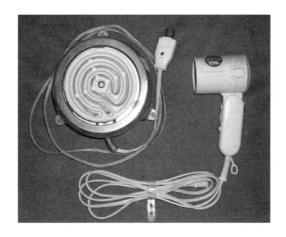

図 **6.69** 通常の電熱器とドライヤー

直接渦電流により発熱する．すなわち発熱体と鍋が一緒である．この点が IH 調理器と通常の電熱器やラジエントヒーターなどと異なるところである．ところが通常の電熱器やラジエントヒーターは発熱体から調理器具を少し離しても発熱の機能自体は効率はやや落ちても保持されるが IH 調理器は発熱体いわゆる鍋をコイルから遠ざけると加熱機能は失われることになる．他方 IH 調理器では逆に鍋を載せない限り発熱しないし，紙がコイルの上に落ちてきても燃えることはない．しかし電熱器などでは引火し，火事の原因となる危険性がある．いずれにしても一長一短があり，使う人と使用環境によって加熱装置は選ばなければならないことになる．

　人間はこれまでの歴史が示すように火を用いてものを温めてきた．ものを温めることはミクロにみれば原子や分子の熱振動を激しくすることである．20 世紀となり単に火を用いて加熱するといったやり方からこのミクロな視点に立ち，加熱の根本から問い直し，画期的な加熱法を発見した．その 1 つが上で述べた IH 調理器であった．そしてもう 1 つの加熱方法はもっとミクロな視点からみた電子レンジであろう．この方法は高周波を用いて水分子を振動させることにある．これについての詳細な説明は次節に譲る．

式 (6.105) の導出

　(6.105) 式は微分方程式を解くことにより得られる．ここでは本書の程度を少し超えるが参考までにその導出の仕方について簡単に述べる．補足 1 の「微分方程式」を参照しながら読んでほしい．また補足 2 の解法とも比較せよ．(6.103) を (6.104) に代入すると，以下の式が得られる．

$$L\frac{dI}{dt} + RI = E \tag{6.109}$$

ただし (6.103) の Δ は d でおき換えている．このような式を 1 階線形微分方程式という．解法の詳細は補足をみられたい．たとえば $I' = (E - RI)/L$ とおけば，(6.109) は以下のような変数分離形の微分方程式となる．

$$\frac{dI'}{dt} = -\frac{R}{L}I' \tag{6.110}$$

(6.110) を解き，初期条件 $t = 0$, $I = 0$ を入れると (6.105) が得られる．

6.6　交流電流と電磁波

　私たちが，生活している上でなくてはならない電気ですが，通常使用している電気には，直流と交流の 2 種類がある．直流は，乾電池，バッテリーさらに AC アダプターなどから得られ，交流は，壁のコンセントや発電機から得ることができる．乾電池やバッテリーから得られる電圧は 1.5 V, 12 V や 24 V 等であり，コンセントや発電機で得られる電圧は 100 V や 200 V 等が一般的である．家庭内で使用する電化製品は，直流であるにも関わらず，家庭に届けられる電流は交流である．このため，家庭では電化製品ごとに，交流から直流に変換する装置 (コンバータ) がつけられている．携帯の充電器が小さいながらよく目にするコンバータである．携帯の充電中に手を触れると，変換のときに一部が熱 (ロス) になっているため熱を感じる．このロスをなくすためには，直流を家庭に送ればよいが，様々な理由から，交流が家庭電源として送られている．なぜだろうか？本章では，前節の直流電流の知識をもとに，交流の特徴および交流から発生する電磁波について述べる．

6.6.1　交流電流の周波数

　交流は交流発電機から得られる．交流電流は図 6.70 に示された波形のように，電流の大きさと向きが周期的に変化している．この図中，電流の最大値 I_0 は波形の振幅である．また，1 秒間に変化する，プラス，マイナス，の回数を周波数と呼び，単位にはヘルツ (Hz) を用いる．したがって，周波数 f は周期 T の逆数で表され，

$$f = \frac{1}{T} \tag{6.111}$$

の関係がある．

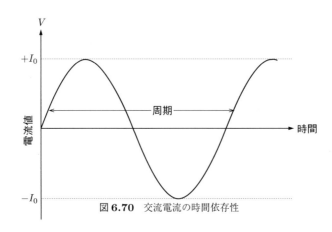

図 6.70　交流電流の時間依存性

　日本で，日常使っている交流の周波数 f の値は，富士川を境として東側が 50 Hz，西側が 60 Hz である．両周波数が一部まざり合っている地域もある．したがって，家庭電気器具によっては周波数の影響を受けるものがあるから，周波数の違う地域に転居する場合は注意しなけれ

ばならないが，最近の電化製品は両方の周波数に対応するものが多くなってきている．

6.6.2 交流電流と電気回路

交流電流が回路中を流れるとき，導体を流れるときは，直流電流と同じようにオームの法則に従うが，コンデンサーやコイルなどを流れるときは直流と同じにならない．直流の流れにくさは抵抗であったが，交流の流れにくさはインピーダンスである．記号は R，単位は Ω で表すことが多い．

（a）　コンデンサー

電池，コンデンサー，抵抗およびスイッチを直列につないだ閉回路では，スイッチを入れ回路を閉じるとコンデンサーに充電される時間だけ，一瞬，電流が流れるだけで特続した電流は流れない．したがって，コンデンサーを含む直列回路では直流電流は流れない．しかし，図6.71 のように，電池の代わりに交流電源を用いると，電圧の大きさや向きが周期的に変わるので，コンデンサーは充電や放電を繰り返し，コンデンサーの両極板間に電流は流れなくても，回路には連続した交流が流れる．このとき，コンデンサー (電気容量 C) だけを含む回路では，電圧の最大値 V_0 と電流の最大値 I_0 との間には，

$$V_0 = \frac{I_0}{2\pi fC} \tag{6.112}$$

の関係がある．この式の一部を $R = 1/2\pi fC$ でおき換えると，直流のオームの法則と同じになり，コンデンサーに対するインピーダンスである．これが交流に対して抵抗の働きをする量である．その単位は Ω である．C が大きいほど，周波数 f が大きいほど回路を流れる電流は大きくなる．この時流れる電流 I は電圧 V よりも位相が $\pi/2$ 進んでいる．この位相のズレの様子を図 6.72 に示す．

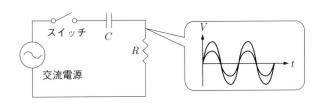

図 6.71　交流電源，コンデンサー，抵抗，スイッチを含んだ回路

直流的に考えると，コンデンサーには常に充放電が繰り返されているのでコンデンサーの電圧が高くなる (満タン) と電流は流れなくなる．したがって，電圧と電流は常に半周期 (90°，$\pi/2$) だけずれることになる．

（b）　コイル

図 6.73 のように，コイルと電球を直列につないだ閉回路に交流を流すと，直流を流したときよりもその電流値は小さくなる．このことは，コイルは交流に対して抵抗のような役割をしていることを示唆している．このとき，周波数 f，電圧の最大値 V_0 と電流の最大値 I_0 とすると，

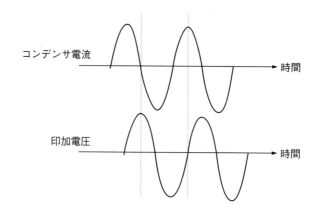

図 **6.72**　コンデンサーを流れる電流と電圧の関係

次式の関係がある.

$$V_0 = (2\pi f L) I_0 \tag{6.113}$$

L はコイルの自己インダクタンスと呼ばれ, L は AN^2 などに比例する. ここで, A はコイルの形状によって決まり, N はコイルの巻き数である. $R = 2\pi f L$ でおき換えると, 直流でのオームの法則と同じ式が得られ, この R をコイルのインピーダンスと呼ぶ. L の単位は H(ヘンリー) である. 電流はコイルの自己インダクタンス L が大きいほど, 周波数が大きいほど小さくなる. コンデンサーと同様に, コイルに電流 I と電圧 V は位相が半周期 (90°, $\pi/2$) だけずれる.

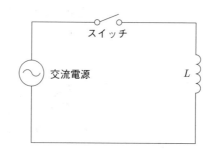

図 **6.73**　交流電源, コイル, スイッチを含んだ回路

（**c**）　実効値

身の回りの電化製品の表示や, 電気代請求書には, 消費電力 (W) や, 使用量 (kWh) が書かれている. また, "何 W か"でその電気製品の能力を知ることができる. このことを基礎として, 電球や電熱器等を購入するときその大きさを決める目安として, 消費電力 (W) を用いている. 消費電力 (W) は, $W = IV = I^2 R$ で表されることは既に述べた. 直流電流の場合, 電流, 電圧は時間に対して一定なので, 電力も一定である. しかし, 交流電流の場合は, 時間とともに電圧が変化している. したがって, 電力も常に時間変化していることになる. この変化を平均した値を実効値として用いる. 図 6.74 に示されているように, 電圧の最大値を V_0, 電

流の最大値を I_0 とすると，電圧，電流の実効値 V, I は，それぞれ

$$V = \frac{V_0}{\sqrt{2}} \tag{6.114}$$

$$I = \frac{I_0}{\sqrt{2}} \tag{6.115}$$

で表される．

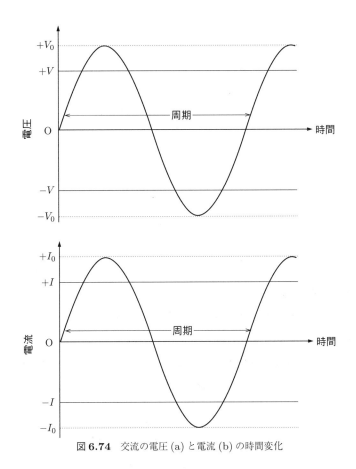

図 6.74 交流の電圧 (a) と電流 (b) の時間変化

　実効値は，上述したように直流と同じように扱えるので直流の式 (ジュールの法則) がそのまま使える．このとき，交流電力は実効値で表される．家庭で使用されている，交流の電圧計や電流計の目盛はすべて実効値で表されている．たとえば，交流電圧が 100 V というのは，実効値が 100 V であって，この時の最大電圧は，$100 \times \sqrt{2} =$ 約 141 V である．コンデンサーやコイルに交流を流したとき，電流と電圧との間に位相の進みや遅れがあることを学んだ．抵抗，電球，コイル (トランス) を含んだ実際の回路では，電流と電圧との間に位相のずれ ψ が生じている．このとき，電力は $P = IV\cos\psi$ で表される．ちなみに，電気量は，電力 (W) に時間 (h) をかけたもので，単位は Wh(ワット時)，kWh(キロワット時) を用いる．したがって，電気量は使用時間が多いほど大きくなる．

（d） 交流発電機 *

この章では，交流電流を作る発電機についてその原理を述べる．図6.75のようにコイルに向かって，棒磁石をコイルの中に差し込んだり抜いたりすると，棒磁石が動いている間，コイルに電流が流れる．このとき，磁石がコイルに近づくときと遠ざかるときには，コイルには逆向きの電流が流れる．

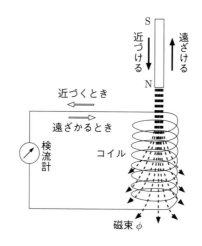

図 **6.75** 誘導起電力が発生するときの概念図

この現象は先に述べた電磁誘導であり，得られた電気は誘導起電力 (電流) である．したがって，コイルに磁石を出し入れする速さが大きいほど，また磁石が強いほど大きい誘導起電力を得ることができる．見方を変えると，誘導起電力はコイルを動かすことによっても発生させることができる．このコイル連続的に出し入れできるように考えた機械が発電機 (モーター) である．図6.76に発電機 (モーター) の概念図を示す．

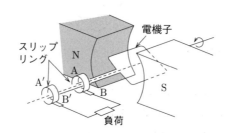

図 **6.76** モーター (交流) の概念図

図6.76のようにコイル (電機子) と，磁石をセットしコイルを回転させると，コイルを貫く，磁束 (永久磁石によって作られている) が図6.77(a) に示すように変化し，コイルの両端に起電力が図6.77(b) のように発生する．

図6.77(a) に示されているコイルの両端に発生する電流は，(b) に示されているような交流電流となる．このとき，コイルが1秒間に1回転すると，交流電流の周波数 f は1 Hz となる．誘導起電力の大きさは，コイルを貫く磁束の時間変化の割合に等しいので，回転数が多くなれ

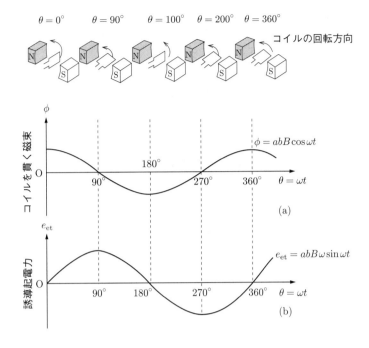

$\theta = 0°$　　$\theta = 90°$　　$\theta = 100°$　　$\theta = 200°$　　$\theta = 360°$

コイルの回転方向

図 **6.77**　モーターの回転と発生する電流の様子

ばなるほど, 得られる起電力は大きくなる. 電流の大きさ I は, 最大電流に I_0 を用い,

$$I = I_0 \sin \omega t \tag{6.116}$$

で表される. このような仕組みの発電機を回転電機子形交流発電機という.

例題 6-18　$20\,\Omega$ の抵抗に交流電源を接続したとき, 時刻 t における電流 I が $I = 1.4 \sin(100\pi t)$ となった. 以下の問いに答えよ.

　　1. 交流の各振動数 ω と周期 T を求めよ.

　　2. 抵抗を流れる電流の実効値とそれにかかる電圧の実効値はいくらか.

　　3. 抵抗で消費される平均の電力はいくらか.

解

　　1. $\omega = 100\pi = 3.1 \times 10^2\ \mathrm{rad/s}$, $\frac{2\pi}{T} = 100\pi$ より $T = 0.02\ \mathrm{s}$

　　2. 抵抗にかかる電圧 V は, $V = 28 \sin(100\pi t)$ となる. 電流, 電圧の実効値をそれぞれ I_e, V_e とすれば, $I_e = \frac{I_0}{\sqrt{2}} = 1\ \mathrm{A}$, $V_e = \frac{V_0}{\sqrt{2}} = 20\ \mathrm{V}$ となる.

　　3. 消費電力 $P = \frac{1}{2} I_e V_e = 10\ \mathrm{W}$ となる.

　（e）　トランス (変圧器)

　発電機で作られた電気は, 輸送に適した電圧に変換され, さらに家庭に送られる前に, 図 6.78 で示されているような電柱上の機械でさらに変換される. この機械をトランスという.

　　ここでは, このトランスの原理について述べる. 概念的には, トランスは, 図 6.79 のように, 鉄芯に 1 次コイルと 2 次コイルが巻いてある. 1 次コイルに交流電流を流すと, コイル内

図 **6.78** 電柱上のトランス.

には交流磁場が発生し，その磁力線は鉄芯を通して2次コイルを貫く．このとき2次コイルには誘導起電力が生じて交流電流が流れる．このように回路の電流の変動により，他の回路に誘導起電力を生じさせる現象を相互誘導という．この相互誘導の原理 (現象) を利用し変圧器 (トランス) が作られている．

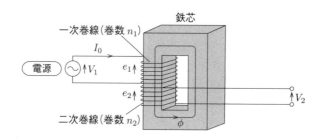

図 **6.79** トランスの概念図

このとき，1次コイルの両端に加わる電圧 V_1 (実効値) と2次コイルの両端に生じる電圧 V_2 の比は，1次コイルの巻数 N_1 と2次コイルの巻数 N_2 との比に等しい．すなわち，次式が成り立っている．

$$\frac{V_1}{V_2} = \frac{N_1}{N_2} \tag{6.117}$$

このように，交流電圧を変えるには，トランスは極めて便利な機械である．テレビ，ラジオをはじめとした多くの電化製品にはこのトランスが使われている．通常，電化製品のコンセントはつけたままであり，本体のスイッチをリモコン等で切っている．したがって，変圧器としてトランスを使用している電化製品の1次コイルには常に電流が流れ，電力を消費している．こ

のとき，1次コイルを流れる電流で作られる磁力線は，1次コイルのコイル自身をも貫いているので，1次コイルにはこの磁力線の変化を妨げる向きに誘導起電力が生じる．したがって，1次コイルを流れる交流は非常に弱くなる．このように，1つのコイルの中に現れる自分自身の誘導現象は自己誘導と呼ばれている．このとき，誘導起電力の大きさは，コイルの巻数，形状，コイルの材料等によって変化する．この変化の割合は，その比例定数 (自己インダクタンス) に依存する．自己インダクタンスの単位はヘンリー (H) である．

例題 6-19　1次コイル及び2次コイルの巻き数がそれぞれ 200 回，400 回の変圧器がある．変圧器による電力の損失はないものとして以下の問いに答えよ．

　　1. 1次コイルに 100 V の交流電源をつないだ時の2次コイルの電圧はいくらか．

　　2. 2次コイルに 2 kΩ の抵抗をつないだ時，1次コイル及び2次コイルに流れる電流を求めよ．

解

　　1. (6.117) より $N_1 = 200, N_2 = 400, V_1 = 100$ V とすれば，$V_2 = 200$ V となる．

　　2. 2次コイルに流れる電流 I_2 は，オームの法則より

$$I_2 = \frac{200}{2 \times 10^3} = 0.1 \text{ A} \tag{6.118}$$

を得る．一次コイルに流れる電流を I_1 とすれば，両コイルでの電力は等しいので，$I_1 V_1 = I_2 V_2$ である．したがって，

$$I_1 = \frac{V_2}{V_1} I_2 = \frac{200}{100} \times 0.1 = 0.2 \text{ A} \tag{6.119}$$

となる．

6.6.3　電磁波の発生と応用

（a）　電磁波の発生

　現代の電磁気学の基礎を築いたのはイギリスの物理学者マクスウェル (1831-1879) である．彼は 1864 年自分が発展させた理論から電磁波とは変動する電場・磁場が光の速さで横波として，図 6.80 に示されているようにお互い直交して，真空中を伝播していくという予言をした．1888 年ヘルツ (ドイツの物理学者, 1857-1894) は電磁波の発生を実験で確かめるのに成功した．

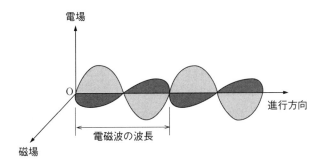

図 **6.80**　電磁波の進行する様子

物質中を通過する場合は，吸収，屈折，散乱，回折，干渉，反射等の現象が発生し，進行方向は，電場や磁場の他に，重力場などの空間の歪みによっても曲げられる．真空中を伝播する電磁波の速度は，約30万km/s(299,792,458 m/s)である．電磁波は，波長，振幅，伝播方向，偏光，位相などでその性質が異なる．このような視点から光は電磁波の一種であることがわかり，また赤外線や紫外線，X線やγ線なども電磁波の一種であることが明らかとなった．これらの詳細については後で述べることにする．

（b）　電磁波とその特性

表6.8　いろいろの電磁波の性質

振動数	10^3	10^6		10^9		10^{12}		10^{15}		10^{18}		10^{21} [Hz]
波長	10^6	10^3	1		10^{-3}		10^{-6}		10^{-9}		10^{-12} [m]	

電磁波の種類	電　波								可視光線			
	VLF 超長波	LF 長波	MF 中波	HF 短波	VHF 超短波	UHF 極超短波	SHF センチ波	EHF ミリ波	サブミリ波	赤外線	紫外線	X線　　τ線

発生方法	トランジスタ・真空管 ←——————→	レーザー光 ←——→ 原子・分子の放射 熱放射	X線管 粒子加速器 原子核からの放射

表6.8に示されているように，波長の長い方から，電波，赤外線，可視光線，紫外線，X線，ガンマ線などと呼び分けられている．我々の目で見えるのは可視光線のみであり，その波長の範囲は0.4〜0.7 μmであり，電磁波全体からみると極めて狭い．

6.6.4　電磁波の応用

（a）　携帯電話

電磁波を使用した，製品としてもっとも普及している物の中に，携帯電話がある．携帯電話の前身は，トランシーバーである．トランシーバーは，現在でも広く使用されており，周波数を決めると，誰でも通信が可能である(もちろん法律の範囲内である)．このトランシーバーに，電話番号を割り振り，個別に通信を可能にしたのが携帯電話である．このような携帯電話は，通信方式によって大きく3世代に分けられる．第1世代の携帯電話 (1G) は，「アナログ式携帯電話」で，1980年代に登場した自動車電話を持ち歩けるようにした電話だった．第2世代の携帯電話 (2G) はデジタル方式となり電波の利用効率が大幅に改善された．軽量化や低価格化が進んだのも第2世代である．第2世代に採用されたデジタイル方式には，NTTドコモとJフォン (ソフトバンク) が採用しているPDCや，ヨーロッパ各国で広く使われているGSM(global system for mobile communications) などや，PHS(personal handyphone system) も通信方式としては第2世代である．1998年には，第2世代のサービスを一歩進めた

「第2.5世代 (2.5G)」と呼ばれるサービスとして，au がいち早く CDMA(符号分割多元接続: code division multiple access) 方式を採用した cdmaOne サービスを開始した．また，2001 年頃にはヨーロッパ各国の携帯電話キャリアが，GSM 方式のネットワークで 115 kbps 程度の高速通信を可能にする GPRS(汎用パケット無線システム: general packet radio service) のサービスを開始し，通話よりもデータ通信を重視したサービスの展開が始まった．第3世代の携帯電話 (3G) では CDMA 方式 (デジタル) となり，雑音や途切れの少ない会話が可能になり，データ通信でも高速通信が可能になった．現在，携帯電話では，800 MHz 帯，1.5 GHz 帯，1.7 GHz 帯，2 GHz 帯の周波数が用いられている．

（b） 電子レンジ

人間は20世紀となり単に火を用いて加熱するといったやり方から加熱の根本から問い直し，画期的な加熱法を発見した．図6.81にそれを示した．

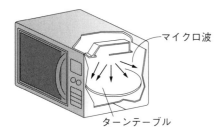

図 6.81 電子レンジの概念図

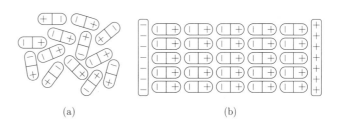

図 6.82 極性分子と電場 E ((a)$E = 0$,(b)$E \neq 0$)

この装置は現在電子レンジと呼ばれている．ここでは簡単にその原理について説明する．水は大変卑近な存在で一見すべての性質はわかっているような錯覚をもつが第4章のトピックスで述べたように多くの未解決な問題が山積している．ただ H_2O という分子は電気双極子を形成しており極性分子ということはよく知られている．すなわち水分子に電場を印可すると図6.82 のように印可する前の (a) の状態から電場の方向に整然と並ぶ (b) の状態になる．この電場がもし速い周波数で動いたらそれに従って水分子も動くこととなる．ところが無極性分子の窒素分子や酸素分子などは電場を加えてもこのようなことは起こらない．現在使われている2.45 GHz (2.45×10^9 Hz) のマイクロ波ではものすごいスピードで水分子が回転運動していることになる．分子が激しく運動することは結果的には第4章で学んだようにミクロな意味の温度が高い状態に対応する．電子レンジではこのように水を含んだ食品などにマイクロ波を当て分子の振動を誘起して熱を上げているのである．したがって水が含まれてないものは温度を上げることができない．またマイクロ波の波長は12 cm 程度であるため，波の干渉によりレンジ内に波の強いところと弱いところができてしまう．このことは温める温度が一様でないことを意味する．したがってこのようなことを避けるため通常電子レンジの中でターンテーブルを用いて食品を回転させているのである．電子レンジの過熱原理はこのように食品などの被加熱物体の中の分子の運動により引き起こされるものであり，いわば「中からの加熱」と言える．こ

れは人類がものを温めるのに火を使ってきたがこれは「外からの加熱」であった．このような
ことから電子レンジはこれまでの加熱のやり方を根本的に変えた方法であると言える．

　歴史的にはマイクロ波の研究は第 2 次大戦中に我が国をはじめ世界中で活発な研究が行われ
ていた．たとえばレーダーなどはその典型的な応用であった．アメリカのある研究所でこの研
究をやっていた人があるときポケットに入れていたチョコレートが仕事中にドロドロになって
いることに気づいたという．これがマイクロは加熱の発端となったと言われている．このよう
な偶然の発見はたとえばレントゲンによる X 線の発見や我が国では白川博士の導電性高分子の
発見など枚挙にいとまがない．偶然を見逃さない態度は現在の余裕のない社会ではなかなか難
しいが偶然の発見をする機会に恵まれた人は言ってみれば神々の愛でし人であり，またある決
まった人 (必ずしもそれまで有名であったとは限らない) にそのような機会を与える神は老獪
なのであろう．

（c）　　**X 線回折を用いた結晶構造の決定 ＊＊**

　物質は細かく砕いていくと最終的にはそれ以上分割できないものが残ると考えた最初の科学
者は紀元前 400 年ごろのデモクリトスであった．彼はこれ以上分割できないものを「アトム」
と名づけた．これが現在の原子論の始まりと考えられている．我々の周りの物質はこの原子の
集まりからできており，またほとんどの物質はその中で原子が規則正しく並んでいわゆる結晶
を形成している．たとえば鉄は図 6.83 に示すような原子配置をしている．これはちょうど角
砂糖のようなものでその角と中心の位置に鉄原子が配置されている．角砂糖の真ん中に原子が
あるという意味で体心立方格子と呼ばれている．他方アルミニウムなどはまた違った構造をも
つ．原子と原子の間の距離は原子間距離あるいは格子定数と呼ばれており物質固有の定数であ
る．この大きさは大変小さくナノメートルの程度である．

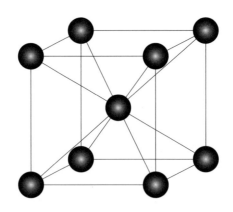

図 6.83　鉄の結晶構造 (bcc)．黒い丸が鉄原子を表す．

　ではこのような原子の配置はどのようにして決定されるのだろうか．もちろん原子の配列は
肉眼で見ることはできない．可視光の波長を測るときは第 5 章で述べたように回折格子が使わ
れる．これはガラスの面上に 1 cm あたり数百本の溝を刻んだものである．光の回折は格子間
隔と光の波長に極端な違いがあると起こらないがある程度近いと波動特有の回折や干渉の効果

が観測されることになる. X線は可視光より波長の短い電磁波であり, 紫外線や赤外線と違っ
て物質を透過する力があり, 通過する途中に密度が大きいものと小さいものとがあると透過力
に差が出るため写真乾板を置くとその上に濃淡の像ができる. この性質はX線の発見直後から
医学へ応用されたことはよく知られている. 典型的な固体の原子間距離は数から数ナノメート
ル位であるため, その検出にはやはりこれと同じ程度の波長をもつ波が必要となってくる. 電
磁波の波長は前節で示したがこのうちX線の波長 λ(nm) は $10^{-3} < \lambda < 10$ の範囲にあり, 結晶
の格子定数の検出には最も適した電磁波であることがわかる. X線による結晶構造の解析はブ
ラッグ (W.L.Bragg,1890-1971:イギリスの物理学者) らによってなされ, その後, 多くの技術
的な発展があった.

　X線回折を用いた結晶構造の解析について簡単に述べる. 結晶物質は規則正しく並んだ原子
よりなり, 多くの結晶面が形成されている. いま間隔 d の結晶格子面に角度 θ で波長 λ のX線
が入射した場合を考える. 反射するX線は入射角とのなす角は以下の図 6.84 で示すように 2θ
となる.

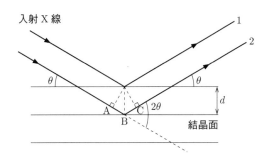

図 6.84　ブラッグの角 θ と格子間距離 d との関係. 矢印は入射および反射X線の様子.

　格子面間距離を d とすれば, 1 と 2 との光路差は $2d\sin\theta$ となる. 光路差が波長 λ の整数倍
のとき, これらのX線は干渉の効果により強め合うことになる. この関係を式で表せば,

$$2d\sin\theta = n\lambda \tag{6.120}$$

となる. この式は「ブラッグの式」と呼ばれている. n は 1 より大きい整数である. 格子面間
隔とX線の入射角 θ が (6.120) の関係式を満たすと図 6.89 [以下の章末問題の図参照] のよう
なX線の強度分布が得られ, これら (θ の位置や回折線の強度など) を解析することにより結
晶内の原子の位置や電子の分布を知ることができる. これらの手段を用いて鉄の格子定数が
0.287 nm と得られる. 式 6.120 は光路差 (広い意味では原子間距離) が波長の整数倍となれば
ブラッグ散乱が起こることを意味している.

第6章・章末問題

6.1・演習問題

1. 3.0×10^{-8} C の点電荷がある．この点電荷から距離 0.3 m の点における電場の強さと電位を求めよ．なお，電位の基準は無限に遠いところとする．

2. 1辺の長さが 1.0 m の正三角形 ABC がある．各頂点 A, B, C にはそれぞれ 3.0×10^{-8} C, 6.0×10^{-8} C, -6.0×10^{-8} C の点電荷がある．A 点の点電荷が受ける力の大きさと向きを求めよ．

3. 無限に長い帯電した線 (電荷分布は ρ [C/m]) から距離 r [m] の点における電場の強さを求めよ．

4. 無限に広い帯電した面 (電荷分布は σ [C/m^2]) の上側における電場の強さを求めよ．

5. 100 μF のコンデンサが3個あるとする．このコンデンサを接続し 150 μF の合成容量を得たい．どのように接続すればよいか答えよ．

6. 空欄を埋めよ．

   (1) 物体には電気をよく通す　ア　と通しにくい　イ　がある．　ア　の代表は　ウ　であり，　エ　と呼ばれる電子が存在するため電気を通す．

   (2) 帯電体を　ア　に近づけると，　オ　により電荷の分布に偏りが生じる．同様に，帯電体を　イ　に近づけると，　カ　により電荷の偏りが生じる．

   (3) 2つの点電荷が存在すると，　キ　の法則より力を受ける．同種の電荷の場合，力の向きは　ク　である．

   (4) 電荷が存在すると，その周りの空間には　ケ　が作られる．　ケ　の強さと向きは，その場所に置かれた正の点電荷が　コ　あたりに受ける力の大きさと向きに等しい．

   (5) 　ケ　がある空間では，正の点電荷の　コ　あたりの位置エネルギー，　サ　が定義される．等しい　サ　の点をつないだ面のことを　シ　と呼び，点電荷の場合　シ　は同心球面となる．

   (6) 2点間の　サ　の差を　ス　と呼ぶ．

7. 面積 0.50 m^2 の2枚の金属板を 1.77×10^{-2} m 離して置いて，平行板コンデンサとした．真空の誘電率を $\varepsilon_0 = 8.85 \times 10^{-12}$ F/m とする．

   (1) このコンデンサの電気容量を求めよ．

   (2) このコンデンサに 2.40 V の電圧をかけたときの，蓄えられる電気量とその時にたまる静電エネルギーを求めよ．

   (3) このコンデンサを比誘電率 90.0 の誘電体で満たした．この時の電気容量を求めよ．

   (4) (3) の状態で 2.40 V の電圧をかけたときの，蓄えられる電気量とその時にたまる静電エネルギーを求めよ．

8. 質量 10 g の小球 P に正の電荷を与えて糸でつるし，水平方向に強さ 2000 N/C の電場を

与えたところ，図 6.85 のように糸が鉛直線と 30° となる点 A に静止した．点 A の床からの高さは 0.90 m である．重力加速度の大きさを $9.8\,\text{m/s}^2$ とする．

(1) 糸の張力 $T\,[\text{N}]$ の大きさを求めよ．

(2) 小球 P に与えられた電気量 $q\,[\text{C}]$ を求めよ．

(3) 糸が切れて，小球 P は初速度なく運動し始め，床上の点 C に落下した．点 A の真下の点 B から，点 C までの距離 $l\,[\text{m}]$ を求めよ．

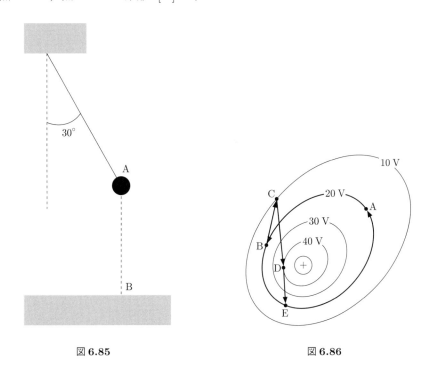

図 6.85   図 6.86

9. 図 6.86 のような等電位線をもつ電場中を，図中の矢印に沿って A→B→C→D→E→A の順に $-2\,\text{C}$ の点電荷を移動させる．

(1) AB, BC, CD, DE, EA の各区間で電場がした仕事をそれぞれ求めよ．

(2) (1) で求めた仕事の総和はいくらか．

(3) 図から見て，A 点と B 点とでは，どちらのほうが電場が強いか．

10. 半径 $r\,[\text{m}]$ の円形の金属板 2 枚を距離 $d\,[\text{m}]$ 離して平行に置き，平行板コンデンサとする．このコンデンサに電圧 $V\,[\text{V}]$ の電源を接続した．なお，空気の誘電率は，真空の誘電率 $\varepsilon_0\,[\text{F/m}]$ と等しいものとする．

(1) このときのコンデンサの電気容量 $C_0\,[\text{F}]$ はいくらか．

(2) このときのコンデンサに蓄えられるエネルギー $U_0\,[\text{J}]$ はいくらか．

次に，極板間に比誘電率 ε_r の誘電体を挿入する．

(3) 図 6.87 のように，極板間の右半分を誘電体 (半円柱状) で満たしたときの電気容量 $C_1\,[\text{F}]$ はいくらか．

(4) (3) のときの，コンデンサに蓄えられるエネルギー U_1 [J] はいくらか.

(5) 図 6.88 のように，極板間の下半分を誘電体 (円柱状) で満たしたときの電気容量 C_2 [F] はいくらか.

(6) (5) のときの，コンデンサに蓄えられるエネルギー U_2 [J] はいくらか.

誘電体を除去し，代わりに導体板を挿入する.

(7) 図 6.88 のように，極板間の下半分を誘電体 (円柱状) で満たしたときの電気容量 C_3 [F] はいくらか.

(8) (7) のときの，コンデンサに蓄えられるエネルギー U_3 [J] はいくらか.

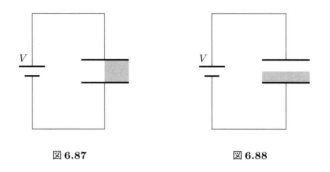

図 6.87   図 6.88

6.2・演習問題

1. 電気抵抗 25 Ω のニクロム線に 4 A の電流を 5 分間だけ流した．この時発生するジュール熱はいくらか.

2. 長さ 10 m，断面積 2×10^{-8} m^2 の導線の両端に 4.5 V の電圧を加えたら，導線に 0.1 A の電流が流れた．この導線の抵抗 R と抵抗率 ρ を求めよ.

3. 導線のある断面を 5 秒間に 3.2 C の電気量が通過した．このときの電流はいくらか.

4. タングステン (W) の電気抵抗率は 20°C で 5.5×10^{-8} Ω・m で，その温度係数は 5.3×10^{-3} K^{-1} である．このことより W の 1000°C における抵抗値を求めよ.

5. 半導体では温度を上げると抵抗は上がり，下げると上がる．この理由は何か．簡単に説明せよ.

6. 電池について以下の問いに答えよ.

 (a) 電池が古くなると，起電力が小さくなり，内部抵抗は大きくなる．V–I 図はどのようになるかについて考えよ.

 (b) 起電力 1.65 V の電池に抵抗 R を接続したところ，0.2 A の電流が流れ，端子電圧は 1.58 V であった．電池の内部抵抗 r と R の抵抗値 R を求めよ.

7. 次の文章の空欄を埋めよ.

断面積 S [m^2]，長さ l [m] の導線の両端に 1.0 V の電圧をかけると 0.1 A の電流が流れた．この導線の抵抗値は $R =$ ⎿ ① ⏌ (Ω) である．また抵抗率は ⎿ ② ⏌ (Ω・m) と書くことができる．いまこの導線を半分に切り，並列につなぎ，その両端に 1.0 V の電圧をかけ

た．合成抵抗の値は ┃ ③ ┃ (Ω) となり，各抵抗を流れる電流は ┃ ④ ┃ (A) となる．
導線の長さを 2 倍にすると抵抗は ┃ ⑤ ┃ (Ω) となる．断面積 S を半径 r の円であると
するとき，r を 2 倍にすると抵抗は ┃ ⑥ ┃ (Ω) となり，半分にすると抵抗は ┃ ⑦ ┃
(Ω) となる．

8. 断面積 $2.0\ \mathrm{mm}^2$ で 2.0×10^{29} 個/m^3 の電子密度をもつ導体に電流を $1.0\ \mathrm{A}$ 流した．以下
   の問いに答えよ．

 (a) 電流密度を求めよ．

 (b) 電子の電荷を $-1.6 \times 10^{-19}\ \mathrm{C}$ として，この導体中の自由電子の速さを見積もれ．

9. 図のように抵抗値がそれぞれ $6\ \Omega$，$20\ \Omega$，$5\ \Omega$ の 3 個の抵抗 R_1, R_2, R_3 が接続してある．
   AC 間に $10\ \mathrm{V}$ の電圧を加える．以下の問いに答えよ．

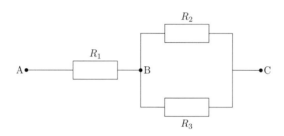

 (a) BC 間の合成抵抗はいくらか．

 (b) 3 つの抵抗を流れる電流 i_1, i_2, i_3 を求めよ．

 (c) AB 間および BC 間の電圧はいくらか．

 (d) R_2, R_3 で消費される電力を求めよ．

10. 抵抗 $R_1 \sim R_4$ を用いて下図のような回路を作った．AB 間に $6\ \mathrm{V}$ の電圧をかけた時以下
    の問いに答えよ．(2006, 中学理科採用試験)

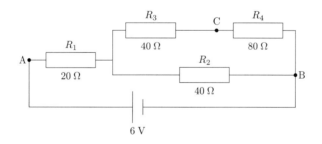

 (a) R_3, R_4 は直列につながれている．合成抵抗はいくらか．

 (b) R_2 は R_3 と R_4 に並列につながれている．合成抵抗はいくらか．

 (c) AB 間の合成抵抗を求めよ．

 (d) $R_1 \sim R_4$ を流れる電流値，$i_1 \sim i_4$ を求めよ．

 (e) R_2 の両端の電位差は何 V か．

 (f) AC 間の電位差は何 V か．

11. 同じ材質の導体棒 A,B と 1.2 Ω の抵抗, 起電力 15 V の電源および電流計を下図のように接続したところ, 電流計は 5 A を示した. A の断面積は B の 3 倍, B の長さは A の 3 倍である. 以下の問いに答えよ. (2008, 中学理科採用試験)

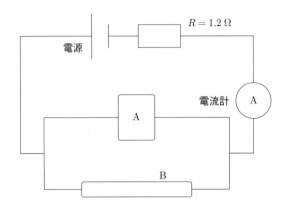

    (a) A,B を流れる電流 i_1, i_2 はいくらか.

    (b) A,B の抵抗 R_1,R_2 を求めよ.

    (c) A と B は並列接続である. この場合の合成抵抗を求めよ.

12. 下のグラフはある豆電球に流れる電流を電圧の関数として示したものである. この豆電球を (1),(2) のように接続したとき, 以下の問いに答えよ.

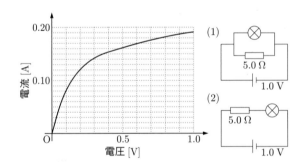

    (a) (1) の回路で豆電球に流れる電流はいくらか.

    (b) (2) で豆電球に流れる電流を求めよ.

13. 銅線について以下の問いに答えよ.

    (a) 1 価金属と仮定して電子密度 n の値を求めよ. ただし銅の原子量は 63.5, 密度は 8.94 g/cm^3 であるとする.

    (b) 銅の 20°C における緩和時間 τ を見積もれ.

6.3・演習問題

1. 地球を 1 つの磁石と考えたとき, 北極は S 極か N 極か. 理由をつけて答えよ.

2. 1×10^{-3} Wb の S 極を置くと右向きに 2×10^{-2} N の磁気力を受ける場所の磁場の大きさ

と向きを求めよ.

3. 1 T の一様な磁場がある. この磁場に対し垂直に置いた導線に 2 A の電流を流した. この導線の 1 m あたりに受ける力を求めよ.

4. 鉄の原子は 2.2 ボーア磁子のモーメントをもつ. この磁気モーメントがすべて同じ向きを向いた場合の磁化 M を計算せよ. ただし鉄の密度は 7.9 g/cm^3, 原子量は 56 とせよ.

6.4・演習問題

1. 長さ 0.8 m, 巻き数 400 回のソレノイドがある. このソレノイドに 4 A の電流を流すと, ソレノイド内部の磁場の強さと磁束密度の大きさはいくらか.

2. 1.3 A の直線電流から 0.2 m 離れた点での磁場の強さはいくらか.

3. (6.100) の式で, 電流の向きが同じときは引力となり, 逆向きのときは斥力となることを述べたがこの理由を説明せよ.

4. 十分に長い 2 本の導線を 0.1 m 離して平行に張り, 同じ向きにそれぞれ 1 A, 2 A の電流を流す. 導線の 1 m の部分が受ける力は何 N か. ただし透磁率は $4\pi \times 10^{-7}$ N/A^2 とする.

6.5・演習問題

1. (6.103) 式と図 6.62 を使って図 6.63 が得られることを説明せよ.

2. 0.5 H の自己インダクタンスのコイルに流れる電流が 0.01 秒間に 6 A だけ増加した. この間にコイルに生じる誘導起電力の大きさはいくらか.

3. IH 調理器と通常の電熱器および電子レンジの加熱原理を簡単にまとめよ. またそれぞれの長所と短所について考察せよ.

4. 単位長さの巻き数 n(回/m), 切り口面積 S(m^2), で長さが l(m) の十分長い透磁率 μ の鉄芯の上に巻かれたソレノイドのインダクタンス L を求めよ.

5. 断面積 3×10^{-4} m^2, 100 回巻きのコイル内部の磁束密度が図の矢印の向きに毎秒 2 Wb/m^2 の割合で増加している. 以下の問いに答えよ.

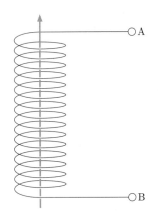

(a) コイル AB 間に生じる誘導起電力の大きさを求めよ.

(b) A,B の電位はどちらが高くなるか. 理由をつけて答えよ.

6.6・演習問題

1. 20 Ω の抵抗に 100 V の実効値をもつ交流電圧を加えた. この抵抗における平均の消費電力はいくらか. また抵抗に流れる電流と印可される電圧の最大値を求めよ.

2. 50 μF のコンデンサーを 50 Hz の交流で用いるときその抵抗値 R (これをリアクタンスという) を式 (6.113) に従って計算せよ.

3. 懐中電灯に使う電池, 家庭用のコンセントおよび車のバッテリーの電圧は, それぞれいくつか.

4. CD レコーダーを駆動するモーターの回転数は周波数に比例する. 50 Hz と 60 Hz の電源を使用した場合, 音はどのように変化するか.

5. 以下の文章の空欄に適当な数値を入れよ.

   1次コイルの巻き数が 100 回, 2次コイルの巻き数が 300 回の変圧器がある. いま 1 次側に 200 V の交流電源をつなぎ, 2 次側に 100 Ω の抵抗をつないだ. このとき, 抵抗に加わる電圧は (①) V であり, 流れる電流は (②) A である. 消費電力は (③) W となる. また 1 次コイルを流れる電流は (④) A である.

6. 変圧器の 1 次側に 6000 V の電圧を加えたとき, 2 次側の電圧が 100 V であるとする. 2 次側で 600 W の電力を消費しているとき, 2 次側には何 A の電流が流れているか. またこのとき 1 次側を流れる電流はいくらか.

7. プラチナバンドとは 900 MHz 帯の電磁波を指す. 平成 24 年夏前後には使用可能となる 900 MHz の電磁波の波長はどれくらいか.

8. 2.45 GHz のマイクロ波の波長を求めよ.

9. 波長 3 Å の X 線を結晶面に照射した. 照射方向をはじめ結晶面に平行にして次第に傾けていったところ, 最初に強く反射した角度は 30° であった. 反射を生じた格子面間隔 d を求めよ. またもし d が大きくなったら反射の角度はどうなるか. 理由をつけて答えよ.

10. 図 6.89 は岩塩の X 線回折パターンである. この図からどのようにして岩塩の格子定数 ($a = 0.564$ nm) が出てくるかを考察せよ. また岩塩の結晶構造を文献等で調べよ.

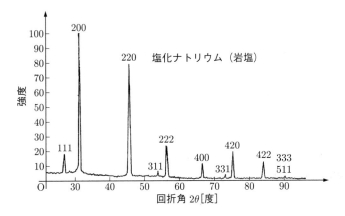

図 **6.89**　塩化ナトリウム (NaCl) の X 線回折パターン

第 7 章

補足

補足 1：微分方程式

未知の関数の導関数を含む等式を微分方程式と呼び，微分方程式を満たす関数を微分方程式の解，解を求めることを微分方程式を解くと呼ぶ．

$$\frac{dy}{dx} = a \quad (a \text{ は定数}) \tag{7.1}$$

を解くと，その解は

$$y = ax + C \quad (C \text{ は任意定数}) \tag{7.2}$$

となる．同様に，

$$\frac{dy}{dx} = \cos x \to y = \sin x + C \tag{7.3}$$

$$\frac{dy}{dx} = \frac{1}{x} \to y = \log_e |x| + C \tag{7.4}$$

となる．このような微分方程式を 1 階微分方程式と呼び，単純な積分で解くことができる．

また，任意の階数の微分方程式も次のような単純な積分で解くことができる．

$$\frac{d^2 y}{dt^2} = -g \to \frac{dy}{dt} = -gt + C_1 \to y = -\frac{1}{2}gt^2 + C_1 t + C_2 \tag{7.5}$$

ここで，(7.5) のような任意の定数を含む微分方程式の解を一般解と呼ぶ．任意定数に特定の値を代入して得られる解を特殊解，または特解と呼ぶ．(7.5) の特殊解の 1 つとして，

$$y = -\frac{1}{2}gt^2 + 5t - 3 \tag{7.6}$$

を挙げることができる．

何らかの初期条件が与えられると，微分方程式は 1 つの特殊解を得ることができる．(7.5) において，$t = 0$ のとき $y = -3$，$y' = 5$ の初期条件が与えられると，特殊解 (7.6) が唯一の解となる．

変数分離形

次のような形になる 1 階の微分方程式を変数分離形と呼ぶ．

$$\frac{dy}{dx} = f(x)g(y) \tag{7.7}$$

これが成り立つとき，一般解は

$$\int \frac{1}{g(y)} dy = \int f(x) dx + C \tag{7.8}$$

で与えられる．

例として,

$$xy' - 2(y-1) = 0 \tag{7.9}$$

を解く場合を考える. 変形すると

$$\frac{dy}{dx} = \frac{2}{x}(y-1) \tag{7.10}$$

となり, $f(x) = 2/x$, $g(y) = y-1$ と分離できる. (7.8) に代入すると,

$$\int \frac{dy}{y-1} = \int \frac{2}{x}\,dx \tag{7.11}$$

となる. 両辺を積分すると,

$$\int \frac{dy}{y-1} = \log_e |y-1| \tag{7.12}$$

$$\int \frac{2}{x}\,dx = 2\log_e |x| + C' \tag{7.13}$$

$$= \log_e x^2 + C' \tag{7.14}$$

となる (C' は任意定数). 両積分を等号でつなぐと,

$$|y-1| = e^{C'} x^2 \tag{7.15}$$

$$y-1 = \pm e^{C'} x^2 \tag{7.16}$$

となり, ここで $C = \pm \exp(C')$ とすると,

$$y-1 = Cx^2 \tag{7.17}$$

$$y = Cx^2 + 1 \tag{7.18}$$

と一般解を得ることができる.

1 階線形微分方程式

次の形の微分方程式

$$y' + P(x)y = Q(x) \tag{7.19}$$

を 1 階線形微分方程式と呼ぶ. この形の微分方程式は, 両辺に適当な関数 $g(x)$ をかけ,

$$(g(x)y)' = g(x)Q(x) \tag{7.20}$$

の形におき換えることで, 両辺積分後に解を求めることができる.

例として,

$$xy' + y = \sin x \tag{7.21}$$

を考える. 左辺は $(xy)'$ と等しいため,

$$(xy)' = \sin x \tag{7.22}$$

となる. 両辺を積分すると,

$$xy = -\cos x + C \tag{7.23}$$

よって, 一般解は

$$y = \frac{-\cos x + C}{x} \tag{7.24}$$

となる.

2 階以上の線形微分方程式

y と各次の導関数 y', y'' について 1 次方程式となる微分方程式を線形微分方程式と呼ぶ[1].
ここでは,

$$y'' + py' + qy = 0 \quad (p,\ q は定数) \tag{7.25}$$

と書ける 2 階の線形部分方程式について考える. ここで

$$y = e^{\alpha x} \tag{7.26}$$

が解の形ももつと仮定し, (7.25) に代入すると

$$\left(\alpha^2 + p\alpha + q\right) e^{\alpha x} = 0 \tag{7.27}$$

となり係数が 2 次方程式

$$\alpha^2 + p\alpha + q = 0 \tag{7.28}$$

を満たす必要がある. この方程式 (7.28) を (7.25) の特性方程式と呼ぶ. 特性方程式の解 α に
対し, $e^{\alpha x}$ は (7.25) の解となる.

　特性方程式の解 α, β によって, 線型方程式の解は以下のように分類できる.

実解

　α, β が実数で $\alpha \neq \beta$ のとき

$$y = C_1 e^{\alpha x} + C_2 e^{\beta x} \tag{7.29}$$

重解

　α, β が実数で $\alpha = \beta$ のとき

$$y = (C_1 + C_2)e^{\alpha x} \tag{7.30}$$

虚解

　$\alpha = \lambda + i\mu$, $\beta = \lambda - i\mu$ のとき

$$y \;=\; e^{\lambda x}\left(C_1' \cos \mu x + C_2' \sin \mu x\right) \tag{7.31}$$

$$(ただし\ C_1' = C_1 + C_2,\ C_2' = i\left(C_1 - C_2\right) のとき)$$

7.1・演習問題

1. 次の微分方程式を解け.

　　1) $y' = 2xy$　　　　　2) $y'' + y' - 2y = 0$　　　3) $y'' - 4y' + 4y = 0$

　　4) $y'' - 2y' + 5y = 0$

---

[1] 前述の 1 階線形微分方程式も含む.

補足 2 : 第 3 章 4.3 節の 1 階微分方程式の解法について

補足 1 で微分方程式の解法について簡単に触れた.ここでその結果を使って以下の微分方程式の解を求める.

$$m\frac{dv}{dt} = mg - av \tag{7.32}$$

ただし,初期条件を $t = 0$ で $v = 0$ としよう.両辺を m で割って,次式を得る.

$$\frac{dv}{dt} = g - \frac{a}{m}v \tag{7.33}$$

ここで,$v' = g - (a/m)v$ とおけば,

$$\frac{dv}{dt} = -\frac{m}{a}\frac{dv'}{dt} \tag{7.34}$$

を得る.これを使って (7.33) を変形すれば,

$$-\frac{m}{a}\frac{dv'}{dt} = v' \tag{7.35}$$

となることがわかる.これは変数分離型の方程式であり,簡単に以下のように解くことができる.C を定数として,

$$v = \frac{m}{a}\left(g - Ce^{-\frac{at}{m}}\right) \tag{7.36}$$

を得る.ここで初期条件を入れる.右辺の (　　) 内の第 2 項は指数の項が 1 となるので C となることがわかる.$v = 0$ なので $C = g$ である.以上により,

$$v = \frac{mg}{a}\left(1 - e^{-\frac{at}{m}}\right) \tag{7.37}$$

を得ることができる.

補足 3：慣性モーメント

　今図 7.1 に示すような半径 a, 質量 M の中心軸の回りに回転させたときの慣性モーメントを求める．原点を O として x, y, z 軸をとる．空間極座標 (r, θ, ϕ) は以下のように表される．

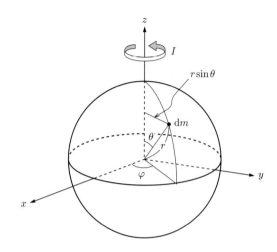

図 7.1　球体の慣性モーメント

$$x = r\sin\theta\cos\phi, \ y = r\sin\theta\sin\phi, \ z = r\cos\theta \tag{7.38}$$

z 軸に関する慣性モーメント I_z は対称性から，

$$I_x = I_y = I_z \tag{7.39}$$

である．また慣性モーメントの定義から

$$I_z = \int (r\sin\theta)^2 \, dm \tag{7.40}$$

ここで

$$dm = \rho \, dV = \rho \, dxdydz = \rho r^2 \sin\theta \, drd\theta d\phi \tag{7.41}$$

である．また $(r\sin\theta)^2 = x^2 + y^2$ であることに注意しよう．

　(7.41) を (7.40) に代入し，積分範囲を考えれば，

$$I_z = \rho \int_0^a r^4 \, dr \int_0^\pi \sin^3\theta \, d\theta \int_0^{2\pi} d\phi \tag{7.42}$$

となる．

　これを計算して，以下の関係式を使えば，

$$M = 4\pi a^3 \frac{\rho}{3} \tag{7.43}$$

慣性モーメントの値が求まる．

$$I_x = I_y = I_z = \frac{2}{5}Ma^2 \tag{7.44}$$

　*3.4 節の初めに述べたようにこの補足は数学も複雑でやや難しいと思われるので軽い気持ちで読んでもらいたい．なお興味ある人は詳細を力学の専門書で調べてほしい．以前述べたように慣性モーメントの考え方はたとえば自動車の連結棒の設計などで根本的な役割をする．

さらに深く学びたい人のために

この本では，高校で物理を履修していない人でも物理のエッセンスに触れることができるように執筆した．そのため，より高度な事柄については省略してしまっている．ここでは，さらに深く学びたい人に参考となる文献を紹介していきたい．

力学

この本で記述した力学分野の内容は，微分・積分での記述や 3 次元のベクトルを用いずに説明している．しかし，力学の理解のためにはそれでは不十分であるため，以下の文献を薦めたい．

物理入門コース 1 力学 (戸田盛和著，岩波書店)

3 次元のベクトルを用いた表現方法や，微分・積分を用いた運動の記述から始まり，中心力場中での運動や剛体運動まで取り扱っている．ある程度の数学ができる必要があるが，式変形が追いやすいためお勧めできる．

ISBN: 4-00-007641-8

基礎物理学シリーズ 1 力学 (副島雄児・杉山忠男著，講談社)

3 次元のベクトル表記に始まり，極座標表記を早い段階で用いている．剛体運動までを取り扱い，例題も多く独学にお勧めできる本．

ISBN: 978-4-06-157201-0

物理は自由だ 1 力学 (江沢洋著，日本評論社)

高校物理程度の出発点から，惑星の運動をテーマに議論を進めていくスタイル．物理学の歴史も追いつつ，質点の運動を解説しているため読みやすい．

ISBN: 4-535-60806-7

温度，圧力と体積 (熱力学)

この本で扱った熱力学分野の内容は，熱量や内部エネルギーまでを取り扱っている．熱機関を取り扱う場合にしても，エントロピーの概念や熱力学関数・熱力学ポテンシャル等の理解が必要なため，以下の文献を薦めたい．

熱力学を学ぶ人のために (芦田正巳著，オーム社)

熱力学の導入から熱力学関数・熱力学ポテンシャルまで，統計力学へつながる内容を扱っている．数式を省略せずに書いてあるため，式変形が追いやすい．

ISBN: 978-4-274-06742-6

なっとくする熱力学 (都筑卓司著，講談社)

身近な熱力学的現象の解説に始まり，熱力学第二法則や熱力学関数などまでを扱っている．数式の意味を丁寧に説明してあり，例も豊富なため読みやすい．

ISBN: 4-06-154503-5

波動

この本で扱った波動の内容は，波動とはどういうものかの理解に重点を置いている．波動はその動きが日常スケールでは分かりづらく，数式での扱いが重要であるため，以下の文献を薦めたい．

なっとくする音・光・電波 (都筑卓司著，講談社)

身近な波動現象である音・光に注目し，それらの解説に始まり，波動方程式・波動関数を扱い，量子力学の紹介までを扱っている．数式の意味を丁寧に説明してあり，例も豊富なため読みやすい．

ISBN: 4-06-154517-5

MIT 物理 波動・振動 (A.P.フレンチ著，平松惇・安福精一訳，培風館)

波動を力学的振動 (単振動) から解析的に記述し，様々な波動一般の現象を解説している．数学的難易度はやや高いが，演習問題も多く波動の理解にはお勧めできる．中級者向け．

ISBN: 4-563-02173-3

電磁気学

本書で扱った電磁気学は，基本を示したに過ぎない．電磁気学を理解し使えるようになるためには，電場・磁場の取り扱いにはベクトル解析が必要不可欠であり，それらを用いた以下の文献を薦めたい．

物理入門コース 3 電磁気学 I (長岡洋介著，岩波書店)

本書の範囲から静電場・静磁場・定常電流までを扱っている．ガウスの法則やビオ・サバールの法則，アンペールの法則といった電磁場の法則をきちんと解説した本．導入部ではベクトル解析の解説も含まれる．

ISBN: 4-00-007643-4

物理入門コース 4 電磁気学 II (長岡洋介著，岩波書店)

上記「電磁気学 I」の続きとして，変動電磁場・電磁波・マックスウェル方程式を扱った本．

ISBN: 4-00-007644-2

ファインマン物理学 III 電磁気学 (R.P.ファインマン他著，宮島龍興訳，岩波書店)

静電場から電磁波・マックスウェル方程式までを扱っている．電磁気学の理解に必要なイメージがつかみやすい図の豊富な本．

ISBN: 4-00-007713-9

その他

広い意味での物理学や，複数の分野を扱った本．

新・単位がわかると物理がわかる (和田純夫・根本和昭・大上雅史著, ベレ出版)

物理で扱う「単位」の意味を考えることにより，物理の原理をわかりやすく解説した本．物理において単位 (次元) の重要性がわかる一冊．

ISBN: 4-86-064419-0

物理学ミニマ (杉山直著, 名古屋大学出版会)

大学で学ぶ物理学をコンパクトに凝縮させた本．解析力学，電磁気学，量子力学，統計力学，特殊相対論，数理物理学，実験物理学を取り扱っている．中級者向け．

ISBN: 978-4-8158-0774-0

英語の文献 - References in English

日本語を母国語としない留学生には，英語で書かれた文献のほうが適している場合も多い．ここでは，日本国内で入手しやすい入門用の英語文献を紹介する．

Textbooks in English may suite for foreign students whose first language is not Japanese. Here, we introduce some textbooks for beginers, written in English, and easy to obtain in Japan.

Physics I for dummies (Steven Holzner, Wiley & Sons)

本書同様の力学基礎及び熱力学基礎の教科書．力学は本書の範囲に加え，運動量保存や慣性モーメントまで扱っている．熱力学についても本書の範囲程度となっている．

Introducing fundamentals of dynamics and thermodynamics. Dynamics includes almost same topics of this book, but it includes higher topics such as momentum conservation or moment of inertia. Thermodynamics includes up to the laws of thermodynamics, simillar to this book.

ISBN: 978-1-119-29359-0

Physics II for dummies (Steven Holzner, Wiley & Sons)

電磁気学，波動，現代物理学について紹介した教科書．電磁気学は電場・磁場，ローレンツ力，回路を流れる電流 (交流まで) を取り扱い，Maxwell 方程式や電磁波，ベクトル・スカラーポテンシャルについては含まない．波動では光の回折まで取り扱い，現代物理学では相対論・量子論・核物理について取り上げている．

Introducing fundamentals of electromagnetism, wave, and modern physics. Electromagnetism includes electrical/magnetic fields, Lorenz force, and current(DC & AC), but it does not pointing out the Maxwell's equations, electromagnetic waves, or vector/scalar potentials. Wave includes up to the diffraction of light. It introduces the modern physics as the introduction of ralativity, quantum physics, and nuclear physics.

ISBN: 978-0-470-53806-7

章末問題の解答

2 章

問題 2.1

1. 左辺の -15 を右辺へ移項すると $3x = 300$, 両辺を 3 で割って $x = 100$.

2. 箱の個数を x とすると, $5x + 7 = 27$. これを解くと $x = 4$ となり, 箱は 4 個.

3. (2.193a) より $x = 2 - 3y$ となり, これを (2.193b) に代入すると
$$2(2 - 3y) + 5y = 5$$
$$y = 1$$
となる. これを (2.193a) か (2.193b) に代入して解くと解は
$$\begin{cases} x = 5 \\ y = 1 \end{cases}$$
となる.

4. (2.194b) を 2 倍し (2.194a) の両辺から引くと $3x = 1$. よって, $x = 1/3$. これを (2.194b) か (2.194a) に代入して解くと解は
$$\begin{cases} x = \dfrac{1}{3} \\ y = -\dfrac{1}{3} \end{cases}$$

5. 左辺を因数分解すると $(x - 5)(x + 3)$ となる. これが 0 であるため, 解は
$$x = 5, \ -3$$

6. 両辺を 4 倍し解の公式に代入すると,
$$x = \frac{-31 \pm \sqrt{31^2 - 4 \times 12 \times (-15)}}{2 \times 12} = -\frac{31 \pm 41}{24}$$
$\pm$ を場合で分けると,
$$x = -3, \ \frac{5}{12}$$
と解を得る.

問題 2.2

1. $1/25 = 5^{-2}$ と書けるので, 右辺は $(1/25)^x = 5^{-2x}$ と書ける. 左辺の底と一致するため,
$$5^{x-3} = 5^{-2x}$$
$$x - 3 = -2x, \ x = 1$$
となる.

2. $9 = 3^2$ であるので, 与式は $3^{2x} - 8 \cdot 3^x - 3^2 = 0$ と書ける. 3^x でまとめると
$$3^x \left(3^2 - 8\right) - 3^2 = 0$$
$3^2 - 8 = 1$ であるため
$$3^x - 3^2 = 0$$
$$3^x = 3^2, \ x = 2$$
となる.

3. $\log_e e^x = x$ であるため, $\log_e e^3 = 3$, $\log_e \frac{1}{e^2} = -2$, $\log_e \sqrt{e} = \frac{1}{2}$ となる. そのため, 与式は $3 - 2 + \frac{1}{2} = \frac{3}{2}$ となる.

4. (2.74) より，$\log_a x \log_b a = \log_b x$ と書ける．ここに与式を代入すると $\log_7 9 \log_5 7 = \log_5 9$ となる．

問題 2.3

1. ある点の回りを 1 周すると，その角度は度数法で 360°，弧度法で 2π であるため，240° は

$$240° = \frac{240°}{360°} \times 2\pi = \frac{4}{3}\pi$$

となる．

2. $165° = 180° - (45° - 30°)$ であるため，

$$\cos 165° = \cos(180° - (45° - 30°))$$
$$= -\cos(45° - 30°)$$
$$= -(\cos 45° \cos 30° + \sin 45° \sin 30°)$$
$$= -\left(\frac{1}{\sqrt{2}} \cdot \frac{\sqrt{3}}{2} + \frac{1}{\sqrt{2}} \cdot \frac{1}{2}\right) = -\frac{\sqrt{3}+1}{2\sqrt{2}}$$

となる．

問題 2.4

1. $\vec{a} \cdot \vec{b} = 4 \cdot 2 + 6 \cdot 3 = 26$ となる．

2. $\vec{a} \times \vec{b} = (0, 0, 3 \cdot 5 - 2 \cdot 3) = (0, 0, 9)$ となる．

問題 2.5

1. 1) $9x^2 + 2x + 12$ 2) $\log x + 1$ 3) $x \cos x + \sin x$

   4) $\dfrac{x}{\sqrt{x^2+1}}$ 5) $2xe^{x^2}$

2. 1) $-\dfrac{1}{2}\cos 2x$ 2) $\dfrac{1}{4}(x+1)^4$ 3) $x \sin x + \cos x$

   4) $\dfrac{4}{3}$ 5) $\dfrac{26}{3}$ 6) $2\log 2 - \dfrac{3}{4}$

3 章

問題 3.1

問題 A.

1. 5.0 m / 1.0 s = (5/1000 km) / (1/3600 h) = 18 km/h

54 km/1 h = 54000 m / 3600 s = 15 m/s

2. 1) 変位 = (終わりの位置) − (はじめの位置) = $x - x_0 = 87$ m − 240 m = −153 m

2) 速度 = 変位/要した時間 = $(x - x_0)/(t - t_0) = (87$ m − 240 m$)/(20$ s − 2.0 s$) = -8.5$ m/s
速さ= 速度の大きさ = 8.5 m/s

3) $v = (x - x_0)/(t - t_0)$ より，$x = x_0 + v(t - t_0) = 240 - 8.5 \times (26 - 2.0) = 36$ m

3. 加速度 a = 速度の変化/要した時間 = $(v - v_0)/(t - t_0) = (16$ m/s − 4.0 m/s$)/(5.0$ s − 2.0 s$) = 4.0$ m/s^2

4. $v = v_0 + at$ より，$0 = v_0 + a \times 4.0 \cdots$① となる．一方，$x = v_0 t + 1/2at^2$ より，$4.0 = v_0 \times 4.0 + 1/2a \times 4.0^2 \cdots$② 式①，②より連立方程式として解くと，$v_0 = 2.0$ m/s, $a = -0.50$ m/s^2

5. 東向きを正の向きとする．電車 A に対する電車 B の相対速度を v_{AB} とすると，$v_{AB} = v_B - v_A = -12 - 20 = -32$ m/s よって，電車 B は西向きに 32 m/s で走っているように見える．

6. $v = gt = 9.8 \times 2.4 \fallingdotseq 24$ m/s, $y = 1/2gt^2 = 1/2 \times 9.8 \times 2.4^2 \fallingdotseq 28$ m

7. 1) $y = v_0 t - 1/2gt^2$ より，$-24.5 = v_0 \times 5.0 - 1/2 \times 9.8 \times 5.0^2$ よって，$v_0 = 19.6$ m/s

2) 最高点では一瞬静止するので，$0 = 19.6 - 9.8t$ より，$t = 2.0$ s が得られ，そのときの高さ y_{max} は，$y_{max} = 19.6 \times 2.0 - 1/2 \times 9.8 \times 2.0^2 = 19.6$ m

3) 崖と同じ高さは $y = 0$ m なので，$0 = 4.9 \times t(4.0 - t)$ これより，$t = 4.0$ s

問題 B.

1. 1) 等加速度直線運動の式 $v^2 - v_0^2 = 2ax$ より，$2.0^2 - 6.0^2 = 2a \times 32$

これを解いて, $a = -0.50 \text{ m/s}^2$

2) $x = v_0 t + 1/2at^2$ より, $32 = 6.0t + 1/2 \times (-0.50) \times t^2$. よって, $(t-16)(t-8.0) = 0$ を得る. これを解いて, $t = 8.0$ s と 16 s

3) 最も右側に達するのは, 速度 $v = 0$ のときなので, $v = v_0 + at$ より $0 = 6.0 - 0.50t$, これを解いて, $t = 12$ s, このときの位置 x は, $x = v_0 t + 1/2at^2 = 6.0 \times 12 + 1/2 \times (-0.50) \times 12^2 = 36$ m

2. 車に乗っている人から見ると, 電車は南東方向に動いているように見えるので, 相対速度 $\vec{V}$ の x 成分は 5.0 m/s, y 成分は -12 m/s で, 速さは $V = \sqrt{5.0^2 + (-12)^2} = 13$ m/s となる.

3. 1) 水平投射では y 方向は自由落下運動なので, 投げてから t [s] 後の速度の位置の y 成分 y は, $y = 1/2gt^2$ と表される. この式に $y = 24.5$ m を代入して t を求めると, $t^2 = 24.5/4.9 = 5.0$ より, $t = \sqrt{5.0} \fallingdotseq 2.2$ s

2) 位置の x 成分 x は, $x = v_0 t$ と表される. この式に $t = \sqrt{5.0}$ を代入すると, $x = v_0 t = 9.8 \times \sqrt{5.0} \fallingdotseq 22$ m

3) 速度の水平成分 $v_x = v_0 = 9.8$ m/s
速度の鉛直成分 $v_y = gt = 9.8 \times 1.0 = 9.8$ m/s

4) 速さ $v = \sqrt{v_x{}^2 + v_y{}^2} = \sqrt{9.8^2 + 9.8^2} = 9.8\sqrt{2} \fallingdotseq 14$ m/s

5) 速度の水平成分 $v_x = v_0 = 9.8$ m/s
速度の鉛直成分 $v_y = gt = 9.8 \times 2.2 = 22$ m/s

6) 速さ $v = \sqrt{v_x{}^2 + v_y{}^2} = \sqrt{9.8^2 + 22^2} \fallingdotseq 24$ m/s

問題 3.2

問題 A.

1. 月での重力加速度の大きさを g' とすると, 月での重力の大きさは, $W = mg' = 12 \times 9.8 \times 1/6 = 19.6 \fallingdotseq 20$ N

2. 重力と弾性力がつり合っているので, ばね定数 $k = mg/x = (0.2 \times 9.8)/0.05 = 39.2 \fallingdotseq 39$ N/m 力のつり合いより, $mg = kx$ したがって, $m = kx/g = (39 \times 0.08)/9.8 \fallingdotseq 0.318$ kg よって, 318 g

3. 1) 物体 1 は鉛直上向きを正の方向, 物体 2 は鉛直下向きを正の方向とすると, 運動方程式は, 物体 1: $m_1 a = T + (-W_1)$ より, $2.0a = T - 2.0 \times 9.8$ 物体 2: $m_2 a = W_2 + (-T)$ より, $5.0a = 5.0 \times 9.8 - T$

2) 1) の 2 つの運動方程式を a について解くと, $a = 4.2 \text{ m/s}^2$, $T = 28$ N となる.

問題 B.

1. $v_x = dx/dt = 4$, $v_y = dy/dt = 4t - 5$ となるので, 時刻 t における速さ v は $v = \sqrt{(dx/dt)^2 + (dy/dt)^2} = \sqrt{4^2 + (4t-5)^2}$ よって, $t = 2.0$ [s] での速さは, $v = \sqrt{4^2 + (4 \times 2.0 - 5)^2} = \sqrt{25} = 5.0$ [m/s]
次に, $a_x = (dv_x)/dt = 0$, $a_y = (dv_y)/dt = 4$ となるので, 時刻 t における速さ a は $a = \sqrt{(dv_x)/dt)^2 + ((dv_y)/dt)^2} = \sqrt{0^2 + 4^2} = \sqrt{16} = 4.0$ [m/s^2]
よって, 加速度は時刻 t に関係しないので, $t = 2.0$ [s] での加速度の大きさは 4.0 [m/s^2] となる.

2. $v = \int a \, dt = \int 3 \, dt = 3t + C$ (C は積分定数)
ここで, 初期条件より, $t = 0$ [s] のときの速さは -2 [m/s] なので, $C = -2$ よって, $v = 3t - 2$ [m/s]
また, $x = \int v \, dt = \int (3t - 2) \, dt = 3/2t^2 - 2t + C'$ (C' は積分定数)
ここで, 初期条件より, $t = 0$ [s] のときの位置は 4 [m] なので, $C' = 4$ ゆえに, $x = 3/2t^2 - 2t + 4$ [m]

問題 3.3

問題 A.

1. 1) ゆっくりと持ち上げるときは, 重力 mg と持ち上げる力 F はつり合っているので, 持ち上げる力がした仕事 W は, $W = mgx \cos 0° = 2.0 \times 9.8 \times 0.40 \times 1 \fallingdotseq 7.8$ J

2) 仕事率 $P = W/t = 60/4.0 = 15$ W

3) 仕事率 $P = Fx/t = mgx/t = (40 \times 9.8 \times 3.0)/4.0 \fallingdotseq 2.9 \times 10^2$ W

4) 仕事率 $P = W/t = Fv = 1.2 \times 10^3 \times 0.40 = 4.8 \times 10^2$ W

5) 仕事 $W = Pt = 50 \times (0.50 \times 3600) = 9.0 \times 10^4$ J

2. 1) 初めにもっていた運動エネルギーを K_0, 仕事 W を受けた後の運動エネルギーを K とすると, 物体が外部からされた仕事は物体の運動エネルギーの変化に等しいので, $W = K - K_0 = 1/2mv^2 - 1/2mv_0^2 = 1/2 \times 20 \times 5.0^2 - 1/2 \times 20 \times 3.0^2 = 1.6 \times 10^2$ J

   2) 重力による位置エネルギーは, $U = mgh = 2.0 \times 9.8 \times (-16) = -313.6 \fallingdotseq -3.1 \times 10^2$ J

   3) ばねの伸び $x = 19 - 14 = 5\mathrm{cm} = 0.05\mathrm{m}$

   よって, 弾性力による位置エネルギーは, $U = 1/2kx^2 = 1/2 \times 16 \times 0.05^2 = 2 \times 10^{-2}$ J

3. 1) 初めにもっていた重力による位置エネルギー U は地面に落下する直前, すべて運動エネルギー K に変わるので, 力学的エネルギー保存則より,

   $K = 1/2mv^2 = U = mgh = 2.0 \times 9.8 \times 2.0 \fallingdotseq 39$ J

   したがって, 地面に落下する直前の速さは, $v = \sqrt{2K/m} = \sqrt{(2 \times 39)/2.0} \fallingdotseq 6.2$ m/s

   2) 高さ $h' = 1.1$ m での重力による位置エネルギー U' は $U' = mgh' = 2.0 \times 9.8 \times 1.1 \fallingdotseq 22$ J

   このときの運動エネルギー K' を用いて, 力学的エネルギー保存則より, $K' + U' = U$ となるので, 高さ h' でのおもりの速さ v' は, $v' = \sqrt{(2K')/m} = \sqrt{2(U - U')/m}$

   $= \sqrt{(2 \times (2.0 \times 9.8 \times 2.0 - 2.0 \times 9.8 \times 1.1))/2.0} = 4.2$ m/s

4. 1) $v = r\omega$ より, $1.2 = 0.40\omega$ よって, $\omega = 3.0$ rad/s

   $a = r\omega^2$ より, $a = 0.40 \times 3.0^2 = 3.6\mathrm{m/s}^2$

   $T = 2\pi/\omega$ より, $T = 2\pi/3.0 \fallingdotseq 2.1$ s

   2) 物体にかかる遠心力 F が 20 N 未満であればよいので, $F = mr\omega^2 < 20$

   ここで, $\omega = 2\pi f$ より, $F = mr(2\pi f)^2 < 20$

   よって, $f < 1/2\pi\sqrt{20/mr} = 1/(2 \times 3.14)\sqrt{20/(2.0 \times 0.40)} \fallingdotseq 0.80$ Hz

5. $T = 2\pi/\omega$ より, $\omega = 2\pi/T = 2\pi/2.0 \fallingdotseq 3.1$ rad/s

   $|v| = |A\omega\cos\omega t| \leqq A\omega = 0.10 \times 3.1 = 0.31$ m/s

   $|a| = |-A\omega^2\sin\omega t| \leqq A\omega^2 = 0.10 \times 3.1^2 \fallingdotseq 0.96$ m/s^2

6. 振幅 $A = 2.0$ m, 角振動数 $\omega = 8\pi \fallingdotseq 25$ rad/s, 周期 $T = 2\pi/\omega = 2\pi/8\pi = 0.25$ s, 振動数 $f = 1/T = 1/0.25 = 4.0$ Hz

7. 復元力 $F = -m\omega^2 x$ より, $-0.20\omega^2 x = -5.0x$ よって, $\omega = 5.0$ rad/s, 周期 $T = 2\pi/\omega = 2\pi/5.0 \fallingdotseq 1.3$ s

8. 省略

9. 太陽の質量 $M_\odot = 2.0 \times 10^{30}$ kg を使うと, $g_\odot = \dfrac{GM_\odot}{R_{\mathrm{eo}}^2} = 5.9 \times 10^{-3}$ m/s^2 となる.

10. 省略

問題 B.

1. 1) 点 A, B, C での運動エネルギーと重力による位置エネルギーをそれぞれ, $K_\mathrm{A} = 0$, $U_\mathrm{A} = mg(h + h')$, $K_\mathrm{B} = 1/2mv_\mathrm{B}^2$, $U_\mathrm{A} = 0$, $K_\mathrm{C} = 1/2mv_\mathrm{C}^2$, $U_\mathrm{C} = mgh'$

   とする. 力学的エネルギー保存則 $K_\mathrm{A} + U_\mathrm{A} = K_\mathrm{B} + U_\mathrm{B} = K_\mathrm{C} + U_\mathrm{C}$ より速さを求めると, 点 B では, $v_\mathrm{B} = \sqrt{2g(h + h')}$, 点 C では, $v_\mathrm{C} = \sqrt{2gh}$

   2) 最高点での速さを v_m とすると, v_m は v_C の水平成分なので,

   $v_m = v_\mathrm{C}\cos 30° = \sqrt{2gh} \times \sqrt{3}/2 = \sqrt{3gh/2}$

   また, 最高点での高さを h_m とすると, 力学的エネルギー保存則より,

   $mg(h + h') = 1/2mv_m^2 + mgh_m$

   よって, 高さ $h_m = h + h' - v_m^2/2g = h + h' - 3h/4 = h/4 + h'$

2. 1) 振幅 $A = 0.20$ m, 角振動数 $\omega = 2\pi f = 20\pi \fallingdotseq 63$ rad/s, 周期 $T = 1/f = 1/10 = 0.10$ s

   2) 点 A：速度 $v = 0$ m/s, 加速度 $a = |-\omega^2 x| = |-63^2 \times 0.20| \fallingdotseq 7.9 \times 10^2 \mathrm{m/s}^2$

   点 O：速度 $v = A\omega = 0.20 \times 63 \fallingdotseq 13$ m/s, 加速度 $a = 0\mathrm{m/s}^2$

   3) 復元力 $F = -m\omega^2 x = -0.20 \times 63^2 \times (-0.10) \fallingdotseq 79$ N

3. 質量 m の人工衛星を考えると，半径 r_{gso} の円運動と万有引力の法則から，角速度 ω を使うと，

$$mr_{\mathrm{gso}}\omega^3 = G\frac{M_\oplus m}{r_{\mathrm{gso}}{}^2}, \quad r_{\mathrm{gso}}{}^3 = \frac{GM_\oplus}{\omega^2}$$

となる．静止軌道は周期が $T = 24\,\mathrm{h} = 8.64 \times 10^4\,\mathrm{s}$ となるため，角速度 ω は，$\omega = \dfrac{2\pi}{8.64 \times 10^4}$ となる．これを代入すると

$$r_{\mathrm{gso}} = \sqrt[3]{\frac{GM_\oplus T^2}{4\pi^2}} = 4.2 \times 10^7\,\mathrm{m}$$

となる．この r は地球の中心からの距離であるため，これから地球の半径 $R_\oplus = 6.4 \times 10^6\,\mathrm{m}$ を引くと，静止軌道の地表からの距離 h_{gso} は

$$h_{\mathrm{gso}} = r - R_\oplus = 3.6 \times 10^7\,\mathrm{m} = 36000\,\mathrm{km}$$

となる．

4. 静止衛星を上げるためには，衛星を地表から静止軌道まで持ち上げる必要がある．衛星の質量を m，静止軌道の半径を r_{gso} とする．位置エネルギーの差の分の仕事 W をする必要があるので，

$$W = -G\frac{M_\oplus m}{r_{\mathrm{gso}}} - \left(-G\frac{M_\oplus m}{R_\oplus}\right) = GM_\oplus m\left(-\frac{1}{r_{\mathrm{gso}}} + \frac{1}{R_\oplus}\right)$$

値を代入して

$$W = 1.6 \times 10^{11}\,\mathrm{J}$$

となる．

問題 3.4

問題 A.

1. ①$\mu'g$，②$v_0 - \mu'gt$，③$v_0/\mu'g$，④$v_0^2/2\mu'g$，⑤大きい

2. 昭和基地：98.3 N，シンガポール：97.8 N

3. (3.108) は (3.107) より，m を消去し，整理すれば容易に得られる．(3.109) は (3.106) と (3.108) から導かれる．

4. (3.110) は $v = 0$ となる高さ (角度) なので (3.108) より，簡単に導くことができる．次に (3.109) で $\tau = 0$ とおけば，$V^2 = g\ell(2 - 3\cos\theta_2)$ となる．この式を変形すれば (3.111) が得られる．

5. 最大摩擦力 F_0 と動摩擦力 F' は定義式よりそれぞれ，686 N，490 N と求まる．また塗油の場合，動摩擦力は 98 N となり，しないときの 1/5 となる．

6. $d^2x/dt^2 = g(\sin\theta - \mu'\cos\theta)$ を積分すると $v = dx/dt = C + gt(\sin\theta - \mu'\cos\theta)$ となる．ここで C は積分定数である．初期条件より，$t = 0$ で $v = 0$ なので $C = 0$ となり，(3.119) を得る．全く同様にして (3.120) は得られる．

7. 自由落下では落下距離 h と速さ v は $v^2 = 2gh$ となることより，値を代入して計算すれば $v = 198$ m/s = 713 km/h となり，新幹線の 2 倍以上の速さとなる．

問題 B.

1. A, B の運動方程式は以下のようになる．

$$ma = mg - T, \quad Ma = T - \mu'Mg$$

これらを解くことにより以下の結果を得る．

$$a = (m - \mu'M)g/(M + m), \quad T = Mmg(1 + \mu')/(M + m)$$

2. e^x に対する以下の級数展開を使う．

$e^x = 1 + x + x^2/2 + x^3/6 + \cdots$．$x \ll 1$ ならば，第 2 項までとり，$x = -at/m$ とおけば，(3.122) 式より，$v = (mg/a) \times (at/m) = gt$ となり，自由落下と同じ式となる．

問題 3.5

問題 A.

1. 1) F は，F_A の大きさと等しいので，$F = 6.0$ N

   2) 右向きを正とすると，合力 $= F + (-F_A) + (-F_B) + F_C = 0$ より，$F = F_A + F_B - F_C = 4.0 + 5.0 - 6.0 = 3.0$ N

   3) 力がつり合うためには，合力の大きさ $F = 8.0 \sin 45° \times 2 = 8.0\sqrt{2} \fallingdotseq 11$ N

   4) $\cos 36.9° = 0.8$ より，$F = 3.0$ N

2. 1) $\vec{N_1}, \vec{F_1}$ および $\vec{N_2}, \vec{F_2}$

   2) $\vec{N_1}, \vec{W_1}$ および $\vec{N_2}, \vec{F_1}, \vec{W_2}$

   3) 力 $\vec{N_1}$ の大きさ 19.6 N，$\vec{N_2}$ の大きさ 49 N，$\vec{F_床}$ の大きさ 49 N

3. 一様な長さ ℓ の棒は重心は真ん中の $\ell/2$ のところにあるがこの場合は太さが一様でないので重心は重い方の A 寄りのところにある．

4. つり合いの式は以下のようになる．
   $F - T/\sqrt{2} = 0, T/\sqrt{2} - mg = 0,$ これら 2 式を解いて，$T = 3\sqrt{2}g = 42$ N および $F = 3g = 29$ N を得る．

5. 支える点の回りのモーメントを考えると，$1 \times x - 3 \times (1 - x) = 0$ となることから，$x = 0.75$ m を得る．さらに支える力は $1 + 3 = 4$ kgw $= 39.2$ N となる．

6. ばねばかりにかかる力を f (N) とすれば，鉛直成分 (y 軸方向) のつり合いを考えると $(f/\sqrt{2}) \times 2 = 200$ gw より，$f = 140$ gw となる．

7. A 端の方が重いことはすぐわかる．A 端を少し持ち上げたときの B 端の回りのモーメントは AB の質量を m として，$mg(1.5 - x) - 294 \times 1.5 = 0$ となる．次に B 端を少し持ち上げたときの A 端の回りのモーメントは $1.5 \times 196 - mgx = 0$ である．これらの 2 つの式から，$x = 0.6$ m，$m = 50$ kg を得る．

問題 B.

1. 水平方向の力のつり合いより，$T \cos 60° = S \cos 30°$ なので，$T = \sqrt{3}S \cdots ①$
   鉛直方向の力のつり合いより，$T \sin 60° + S \sin 30° = mg \cdots ②$
   式①を式②に代入して，$2S = mg$ よって，$S = mg/2 = (6.0 \times 9.8)/2 \fallingdotseq 29$ N
   また，式①より，$T = \sqrt{3}S = \sqrt{3} \times 29 \fallingdotseq 50$ N

2. 半径 a の円板の面密度を ρ とすれば，$\rho = M/\pi a^2$．くり抜いた O' を中心とする半径 b の円板の質量 m は $m = \pi b^2 \rho$ となる．くり抜かれた円板の質量 m' は $m' = \pi\rho(a^2 - b^2)$ である．くり抜かれた円板の重心は OO' を結ぶ直線上にあるのでその点を G として今 OG を x とおく．いまくり抜いた円板を元に戻したとすると，O 点を支えればつり合うことになる．よって O 点の回りのモーメントを考えると，$mgxb = m'g \times x$ が成り立つ．これより，$x = b^3/(a^2 - b^2)$ を得る．

3. 外力のモーメントが 0 なので角運動量 L は保存される．$L = I\omega$ なのでこれが一定となる．I はたとえば (3.137) 式より，腕の長さの 2 乗に比例すると考えてよい．したがって腕を伸ばせば I は大きくなり，その分 ω が小さくなり，回転は遅くなる．逆にすると回転は速くなる．

4. A 端が中心となるので，(3.136) 式の積分を以下のように書き直す．

$$I_A = \int_0^{2b} x^2 \rho \, dx = \frac{4}{3}Mb^2$$

となる．I_G は (3.137) 式で表されるのでこれと上の結果を使って，$I_A = I_G + Mb^2$ が示される．

4 章

問題 A

1. 混合後の温度 t (°C) の計算，$Q = 50(g) \times 1(\text{cal/g} \cdot \text{K}) \times (68 - t)(\text{K}) = 50 \times (68 - t)(\text{cal})$ (お湯が水に渡した熱量) $Q = 25(g) \times 1(\text{cal/g} \cdot \text{K}) \times (t - 26)(\text{K}) = 25 \times (t - 26)(\text{cal})$ (水がお湯からもらった熱量) 熱量保存則より，$Q' = Q$ なので $t = 54$°C となる．

2. $Q' = 25(g) \times 1(\text{cal/g} \cdot \text{K}) \times (68 - t)(\text{K}) = 25 \times (68 - t)(\text{cal})$ (お湯が水に渡した熱量) $Q = 50(g) \times 1(\text{cal/g} \cdot \text{K}) \times (t - 26)(\text{K}) = 50 \times (t - 26)(\text{cal})$ (水がお湯からもらった熱量) 熱量保存則

より, $Q' = Q$ なので $t = 40°$C

3. 水の得た熱量 $= 130$ g $\times 1$ cal/g$\cdot$K $\times (27 - 24)$K $= 130(27 - 24)$(cal) $= 130 \times 3$, 銅の失った熱量 $= 65$ g $\times c \times (100 - 27) = 65c(100 - 27) = 65c \times 73$, 水の得た熱量 $=$ 銅の失った熱量, であるので, $c = 0.082$ cal/g$\cdot$K

4. 石の得た熱量 $= Q = 40 \times c \times (t - 25)$, 水の失った熱量 $= Q' = 100 \times 1 \times (85 - t) = 78$ 度, $c = 0.3$ cal/g$\cdot$K, したがって岩石の比熱は水の約 1/3 である. つまり岩石は水に比べて温まりやすい.

5. (1) 0.104 cal/g$\cdot$K, (2) $Q = mct$ より, 2076 cal

6. 24°C

7. 内陸性気候と大陸性気候：海水は温まりにくく冷めにくい. 陸地は温まりやすく冷めやすい.

8. 80 cal/g および 539 cal/g となる.

9. 66.8 kJ または 16 kcal

10. 2 段階に分けて考える. まず -5°C の氷を 0°C の氷にする熱量を求める. 氷の比熱は 2.1×10^3 J/kg$\cdot$K より, $0.2 \times 2.1 \times 10^3 \times 5 = 2$ kJ. 次にこれを 0°C の水に変えるには上の問題より 66.8 kJ となる. これらを足し合わせて 68.9 kJ (または 16.4 kcal) を得る.

11. 上と同様に考えて, 1300 kJ (または 310 kcal) となる.

12. ボイルの法則 $PV = $ 一定 となる. よって,

$$1 \text{ (L)} \times 1 \text{ (気圧)} = 0.8 \text{ (L)} \times P$$

$$P = 1/0.8 = 1.25 \text{ 気圧}$$

13. 圧力が一定だからシャルルの法則が使える. 27°C $= 300$ K だから,

$$\frac{0.5}{300} = \frac{0.6}{T}$$

$$T = \frac{0.6}{0.5} \times 300 = 360 \text{ (K)}$$

14. 体積が 22.4 L だから, モル数は 1 mol である. ボイル・シャルルの法則より

$$1.013 \times 10^5 \text{ (Pa)} \times 2.24 \times 10^{-2} \text{ (m}^3) = R \times 273.15 \text{ (K)}$$

$$R = 8.307 \cdots \fallingdotseq 8.31 \text{ (J/mol} \cdot \text{K)}$$

15. ボイル・シャルルの法則 $PV/T = $ 一定 より,

$$\frac{1 \text{ (気圧)} \times 1 \text{ (m}^3)}{300 \text{ (K)}} = \frac{1.5 \text{ (気圧)} \times V}{450 \text{ (K)}}$$

$$V = \frac{450}{1.5 \times 300} = 1 \text{ (m}^3)$$

問題 B

1. 150 J, $e = 0.3$

2. $v = 20$ m/s なので運動エネルギー E は $E = (1/2) \times 2.2 \times 10^3 \times 400 = 4.4 \times 10^5$ J となる. このエネルギーがブレーキ板の温度を上げる. 上がる温度を Δt とすれば, $E = mc\Delta t = 0.44 \times 4 \times 10^3 \Delta t$ より, $\Delta t = 250$ deg を得る.

3. 熱量 Q は簡単に計算できる. $Q = 80 \times 4.19 \times 10^3 \times 30 = 4.19 \times 2400$ kJ $= 2400$ kcal となる. 一方, 上の結果より 1 か月の必要な熱量は $30Q$ である. 1 kWh $= 3.6 \times 10^6$ J なので, $30Q$ をこれで割ればよい. 結果は 2100 円を得る.

4. 1 mol が 4 g だから 200 g $= 50$ mol. ボイル・シャルルの法則から

$$P \times 10 \text{ (m}^3) = 50 \text{ (mol)} \times R \times 300 \text{ (K)}$$

$$P = 124650 \div 10 = 1.2465 \times 10^4 \text{ (Pa)}$$

5 章

問題 A

1. 式 (5.2) より，$\lambda = 5.0$ m，$T = 2.0$ s を代入すると求める速さ V は

$$V = \frac{\lambda}{T} = \frac{5.0}{2.0} = 2.5 \text{ m/s}$$

2. 式 (5.1) より，$V = 8.0$ m/s，$f = 4.0$ Hz を代入すると求める波長 λ は

$$\lambda = \frac{V}{f} = \frac{8.0}{4.0} = 2.0 \text{ m}$$

3. 式 (5.8) より，$t = 20°$C のときの音速は

$$V = 331.5 + 0.6 \times 20 = 331.5 + 12 = 343.5 \text{ m/s}$$

これを時速に直すと，$343.5 \times 60 \times 60 = 1236.600$ km/h，つまり約 1200 km/h である．現在，新幹線の営業最高速度は約 300 km/h であるので，音速は新幹線の約 4 倍の速さである．

4. 式 (5.1) より，$f = 20$ Hz，$V = 340$ m/s を代入すると

$$\lambda = \frac{V}{f} = \frac{340}{20} = 17 \text{ m}$$

同様に，式 (5.1) より，$f = 20000$ Hz，$V = 340$ m/s を代入すると

$$\lambda = \frac{V}{f} = \frac{340}{20000} = 0.017 \text{ m}$$

すなわち，可聴音の波長は，約 $0.017 \sim 17$ m である．

5. 光の速さは約 3×10^8 m/s であるので，月の光が地上に到達するまでに要する時間 T は

$$T = \frac{3.84 \times 10^8}{3 \times 10^8} = 1.28 \text{ s}$$

すなわち，地上から見る月は約 1.3 秒前の月である．

6. 式 (5.8) より，$t = 10°$C のときの音速は

$$V = 331.5 + 0.6 \times 10 = 331.5 + 6 = 337.5 \text{ m/s}$$

したがって，3 秒後に雷鳴が聞こえてきたことから，落雷が起きたところまでの距離 L は

$$L = 337.5 \times 3 = 1012.5 \text{ m} = \text{約 1 km}$$

7. 電磁波 (光) の速さは約 3×10^8 m/s であるので，求める振動数 f は

$$f = \frac{V}{\lambda} = \frac{3 \times 10^8 \text{ m/s}}{1 \text{ m}} = 3 \times 10^8 = 300 \times 10^6 = 300 \text{ MHz}$$

8. 与えられた式を変形すると

$$y(x,t) = 5 \sin\left(\frac{2\pi}{5}t - \frac{\pi}{3}x\right) = 5 \sin \frac{2\pi}{5}\left(t - \frac{5x}{6}\right) = 5 \sin 2\pi\left(\frac{t}{5} - \frac{x}{6}\right)$$

この式と式 (5.4) を比較して，振幅 $A = 5$，波長 $\lambda = 6$，周期 $T = 5$，振動数 $f = 1/T = 1/5$，速さ $V = 6/5 \ (= f\lambda)$ であることがわかる．

問題 B

1. 図を参照．

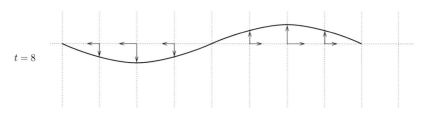

それぞれの矢印を反時計回りに 90 度回転させる．

2. 1). 式 (5.26) は, $t = 2$ のとき $x = 4$ で最大, $t = 4$ のとき $x = 8$ で最大となるので, 図 2 のようになる.

2). 図より, $t = 0, t = 2, t = 4$ と時間変化に伴って, x 軸正の方向に $\Delta x = 4$ ずつ変化していることがわかる. すなわち, この波は右向き (x 軸正の方向) に速さ 2 m/s で動く進行波である.

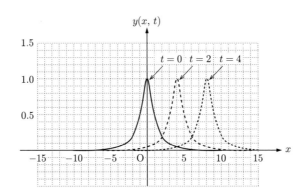

式 (5.26) において $t = 0, 2, 4$ のときのグラフ.

3. 式 (5.4) を変形すると

$$y(x, t) = A \sin \frac{2\pi}{T}(t - x/V) = A \sin \frac{2\pi}{VT}(Vt - x)$$

$$= A \sin \frac{2\pi}{\lambda}(Vt - x) = -A \sin \frac{2\pi}{\lambda}(x - Vt)$$

4. この系の全力学的エネルギー E は, バネのポテンシャルエネルギー U とボールの運動エネルギー K の和である. バネのポテンシャルエネルギー U は

$$U = \frac{1}{2}(\text{バネ定数})(\text{変位})^2 = \frac{1}{2}k(y(t))^2 = \frac{1}{2}kA^2 \sin^2(2\pi ft)$$

$$= \frac{1}{2}m(2\pi f)^2 A^2 \sin^2(2\pi ft)$$

ここで, 式 (5.27) の関係を用いた. また, 変位 $y(t)$ のときの速度 $v(t)$ は $v(t) = \frac{d}{dt}y(t) = \frac{d}{dt}A \sin(2\pi ft) = 2\pi fA \cos(2\pi ft)$ なので, ボールの運動エネルギー K は

$$K = \frac{1}{2}(\text{質量})(\text{速度})^2 = \frac{1}{2}m(v(t))^2 = \frac{1}{2}m(2\pi f)^2 A^2 \cos^2(2\pi ft)$$

よって, $\sin^2(2\pi ft) + \cos^2(2\pi ft) = 1$ に注意すると

$$E = U + K = \frac{1}{2}m(2\pi f)^2 A^2$$

これは 1 つの質点 (ボール) による振動がもっているエネルギーであるが, 波の場合は連続体である媒質の振動なので, 質量 m を媒質の密度 ρ でおきかえれば波のエネルギー密度の式となることが示される. すなわち, 波のエネルギーは振幅 A の 2 乗に比例し, また振動数 f の 2 乗にも比例する.

5. 　　　　$y(x, t) = y_+(x, t) + y_-(x, t)$

$$= A \sin 2\pi f \left(t - \frac{x}{V}\right) + A \sin 2\pi f \left(t + \frac{x}{V}\right)$$

$$= A \sin(2\pi ft) \cos\left(2\pi f \frac{x}{V}\right) - A \cos(2\pi ft) \sin\left(2\pi f \frac{x}{V}\right)$$

$$\quad + A \sin(2\pi ft) \cos\left(2\pi f \frac{x}{V}\right) + A \cos(2\pi ft) \sin\left(2\pi f \frac{x}{V}\right)$$

$$= 2A \sin(2\pi ft) \cos\left(2\pi f \frac{x}{V}\right)$$

これは右にも左にも動かない定常波を表す．式の形をみると，(時間 t にのみ依存する三角関数)×(座標 x にのみ依存する三角関数) の形となっている．実際，この形の関数を描くと図のようになる．この定常波は上下に振動しているだけである．また，時間に依存する三角関数の部分が単振動の式 (5.3) と同じであるので，同じ振動数 f で振動している．

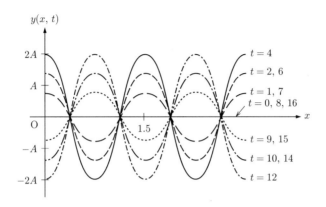

定常波の例：式において，$f = 1/16 \, (= 1/T), \lambda = 15$ としている．

6. 音源の運動方向の反対方向に対して，音源から一番外側の音波の先頭までの距離は，音源そのものの移動距離 $v \times 5$ だけ長くなるので，$V \times 5 + v \times 5 = (V + v) \times 5$ になる．したがって，この方向での音波の波長を $\lambda_{\mathrm{S_L}}$ とすると，この $(V+v) \times 5$ の距離の中に $f \times 5$ 個の音波があることになるので，$f \times 5 = \frac{(V+v) \times 5}{\lambda_{\mathrm{S_L}}}$．つまり，$\lambda_{\mathrm{S_L}} = \frac{V+v}{f}$ となる．ここで，式 (5.1) より，求める振動数を $f_{\mathrm{S_L}}$ とすると

$$f_{\mathrm{S_L}} = \frac{V}{\lambda_{\mathrm{S_L}}} = \frac{V}{\frac{V+v}{f}} = \frac{V}{V+v} f$$

となる．

7. 時速 $50 \, \mathrm{km/h}$ を秒速に直すと，$50 \times 10^3 \, / \, (60 \times 60) \simeq 13.9 \, \mathrm{m/s}$．同様に，時速 $80 \, \mathrm{km/h}$ は $22.2 \, \mathrm{m/s}$．よって，式 (5.18) に，$V = 340, f = 850, v = 22.2, u = 13.9$ を代入すると f' は

$$f' = \frac{V+u}{V-v} f = \frac{340 + 13.9}{340 - 22.2} \cdot 850 = 1.11 \times 850 = 944 \, \mathrm{Hz}$$

同様に，式 (5.19) より，f'' は

$$f'' = \frac{V-u}{V+v} f = \frac{340 - 13.9}{340 + 22.2} \cdot 850 = 0.90 \times 850 = 765 \, \mathrm{Hz}$$

つまり，すれ違う前後で振動数が約 25 % 変化したサイレンの音を聞く．

8. $$\frac{\text{青色の光の散乱強度}}{\text{赤色の光の散乱強度}} = \frac{1/(470)^4}{1/(700)^4} = (700/470)^4 \simeq 6.5$$

これは，青色の光は赤色に光に比べ，より強く散乱されることを意味する．これは太陽の光が大気中の粒子で散乱されるとき，青色の光がいろいろな方向により散乱されるため，空が青く見える原因となっている．また，朝焼けや夕焼けで空が赤く見えるのは，太陽の光が大気中を長く進行するため，青い光はほとんど散乱され地上まで届かないのに対し，赤い光は散乱されにくく地上に届きやすくなるためである．

6 章

問題 6.1

1. 電場の強さ: $\frac{1}{4\pi\varepsilon_0}\frac{3.0\times10^{-8}}{0.3^2}=3.0\times10^3\mathrm{N/C}$

    電位: $\frac{1}{4\pi\varepsilon_0}\frac{3.0\times10^{-8}}{0.3}=900\mathrm{V}$

2. A 点の点電荷が受ける力の大きさは，A 点の点電荷が B 点，C 点に置かれた電荷から受ける力の大きさに等しい．力の大きさは $\frac{1}{4\pi\varepsilon_0}\frac{3.0\times10^{-8}\cdot6.0\times10^{-8}}{1.0^2}=1.6\times10^{-5}\mathrm{N}$ となる．また，力の向きは，直線 BC に平行で C→B の向きとなる．

3. 帯電線を中心とする半径 r [m]，高さ l [m] の円柱面を考える．この円柱面内に含まれる電気量は $l\rho$ [C] となる．また，この円柱面のうち，底面は電気力線が貫かないため，側面 (面積: $2\pi rl$ $[\mathrm{m}^2]$) のみを電気力線が貫くと考える．そのため，この円柱側面における電場 E [N/C] は，

    $$E=\frac{l\rho}{2\pi rl\cdot\varepsilon_0}=\frac{\rho}{2\pi r\varepsilon_0}\ [\mathrm{N/C}]$$

    となる．

4. 以下のような，無限に広い平面を円形に切り取る円筒 (底面が帯電面と平行) を考える．この面を貫

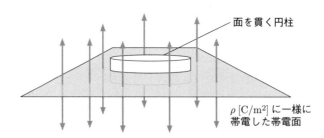

面を貫く円柱

ρ $[\mathrm{C/m}^2]$ に一様に
帯電した帯電面

無限に広い平面がつくる電場

   く円柱の底面積を S $[\mathrm{m}^2]$ とすると，円柱面内に含まれる電気量は $S\sigma$ [C] となる．また，この円柱の側面は電気力線が貫かないため，底面のみを考えればよいが 2 枚の底面両方を考える必要がある．そのため，この円柱底面における電場の強さ E [N/C] は，

    $$E=\frac{S\sigma}{2S\cdot\varepsilon_0}=\frac{\sigma}{2\varepsilon_0}\ [\mathrm{N/C}]$$

    となる．

5. 150 μF の合成容量を作るには，100 μF と 50 μF の容量のコンデンサを並列につなげばよい．また，50 μF の合成容量を作るには，100 μF の容量のコンデンサを 2 個直列につなげばよい．そのため，以下のような接続となる．

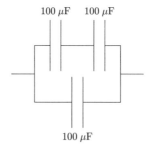

100 μF   100 μF

100 μF

コンデンサの接続

6. ア：導体　イ：不導体（絶縁体，誘電体）　ウ：金属　エ：自由電子　オ：静電誘導　カ：誘電分極　キ：クーロン　ク：反発する向き　ケ：電場　コ：電気量 (1C)　サ：電位　シ：等電位面　ス：電圧

7. (1) $C=\varepsilon_0\frac{S}{d}$ より，$C=8.65\times10^{-12}\frac{0.50}{1.77\times10^{-2}}=2.44\times10^{-10}\mathrm{F}$

(2) $Q = CV$ より，$Q = 2.44 \times 10^{-10} \times 2.40 = 5.86 \times 10^{-10}$C，
$U = \frac{1}{2}CV^2$ より，$U = \frac{1}{2} \times 2.44 \times 10^{-10} \times 2.40^2 = 6.94 \times 10^{-10}$J

(3) $C' = \varepsilon_r C$ より，$C' = 90.0 \times 2.44 \times 10^{-10} = 2.20 \times 10^{-8}$F

(4) $Q' = C'V$ より，$Q' = 90.0 \times 2.44 \times 10^{-10} \times 2.40 = 5.27 \times 10^{-8}$C，
$U' = \frac{1}{2}C'V^2$ より，$U' = \frac{1}{2} \times 90.0 \times 2.44 \times 10^{-10} \times 2.40^2 = 6.25 \times 10^{-8}$J

8. (1) 糸の張力の鉛直成分はおもりに生じる重力とつりあっている．
$$T\cos 30° = 10 \times 10^{-3} \times 9.8, \quad T = 1.13 \times 10^{-1}\text{N}$$

(2) 水平方向の力は，張力の水平成分と電場から受ける力とがつり合っている．
$$T\sin 30° = 2000 \times q, \quad q = 2.83 \times 10^{-5}\text{C}$$

(3) 力の合力は糸の方向であるため，糸が切れるとおもりは糸の伸びていた方向に等加速度直線運動をする．おもりの床からの高さは 0.9 m であるので，
$$l = 0.9 \times \tan 30° = 0.52\text{m}$$

9. (1) それぞれの区間の電位差は

AB：0 J　　　BC：-10 V　　　CD：$+30$ V　　　DE：-20 V　　　EA：0 V

となるので，それぞれの区間で電場がした仕事（点電荷が負なので引き寄せる方向を正）は

AB：0 J　　　BC：-20 J　　　CD：$+60$ J　　　DE：-40 J　　　EA：0 J

となる．

(2) 0 J

(3) 等電位線が密なので，B

10. (1) $C_0 = \varepsilon_0 \dfrac{\pi r^2}{d}$[F]

(2) $U_0 = \frac{1}{2}C_0 V^2 = \dfrac{\varepsilon_0 \pi r^2 V^2}{2d}$[J]

(3) 右半分だけ誘電体で満たすので，極板面積が半分の 2 つのコンデンサ（片方は誘電体あり）の並列接続と考える．
$$C_1 = \varepsilon_0 \frac{\pi r^2}{2d} + \varepsilon_r \varepsilon_0 \frac{\pi r^2}{2d} = (1 + \varepsilon_r)\varepsilon_0 \frac{\pi r^2}{2d}\text{[F]}$$

(4) $U_1 = \frac{1}{2}C_1 V^2 = (1 + \varepsilon_r)\dfrac{\varepsilon_0 \pi r^2 V^2}{4d}$[J]

(5) 下半分だけ誘電体で満たすので，極板間隔が半分の 2 つのコンデンサ（片方は誘電体あり）の直列接続と考える．
$$\frac{1}{C_2} = \frac{1}{\varepsilon_0 \frac{2\pi r^2}{d}} + \frac{1}{\varepsilon_r \varepsilon_0 \frac{2\pi r^2}{d}}, \quad C_2 = \frac{2\varepsilon_0 \pi r^2}{(1 + \varepsilon_r)d}\text{[F]}$$

(6) $U_2 = \frac{1}{2}C_2 V^2 = \dfrac{\varepsilon_0 \pi r^2 V^2}{(1 + \varepsilon_r)d}$[F]

(7) 下半分に導体を入れると，極板間隔が狭くなるのと等しい．
$$C_3 = \varepsilon_0 \frac{2\pi r^2}{d}\text{[F]}$$

(8) $U_3 = \frac{1}{2}C_3 V^2 = \dfrac{\varepsilon_0 \pi r^2 V^2}{d}$[J]

問題 6.2

1. 電力の式，$RI^2 t$ に代入すれば，1.2×10^5J を得る．

2. オームの法則より $R = V/I$ なので $R = 45\ \Omega$ となる．また $R = \rho l/S$ より，値を代入すれば $\rho = 9.0 \times 10^{-8}\ \Omega\cdot\text{m}$ となる．

3. $I = Q/t$ より，0.64 A となる．

4. $\rho = \rho_0(1 + \alpha t)$ より，$\rho_0 \simeq 5.5 \times 10^{-8}\ \Omega\cdot\text{m}$ と近似し，α の値を入れると $\rho = 35 \times 10^{-8}\ \Omega\cdot\text{m}$ となる．

5. 図 6.32 より，温度を上げると電子はエネルギーギャップを飛び越えて励起されるようになり，この電子が伝導に寄与し，電流は流れやすくなる．したがって抵抗は下がる．一方，温度が下がるとこれとは逆にギャップを飛び越える電子は少なくなり，抵抗は上がっていく．

6. (a) 図 6.25 より，$V-I$ 図の傾きは内部抵抗 r なので古い電池の場合，傾きが大きくなることになる．

(b) $V = E - rI = RI$ を使って，$r = 0.35\ \Omega$，$R = 7.9\ \Omega$ を得る．

7. それぞれ以下のようになる.

① 10, ② $10S/l$, ③ 5, ④ 0.2, ⑤ 20, ⑥ 5, ⑦ 2.5

8. (a) $j = I/S$ より, $j = 5 \times 10^5$ A/m²

(b) $j = vne$ なので, $v = 1.6 \times 10^{-5}$ m/s を得る.

9. (a) 抵抗を R とすれば, 並列接続なので $1/R = 1/20 + 1/5$ より, $R = 4\ \Omega$.

(b) 合成抵抗は $4\ \Omega$ なので AC 間の抵抗は $10\ \Omega$ となる. R_1 を流れる電流は 1 A となる. したがって, $i_2 + i_3 = 1$ A, $i_3 = 4i_2$ の 2 つの式より, $i_2 = 0.2$ A, $i_3 = 0.8$ A となる.

(c) AB 間の抵抗は R_1 を流れる電流は 1 A なのでオームの法則から 6 V, BC 間の電圧はたとえば R_2 を流れる電流が 0.2 A なので 4 V となる.

(d) 消費電力は RI^2 から求まる. それぞれ 0.8 W, 3.2 W となる.

10. (a) 直列なので足し合わせればよい. $40 + 80 = 120\ \Omega$.

(b) 合成抵抗を R とすれば $1/R = 1/120 + 1/40$ より, $R = 30\ \Omega$. (c) $20 + 30 = 50\ \Omega$.

(d) AB 間の電圧は 6 V なので R_1 を流れる電流 i_1 は 0.12 A となる. R_3, R_4 を流れる電流 i_3, i_4 は等しい. R_2 を流れる電流を i_2 とすれば, $R_3 + R_4 = 120\ \Omega$ より, $120i_3 = 40i_2$ となる. すなわち $3i_3 = i_2$ である. また $i_2 + i_3 = 0.12$ であるからこれらを解くことにより, $i_2 = 0.09$ A, $i_3 = i_4 = 0.03$ A となる.

(e) $R_2 \times i_2 = 3.6$ V となる.

(f) R_1 と R_3 の両端の電位差を足し合わせればよい. それぞれ 2.4 V, 1.2 V なので合わせて 3.6 V となる.

11. (a) キルヒホッフの法則を適用する. A の長さを l, B の断面積を S とすれば, A,B は同じ材質なので抵抗率を ρ として, それらの抵抗 R_1, R_2 はそれぞれ $R_1 = (1/3)R$, $R_2 = 3R$ となる. ただし $R = \rho l/S$ である. よって $R_2 = 9R_1$ となる. したがって, 以下の式が成り立つ.

$$i_1 + i_2 = 5\ \text{A}, \quad i_1 = 9i_2$$

この 2 つの式より, $i_1 = 4.5$ A, $i_2 = 0.5$ A を得る.

(b) やはりキルヒホッフの法則より,

$$15 = 1.2 \times 5 + R_1 \times 0.5, \quad R_2 \times 4.5 = R_1 \times 0.5$$

が成立するのでこれらを解いて, $R_1 = 2\ \Omega$, $R_2 = 18\ \Omega$

(c) 並列接続の式より, $1.8\ \Omega$ を得る.

12. (a) 豆電球に加わる電圧は 1.0 V なのでグラフより, 0.19 A.

(b) 電流を I [A], 豆電球の両端の電圧を V [V] とすると, $1.0 = 5.0I + V$ が成り立つ. これをグラフに書き入れると,

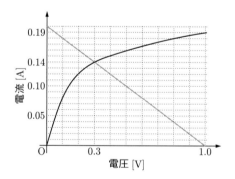

となり, 交点の値より, 0.14 A となる.

13. (a) $n = (8.94/63.5) \times 6 \times 10^{23}$ より, $n = 8.4 \times 10^{22}$個/cm³ を得る.

(b) (6.56) より, $\tau = m/(ne^2\rho)$ なので, $\tau = 2.7 \times 10^{-14}$ s となる.

問題 6.3

1. 磁石の N 極は常に北を指すので北極は S 極となる.

2. (6.82) 式より, $F = mH$ なので, $H = 20$ N/Wb となる. 向きは右向きである.

3. (6.95) より, $F = BIl$ なので, これに代入して $F = 2N$ を得る.

4. 磁化 M は単位体積あたりの磁気モーメントである. 鉄の密度は 7.9 g/cm^3 = 7.9×10^6 g/m^3 である. この中に含まれる鉄の原子数 n は $n = 8.4 \times 10^{28}$ 個/m^3 となる. この結果より, M の値は $M = n \times 2.2\mu B = 1.71 \times 10^6$ A/m となる.

問題 6.4

1. (6.90) より, $H = nI$ なので, $n = 400/0.8 = 500$ 回/m より, $H = 2000$ A/m となる. (6.94) より, $B = \mu H$ なので上の結果より, $B = 4\pi \times 10^{-7} \times 2000 = 2.5 \times 10^{-3}$ T を得る.

2. (6.88) より, $H = I/2\pi r = 1.3/2 \times 3.14 \times 0.2 = 1.0$A/m.

3. A に流れる電流は B の場所に右ねじの法則に従って磁場を作る. この磁場の方向は B に流れる電流と直角である. フレミング左手の法則 (図 6.55) より, 引力が働くことがわかる. 逆なら斥力となる.

4. (6.100) より, $F = (\mu_0 \times 1 \times 2)/(2\pi \times 0.1) = 4 \times 10^{-6}$ N

問題 6.5

1. (6.103) 式より, V は $\Delta I/\Delta t$ に比例する. 図 6.62 の O 点ではこの値は正なので $V < 0$ となる. 一方 A 点ではこの値は負となり, $V > 0$ で A 点の値よりずっと大きい. この結果より図 6.63 が得られる.

2. (6.103) より, $V = 0.5 \times (6/0.01) = 300$ V となる.

3. 加熱原理は以下の通り. 長所・短所については例.

   (a) 電熱器：通電によるジュール熱の発生. 長所は発熱体から少し離してもものを温めることができる. 短所は発熱体の上に物を落とすと火事になるときがある.

   (b) IH 調理器：渦電流によるジュール熱の発生. 消費電力が電熱器に比べて少ない. 発熱体から鍋などを離すと温まらない. 発熱体の上に物を置いても大事になることはない.

   (c) 電子レンジ：水分子の高周波による振動. 金属類が温まらない. 加熱ムラがある.

4. 電流を i [A] が流れているとすると鉄心内の磁束密度は $B = \mu ni$ となる. コイル全体を貫く磁束 Φ は $\Phi = nl \times (\mu ni)S$ となる. (6.102) より, 自己インダクタンスは $L = \mu n^2 lS$ となる.

5. $\Phi = BS$ および $V = -\Delta\Phi/\Delta t$ より, 0.06 V となる. 磁場が増加しているので誘導起電力はこれとは逆の磁束を誘起する方向に生じる. AB 間に抵抗をつないだとしたら, A から抵抗へそして B へと流れる. したがって A が電位が高い.

問題 6.6

1. 消費電力：500 W, 電流の最大値：7.1 A, 電圧の最大値：140 V

2. R = 64 Ω

3. 電池：1.5 V, 家庭用のコンセント：100 V, 車のバッテリー：12 V

4. 電源の周波数が高くなると CD の回転速度が速くなり, 再生される音の周波数が高くなる. したがって, 60 Hz で再生した方が 50 Hz よりも音が高くなる.

5. トランスの巻き数と電圧の関係式 6.117 から, 2 次側の電圧を V_2 とすれば, $V_2 = 600$ V, また電流は 6 A, 消費電力は, $600 \times 6 = 3600$ W, 1 次側の電流 I_1 は 18 A となる. よって① 600, ② 6, ③ 3600, ④ 18 となる.

6. 2 次側の電流を I_2 とすれば, $600 = I_2 \times 100$, より $I_2 = 6$ A. 1 次側の電流値 I_1 は $6000 \times I_1 = 600$ より, $I_1 = 0.1$ A となる.

7. $v = f \times \lambda$ より, $v = 3 \times 10^8$ m/s, $f = 900 \times 10^6$ Hz より, $\lambda = 0.33$ m.

8. 波動の基本式 $v = f\lambda$ に $v = 3 \times 108$ m/s および $f = 2.45 \times 109$ Hz を代入して, $\lambda = 12$ cm を得る.

9. ブラッグの式より $n = 1$, $\theta = 30°$ を代入して, $d = 3$ Å となる. d が大きくなったらブラッグの式より波長は一定なので回折角は小さくなる. すなわち低角度に移っていく.

10. 図の回折線ピークに表示してある 3 つの数値の組は, ミラー指数とよばれ結晶面の特徴を表している. これらの回折線とその角度 (2θ) は特徴あるミラー指数をもっている. これらを解析することに

よりどの結晶面による回折か，および結晶面の間隔 d などに関する情報を得ることができる．岩塩の結晶構造は以下の図の通り．Na 元素は白抜き，網掛け黒丸は Cl 元素を表す．角砂糖のような立方体となっている．

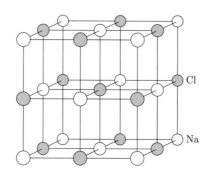

塩の結晶構造

7 章

問題 7.1

1. 1) $y = Ce^{x^2}$　　　　2) $y = C_1 e^{-2x} + C_2 e^x$　　　　3) $y = (C_1 + C_2 x)e^{2x}$
   4) $y = e^x(C_1 \cos 2x + C_2 \sin 2x)$

索　　引

万人の基礎物理学 －第4版－

2012 年 4 月 30 日	第 1 版	第 1 刷	発行
2014 年 3 月 30 日	第 1 版	第 3 刷	発行
2015 年 3 月 30 日	第 2 版	第 1 刷	発行
2018 年 3 月 30 日	第 2 版	第 4 刷	発行
2019 年 4 月 20 日	第 3 版	第 1 刷	発行
2020 年 3 月 30 日	第 4 版	第 1 刷	発行
2024 年 3 月 30 日	第 4 版	第 5 刷	発行

著　者　　巨海　玄道　野田　常雄
　　　　　上床　美也　酒井　健
　　　　　中西　剛司　中村　理央

発 行 者　　発田　和子

発 行 所　　株式会社　学術図書出版社

〒113-0033　東京都文京区本郷 5 丁目 4 の 6
TEL 03-3811-0889　振替 00110-4-28454
印刷　三和印刷（株）

定価は表紙に表示してあります.